本书得到江苏省重点建设学科——生物学科
江苏省特色专业——生物学
盐城师范学院科研项目
经费资助出版

常用生物统计学与生物信息学软件实用教程

张祥胜　主　编

科学出版社
北　京

内 容 简 介

本书以生命科学研究的一般规律为主线，以生物统计学与生物信息学软件为主，深入浅出地介绍生命科学研究中常用的软件，以便学生在本科阶段初步掌握生物统计学与生物信息学相关的软件操作。其包括统计类软件如正交设计助手、Excel、Origin、SPSS、Minitab和DPS，生物信息学软件和工具如NCBI、DNA序列比对和系统发育树的构建、引物设计、DNAMAN软件，以及科技写作相关的软件和工具等。

本书适合作为生物类、农林类、食品类等专业的本科教材，也可供相关专业的研究生和科研人员参考。

图书在版编目（CIP）数据

常用生物统计学与生物信息学软件实用教程 / 张祥胜主编. —北京：科学出版社，2015

ISBN 978-7-03-042408-2

Ⅰ. ①常… Ⅱ. ①张… Ⅲ. ①生物统计—统计分析—软件包—高等学校—教材 ②生物信息论—统计分析—软件包—高等学校—教材 Ⅳ. ① Q-332 ② Q811. 4-39

中国版本图书馆CIP数据核字（2014）第259032号

责任编辑：刘 畅 丛 楠 韩书云 / 责任校对：郑金红
责任印制：赵 博 / 封面设计：铭轩堂

科学出版社 出版
北京东黄城根北街16号
邮政编码：100717
http://www.sciencep.com
固安县铭成印刷有限公司印刷
科学出版社发行 各地新华书店经销
*
2015年1月第 一 版 开本：787×1092 1/16
2025年2月第九次印刷 印张：14 1/4
字数：337 000

定价：59.80元

（如有印装质量问题，我社负责调换）

编写委员会

主　编　张祥胜

副主编　秦耀国　史正军

参　编　严泽生　胡化广　薛　菲　耿荣庆　王兰萍

前　言

生物统计学与生物信息学软件操作是生物技术、生物工程等专业本科生的专业技能课，对提高学生专业素质、增强专业能力具有重要作用，并能与今后的学习和工作有效接轨。但目前较系统地讲授生物统计学和生物信息学软件操作的教材较少，多数是较深入系统地讲解某一软件的教材，这些均不适合非统计学专业本科生或初学者使用。根据这一现状，笔者与相关的专业课教师发挥各自特长，共同编写了本书，希望对该课程的教学起到推动作用。

生物科学的研究过程大致可分为科研选题、科研调研（资料收集）、试验研究、结题鉴定和成果开发推广等过程。在学生阶段，主要分为文献检索、试验设计、数据整理、科学作图和论文专利撰写等过程。此外，在进行生物信息学和分子生物学研究时，还应包括美国国家生物技术信息中心（NCBI）数据库的使用、序列分析、引物设计等过程。本书按照这一主线进行编写，具体如下图所示。

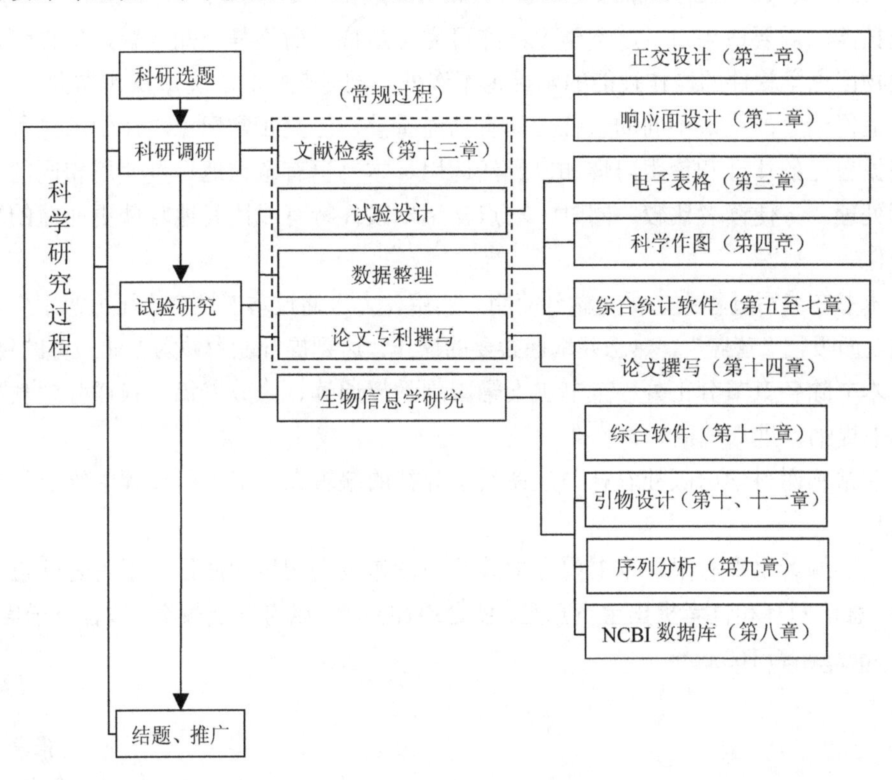

其中虚线部分为所有自然科学科研调研和试验研究的常规过程，而生命科学的

研究还包括生物信息学研究。本书以生命科学研究的一般规律为主线，以生物统计学与生物信息学软件为主，较为系统地、深入浅出地介绍生命科学研究中常用的软件，以便学生在本科阶段初步掌握生物统计学与生物信息学相关的软件操作，掌握生物学实验（或试验）的设计、数据分析相关的概念和相关软件的使用，逐步提高学生在实验中的观察能力、分析能力、独立思考与解决问题的能力，为科研能力和专业素质的培养奠定基础，为生物统计学与生物信息学软件的教学提供参考，这样就达到了本书编写的目的。

对于以专业能力提升为目的的软件操作学习，在教与学中，应贯彻以下原则：自主学习，以练为主；严格考核，强化训练；不学则已，学则必会；实用为主，会用就行。

建议学习程序如下。

（1）课前准备：安装好相关软件，如在多媒体教室自带笔记本电脑上课，并尽量保证其能上网；仔细阅读教材，并尽量尝试操作一遍；下载或拷贝教师准备的操作素材。

（2）上课时：专心听课，认真操作，不应出现学生要求拷贝教师电脑上的软件等现象。

（3）课余时间：多加练习，直到熟练。根据一般的学习规律，要学好某种知识或技能，需要适当“过度”学习，方可完全掌握，而不是一知半解，生物统计学与生物信息学软件的操作技能的掌握也不例外。同时坚持独立完成操作作业。

值得注意的是，不同的软件之间有功能重叠，这是正常现象，在学习过程中，可根据自己的体会和使用习惯加以灵活运用。本书也有意识地尽量使用相同的数据进行处理，方便读者比较。同时，重点介绍本软件特有或比其他软件更便捷的功能和操作。

本书在编写过程中，尽量做到简明、实用，力求通过本书这个“压缩饼干”，让学生全面吸收“营养”，熟悉并掌握必要的操作，达到提升能力并为专业服务的目标。

本书除各章节分工外，全书由秦耀国副教授通读、修改书稿，张祥胜副教授撰写本书提纲，进行统稿。

非常感谢科学出版社农林与生命科学分社的编辑在本书出版过程中给予的大力支持！

由于编者水平有限，本书内容中涉及的操作较为初步和浅显，不足之处也在所难免，恳请同行和读者提出宝贵意见，使之更加完善，以有利于教学。编者电子信箱：yctu_shengwu@163.com。

张祥胜
2014 年 8 月

目　录

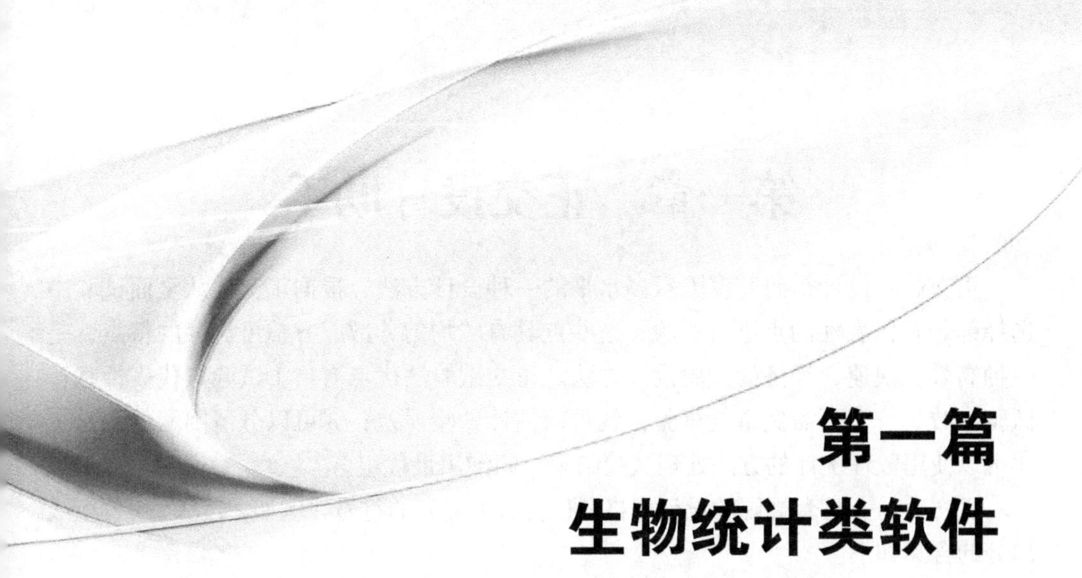

第一篇 生物统计类软件

本篇中的生物统计类软件是指试验设计、数据整理、科学作图和统计分析相关的软件。

试验设计是从事科学研究的设想和计划，是进行科学研究首先必须经过的步骤，也是能否达到研究目的的关键所在，主要包括课题研究设计和试验操作设计。在这里仅提因素和水平的设计，主要应用于优化试验，如发酵培养基配方优化、药用植物有效成分提取参数优化等，除单因素试验设计（简单比较法）外，还有部分因子设计 [如 Plackett-Burman(PB) 设计]、正交设计、均匀设计和响应面设计 [包括 Box-Behnken Design(BBD) 和 Central Composite Design(CCD)]，本书主要涉及 PB 设计、正交设计和 BBD，可以借助于正交设计助手和响应面设计软件完成。

在本书中数据整理和科学作图的软件主要介绍 Excel 和 Origin，前者为电子表格软件，后者为专业科学作图软件。

统计分析主要包括差异显著性分析、作图等，本书主要介绍较为简单易学的 Statistical Product and Service Solutions(SPSS) 和 Data Processing System (DPS)，Minitab 为选学内容，Statistics Analysis System(SAS) 等专业统计软件不介绍。此外，Excel 和 Origin 也可进行数据的统计分析。

第一章　正交设计助手

正交试验设计是研究多因素多水平的一种设计方法，根据正交性从全面试验中选择部分有代表性的点进行试验，这些点具有“均匀分散、齐整可比”的特点，是一种高效、快速、经济的试验设计方法。正交试验法优点有：①试验点代表性强，试验次数少；②不需做重复试验，就可以估计试验误差；③可以分清因素的主次；④可以使用数理统计的方法处理试验结果，归纳出最优组合。

正交表是一整套规则的设计表格，L 表示正交表的符号。例如，$L_9(3^4)$ 的各组成部分的含义如下。

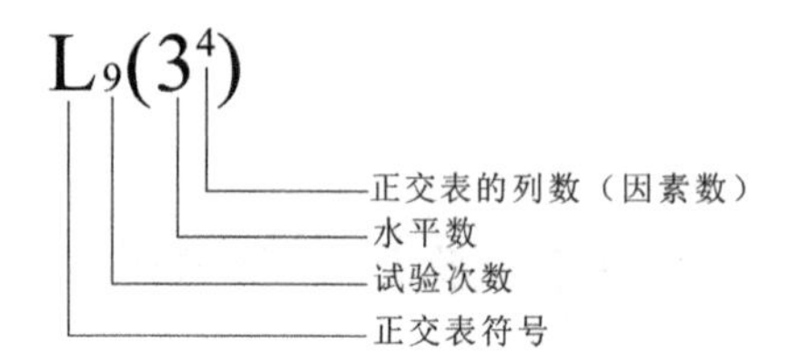

一个正交表中也可以各列的水平数不相等，称为混合型正交表，如 $L_8(4\times 2^4)$，此表的 5 列中，有 1 列为 4 水平，4 列为 2 水平。本科阶段一般不要求掌握混合型正交表的设计与试验结果分析。

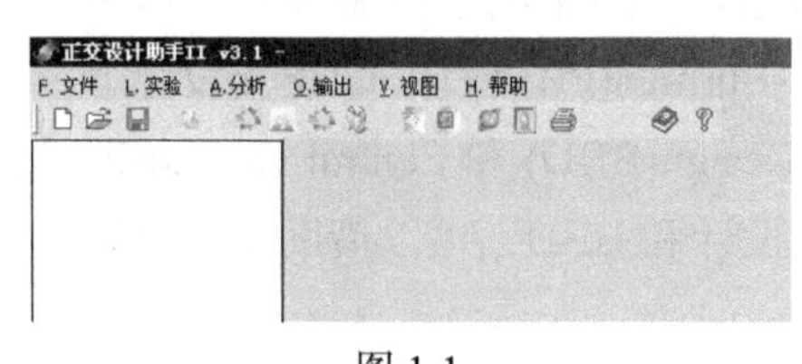

图 1-1

网上共享版本下载解压后，双击“ ”即可，界面较为简洁，可完成一般的正交试验的因素和水平设计、正交表自动生成、正交试验结果分析等，如图 1-1 所示。

例如，设计一个药物有效成分提取工艺优化试验，对提取温度、提取时间和用碱量进行优化，经单因素试验检验，设计各因素的水平见表 1-1。

表 1-1　因素水平表

水平	温度（A）/℃	时间（B）/min	用碱量（C）	虚拟因素
1	80	90	5%	1
2	85	120	6%	2
3	90	150	7%	3

加上虚拟因素共 4 个因素，3 个水平，标准正交试验次数为水平数的平方，因此共 $3^2 = 9$ 次试验。其操作步骤如下。

点击菜单“文件”→“新建工程”，再点击菜单“实验”→“新建实验”，即得如图 1-2 所示窗口。

填入“实验名称”，选择“标准正交表”（图 1-3）。

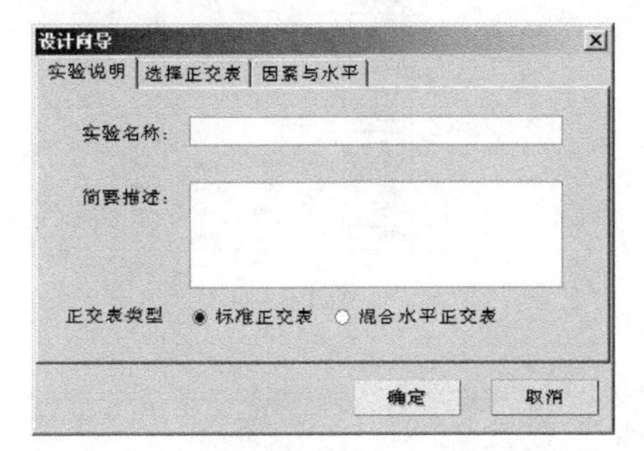

图 1-2

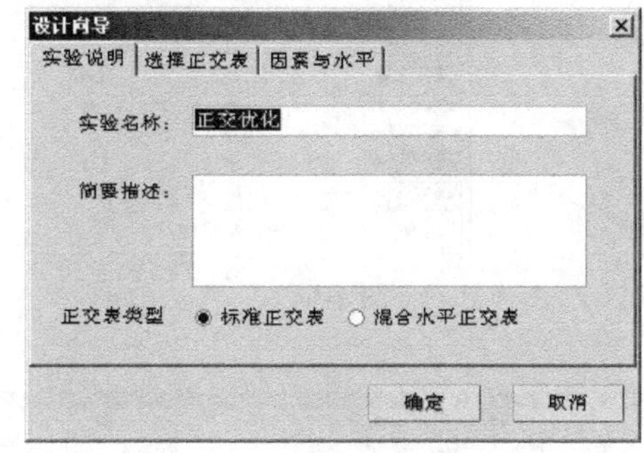

图 1-3

点击“选择正交表”，选择 L9-3-4，即 4 因素 3 水平，共 9 个试验（图 1-4）。

点击“因素与水平”，按预定的设计填入相应参数，如图 1-5 所示。

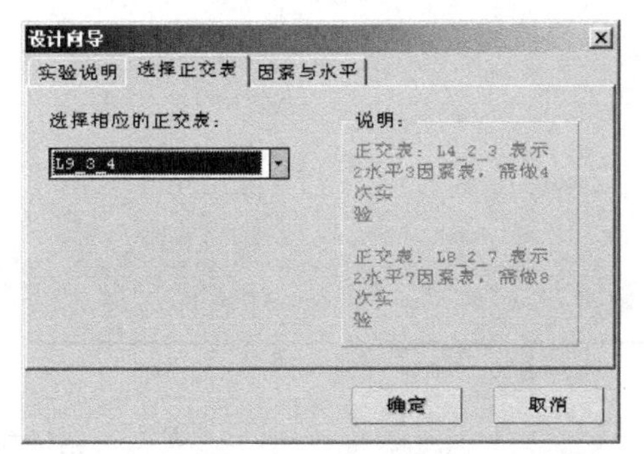

图 1-4

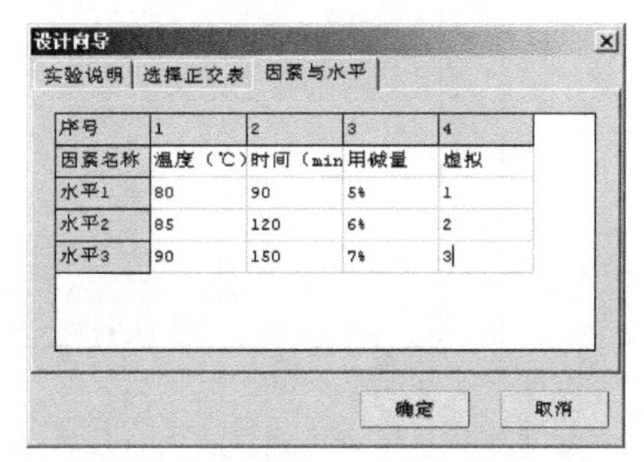

图 1-5

点击“确定”，即获得正交表，根据此正交表实施试验，将试验结果依次填入（图 1-6）。

点击“分析”→“直观分析”，得如图 1-7 所示结果。

根据直观分析表，可获得各因素的重要性排序和主要因素、各因素的最佳水平，以及各因素水平的最优组合等信息。例如，由极差分析可知，虚拟因素各水平极差最小，说明试验误差在可控范围内，试验结果可靠。3 个因素的重要性依次为：温度 > 用碱量 > 时间，最优组合为：A3B2C1，即温度 90℃，时间 120min，用碱量 5%。

点击“分析”→“因素指标”，并轻轻滚动鼠标滑轮，使拆线图居中，得到如图 1-8 所示结果。

正交设计助手II v3.1 - 未命名工程

所在列	1	2	3	4	
因素	温度(℃)	时间(min)	用碱量	虚拟	实验结果
实验1	80	90	5%	1	31
实验2	80	120	6%	2	54
实验3	80	150	7%	3	38
实验4	85	90	6%	3	53
实验5	85	120	7%	1	49
实验6	85	150	5%	2	42
实验7	90	90	7%	2	57
实验8	90	120	5%	3	62
实验9	90	150	6%	1	64

图 1-6

所在列	1	2	3	4	
因素	温度(℃)	时间(min)	用碱量	虚拟	实验结果
实验1	1	1	1	1	31
实验2	1	2	2	2	54
实验3	1	3	3	3	38
实验4	2	1	2	3	53
实验5	2	2	3	1	49
实验6	2	3	1	2	42
实验7	3	1	3	2	57
实验8	3	2	1	3	62
实验9	3	3	2	1	64
均值1	41.000	47.000	45.000	48.000	
均值2	48.000	55.000	57.000	51.000	
均值3	61.000	48.000	48.000	51.000	
极差	20.000	8.000	12.000	3.000	

图 1-7

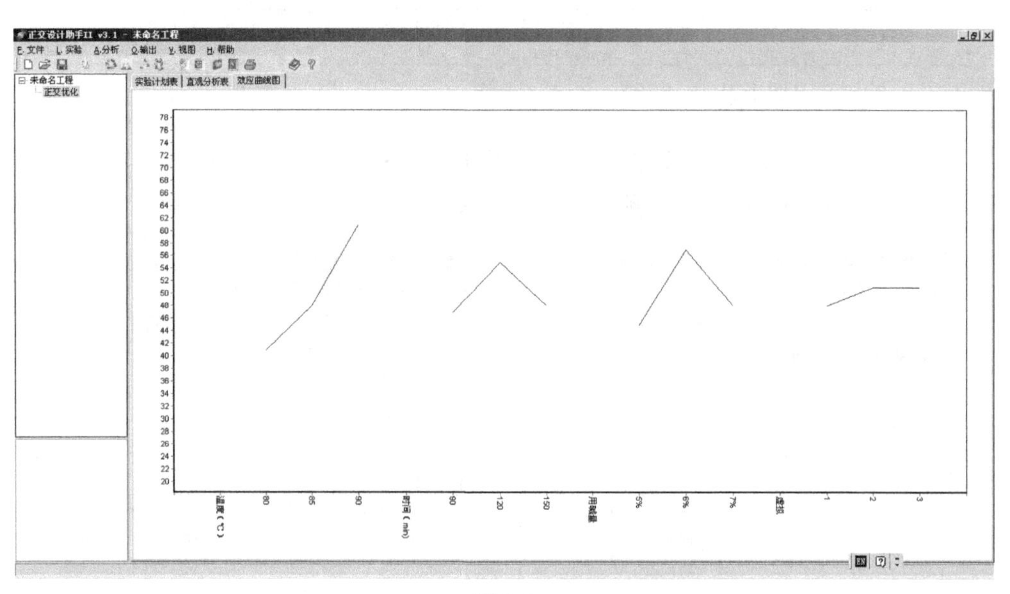

图 1-8

图 1-9

可以继续点击“分析”→“交互作用”，“分析”→“方差分析”，此处从略，本科阶段可不要求。

点击“直观分析表”选项卡，点击菜单“输出”→“保存 RTF”，可打开对话框，点击“保存”即可（图 1-9）。

在 Word 中，可以点击菜单“插入”→“文件”，注意在对话框中选择“所有文件类型”，可插入直观分析表。经设置调整，可获得如表 1-2 所示表格。

表 1-2　直观分析表

因素	1	2	3	4	
	温度 /℃	时间 /min	用碱量	虚拟	试验结果
实验 1	1	1	1	1	31
实验 2	1	2	2	2	54
实验 3	1	3	3	3	38
实验 4	2	1	2	3	53
实验 5	2	2	3	1	49
实验 6	2	3	1	2	42
实验 7	3	1	3	2	57
实验 8	3	2	1	3	62
实验 9	3	3	2	1	64
均值 1	41.000	47.000	45.000	48.000	
均值 2	48.000	55.000	57.000	51.000	
均值 3	61.000	48.000	48.000	51.000	
极差	20.000	8.000	12.000	3.000	

点击“效应曲线图”，点击菜单“输出”→“保存图形”，可保存效应曲线图，在 Word 中点击菜单“插入”→“图形”，即得如图 1-10 所示效应曲线图。

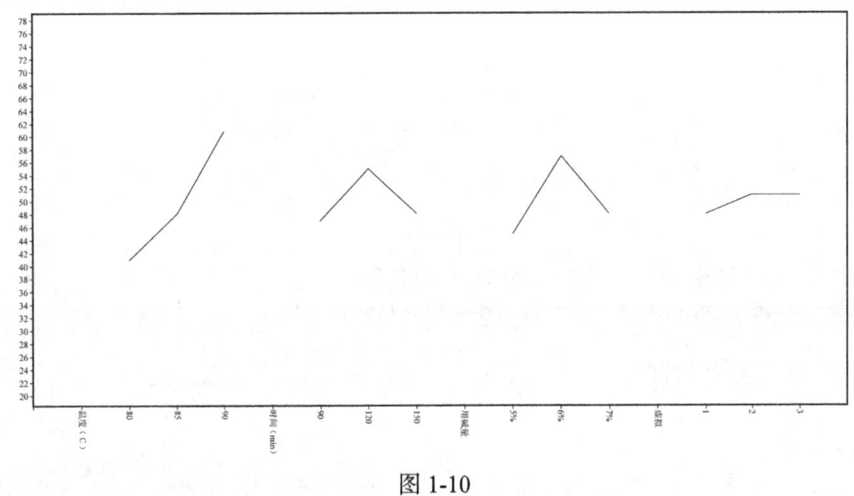

图 1-10

效应曲线图更直观，便于找出各因素的最佳水平。但为避免重复，在提交实验报告时，只用直观分析表即可。如果效应曲线图不够直观，可以利用 Origin 作图（见第四章）。

（张祥胜、胡化广）

第二章　响应面设计软件 Design Expert

Design Expert 是全球顶尖级的试验设计软件。在所有响应面设计相关的软件中，Design Expert 具有易学、操作方便、功能完整、界面亲和力强等优点。在已经发表的有关响应面 (RSM) 优化试验的论文中，Design Expert 是最广泛使用的软件。Plackett-Burman(PB) 设计、Central Composite Design(CCD)、Box-Behnken Design(BBD) 是最常用的试验设计方法。本章以 PB 设计和 BBD 为例展开论述。

1. 安装

目前网上可下载Design Expert绿色版本，也可购买注册版本。该软件界面如图2-1所示。

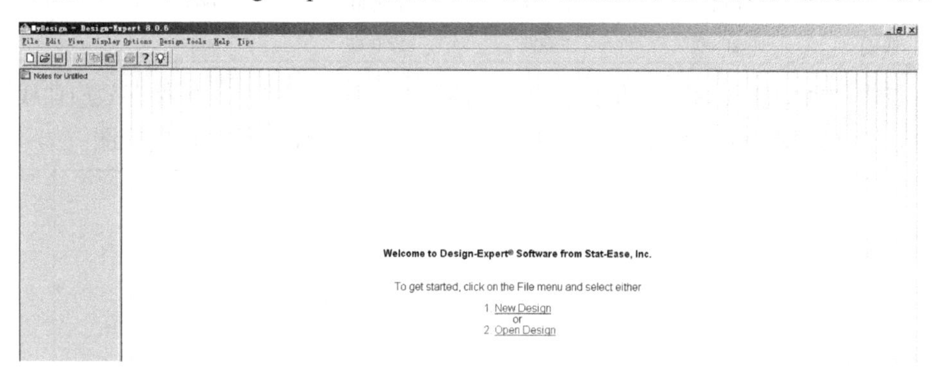

图 2-1

点击“New Design”，则打开界面（图 2-2）。

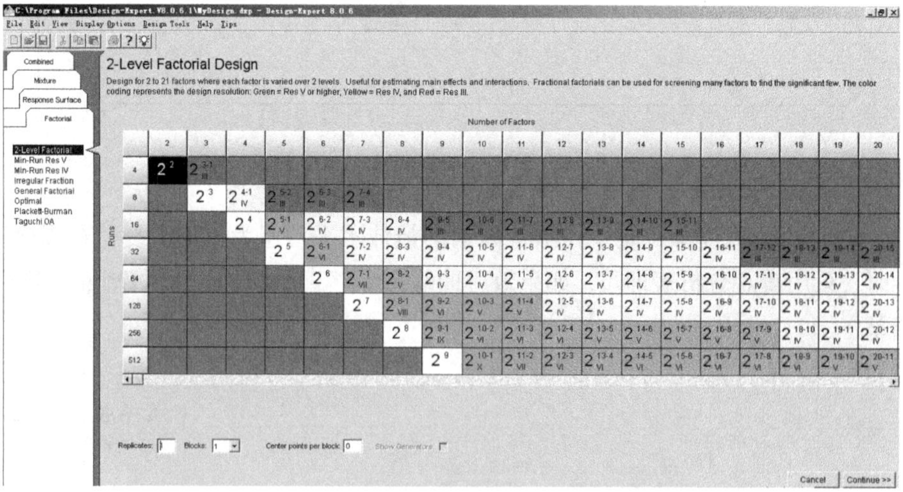

图 2-2

2. PB 设计

PB 设计方法广泛应用于参数初步优选，如微生物发酵工艺关键参数的筛选，通过对试验进行设计和试验结果的分析，筛选出对目标值影响最大的关键因素，可大大减少优化过程中的试验成本，提高试验效率。

例如，在某次发酵培养参数优化试验中，有以下因素需要优化，水平设置如表 2-1 所示（高水平为低水平的 1.25 倍，各因素单位均为 g/L，响应值为发酵产量，单位为 g/L）。

表 2-1

	因素名称	低水平（-1）	高水平（+1）
A	C 源	1	1.25
B	N 源	2	2.5
C	P 源	2	2.5
D	K 源	0.5	0.625
E	酵母提取物	0.5	0.625
F	NaCl	1	1.25
G	$MgSO_4$	0.2	0.25
H	$CaCl_2$	0.02	0.025

打开软件，点击“New Design”，选择“Factorial”→“Plackett-Burman”，然后输入因素名称和水平（图 2-3）。

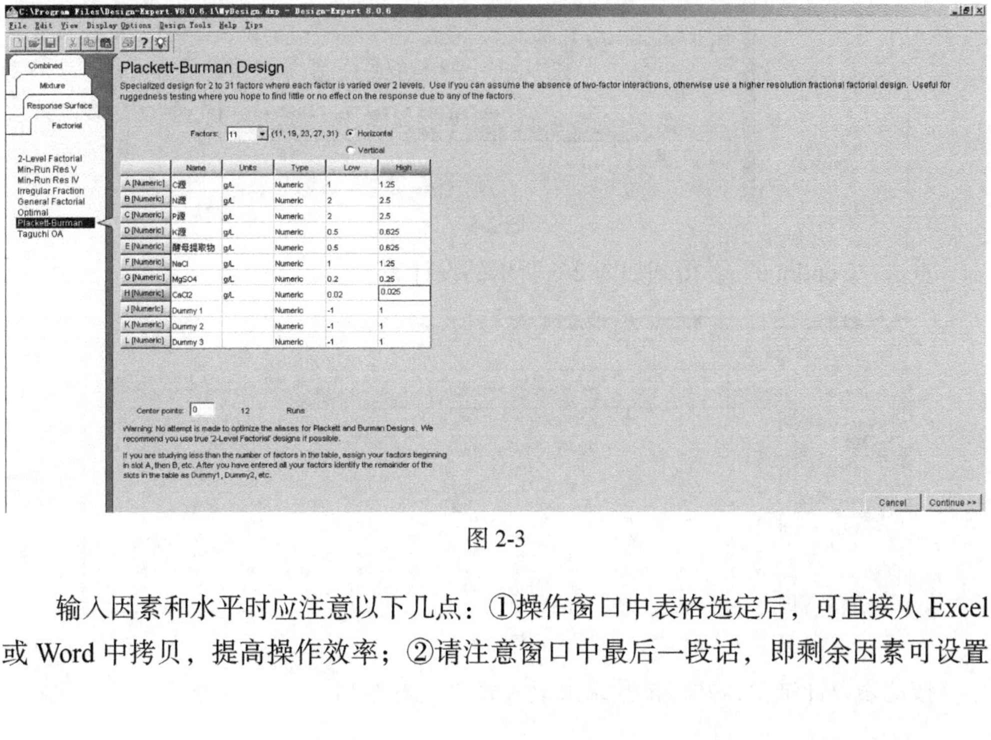

图 2-3

输入因素和水平时应注意以下几点：①操作窗口中表格选定后，可直接从 Excel 或 Word 中拷贝，提高操作效率；②请注意窗口中最后一段话，即剩余因素可设置

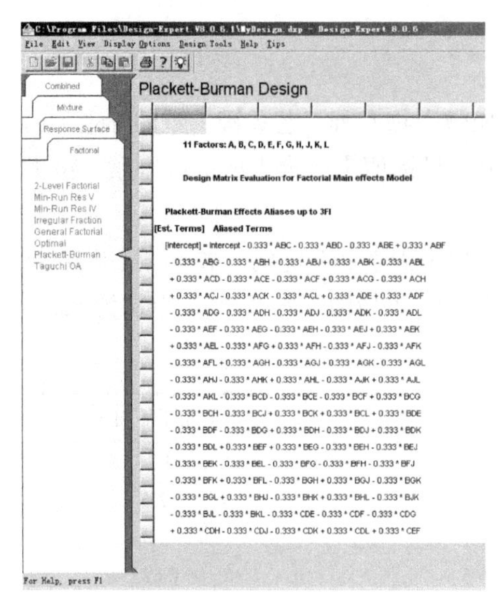

图 2-4

为虚拟因素，本例中共 3 个虚拟因素，依次命名为 Dummy 1、Dummy 2 和 Dummy 3。

点击“Continue”，则如图 2-4 所示。

点击“Continue”，并输入响应值名称和单位，则如图 2-5 所示。

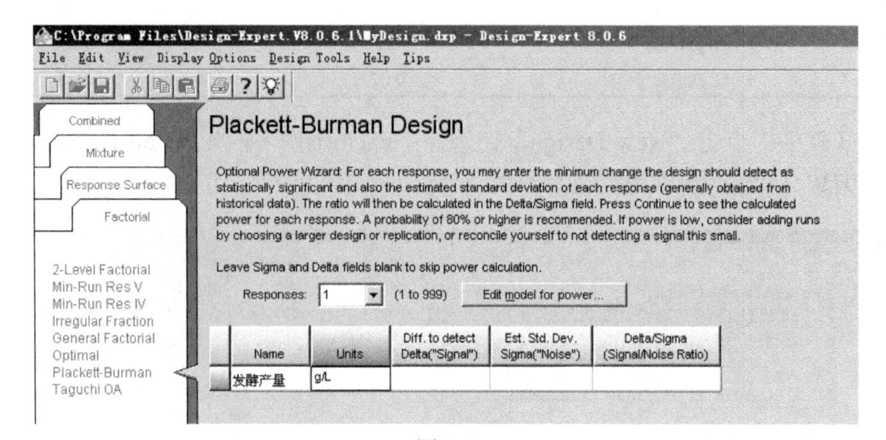

图 2-5

点击“Continue”，得到如图 2-6 所示的设计表。

Std	Run	Factor 1 A:C源 g/L	Factor 2 B:N源 g/L	Factor 3 C:P源 g/L	Factor 4 D:K源 g/L	Factor 5 E:酵母提取物 g/L	Factor 6 F:NaCl g/L	Factor 7 G:MgSO4 g/L	Factor 8 H:CaCl2 g/L	Factor 9 J:Dummy 1	Factor 10 K:Dummy 2	Factor 11 L:Dummy 3	Response 1 发酵产量 g/L
3	1	1.25	2.00	2.50	0.63	0.50	1.25	0.25	0.03	-1.00	-1.00	-1.00	
7	2	1.25	2.00	2.00	0.50	0.63	1.00	0.25	0.03	-1.00	1.00	1.00	
9	3	1.25	2.50	2.50	0.50	0.50	1.00	0.25	0.02	1.00	1.00	-1.00	
8	4	1.25	2.50	2.00	0.50	0.50	1.25	0.20	0.03	1.00	-1.00	1.00	
5	5	1.00	2.00	2.50	0.50	0.63	1.25	0.20	0.03	1.00	1.00	-1.00	
4	6	1.00	2.50	2.00	0.63	0.63	1.00	0.25	0.03	1.00	-1.00	-1.00	
6	7	1.00	2.00	2.00	0.63	0.50	1.25	0.25	0.02	1.00	1.00	1.00	
12	8	1.00	2.00	2.00	0.50	0.50	1.00	0.20	0.02	-1.00	-1.00	-1.00	
2	9	1.00	2.50	2.50	0.50	0.63	1.25	0.25	0.02	-1.00	-1.00	1.00	
10	10	1.00	2.50	2.50	0.63	0.50	1.00	0.20	0.03	-1.00	1.00	1.00	
11	11	1.25	2.00	2.50	0.63	0.63	1.00	0.20	0.02	1.00	-1.00	1.00	
1	12	1.25	2.50	2.00	0.63	0.63	1.25	0.20	0.02	-1.00	1.00	-1.00	

图 2-6

按此表设计试验，并将试验结果填入表中（图 2-7）。

C:\Program Files\Design-Expert V8.0.6.1\MyDesign.dxp - Design-Expert 8.0.6

Std	Run	Factor 1 A:C源 g/L	Factor 2 B:N源 g/L	Factor 3 C:P源 g/L	Factor 4 D:K源 g/L	Factor 5 E:酵母提取物 g/L	Factor 6 F:NaCl g/L	Factor 7 G:MgSO4 g/L	Factor 8 H:CaCl2 g/L	Factor 9 J:Dummy 1	Factor 10 K:Dummy 2	Factor 11 L:Dummy 3	Response 1 发酵产量 g/L
3	1	1.25	2.00	2.50	0.63	0.50	1.25	0.25	0.03	-1.00	-1.00	-1.00	11.4662
7	2	1.25	2.00	2.00	0.50	0.63	1.00	0.25	0.03	-1.00	1.00	1.00	11.9103
9	3	1.25	2.50	2.50	0.50	0.50	1.00	0.25	0.02	1.00	1.00	-1.00	12.9611
8	4	1.25	2.50	2.00	0.50	0.50	1.25	0.20	0.03	1.00	-1.00	1.00	12.9611
5	5	1.00	2.00	2.50	0.50	0.63	1.25	0.20	0.03	1.00	1.00	-1.00	11.9103
4	6	1.00	2.50	2.00	0.63	0.63	1.00	0.25	0.03	1.00	-1.00	-1.00	11.9034
6	7	1.00	2.00	2.00	0.63	0.50	1.25	0.25	0.02	1.00	1.00	1.00	9.30041
12	8	1.00	2.00	2.00	0.50	0.50	1.00	0.20	0.02	-1.00	-1.00	-1.00	8.44876
2	9	1.00	2.50	2.50	0.50	0.63	1.25	0.25	0.02	-1.00	-1.00	1.00	10.2757
10	10	1.00	2.50	2.50	0.63	0.50	1.00	0.20	0.03	-1.00	1.00	1.00	8.07335
11	11	1.25	2.00	2.50	0.63	0.63	1.00	0.20	0.02	1.00	-1.00	1.00	11.9446
1	12	1.25	2.50	2.00	0.63	0.63	1.25	0.20	0.02	-1.00	1.00	-1.00	11.8622

图 2-7

点击“Analysis”→“R1：发酵产量”，得到如图 2-8 所示窗口。

点击“Effects”选项卡，即如图 2-9 所示。

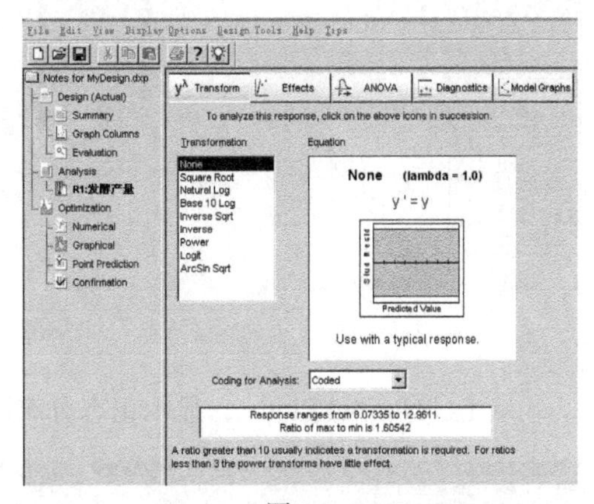

图 2-8

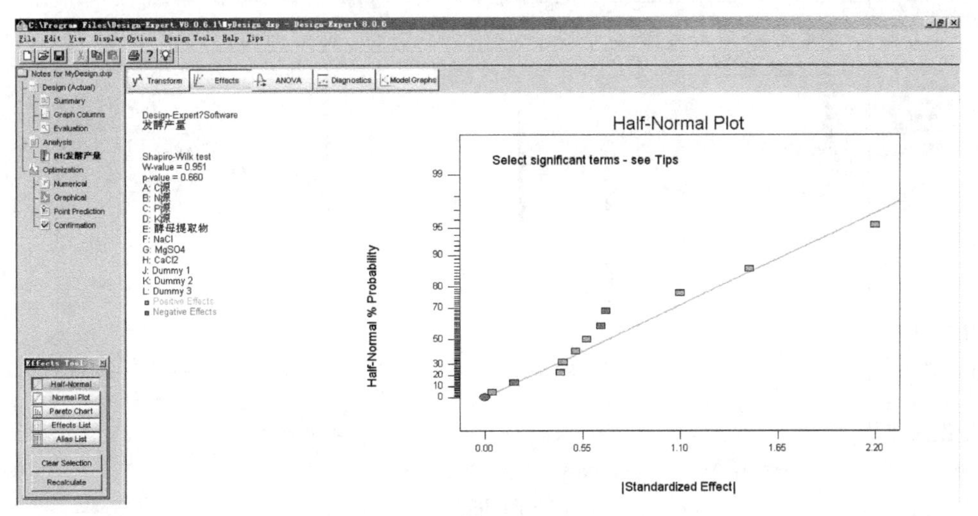

图 2-9

单击半正态分布图上离原点最远的几个点，则可显示 3 个影响最大的因素，其中褐色表示正效应，蓝色表示负效应，如图 2-10 所示（本例中，J 为虚拟因素，为第二重要因素，说明试验体系误差较大）。

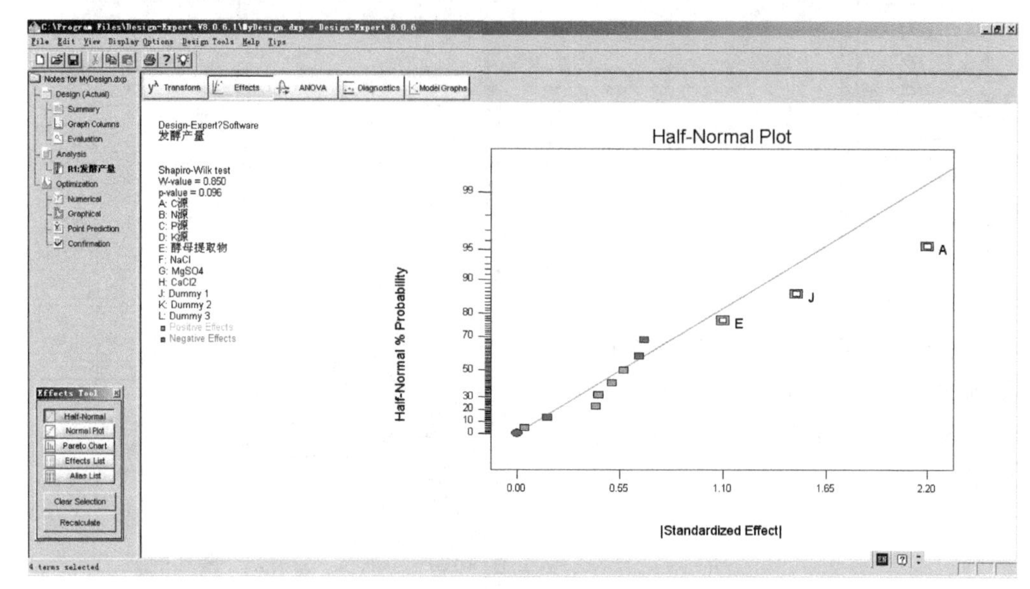

图 2-10

点击“Normal Plot”，显示正态分布图（图 2-11）。

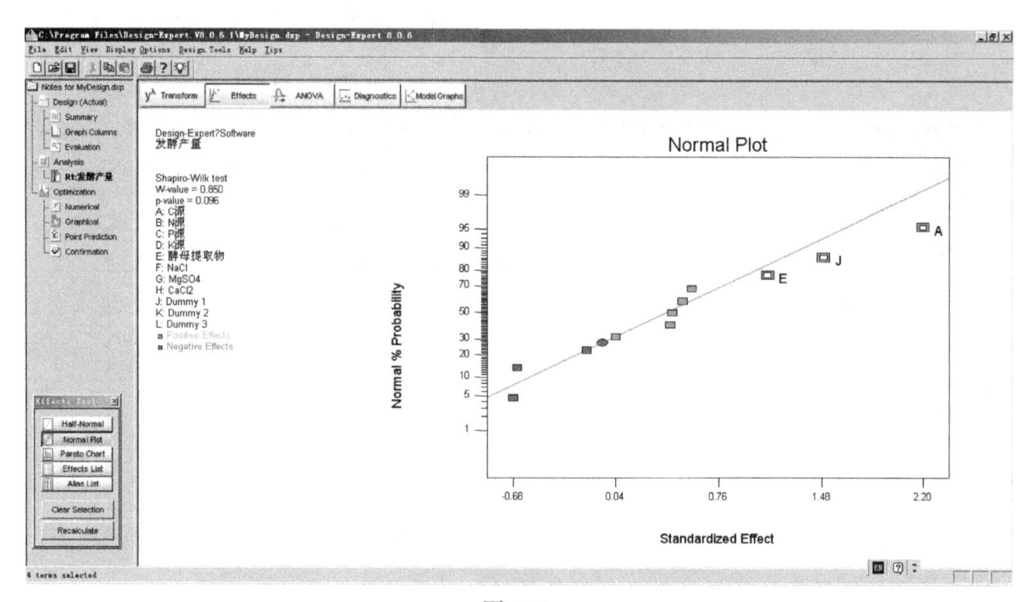

图 2-11

点击“Pareto Chart”，得到效应 t 值直方图，如图 2-12 所示。

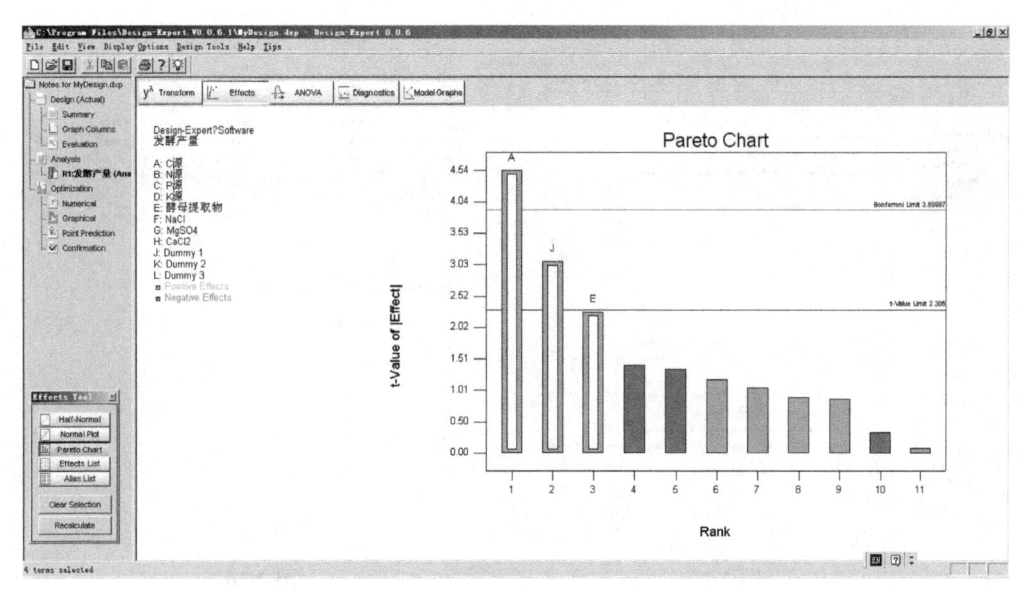

图 2-12

点击“Effects List”，得到效应值列表（图 2-13）。

点击“Alias List”，得到差值列表。其中，绿色“M”表示该参数在模型中，红色“～”表示该参数不在模型拟合方程中（图 2-14）。

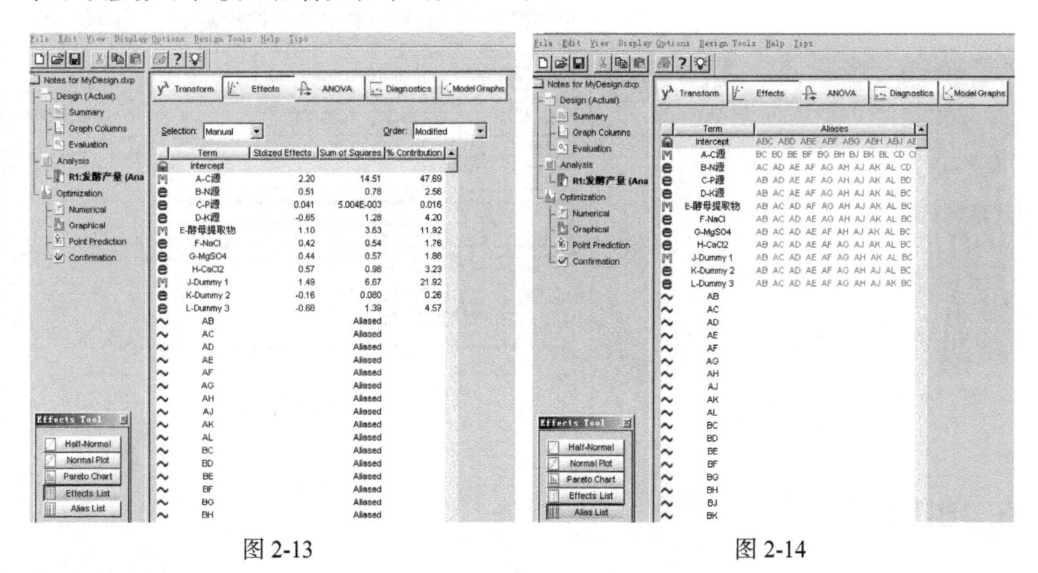

图 2-13　　　　图 2-14

再点击选项卡“ANOVA”，得到方差分析结果（图 2-15）。

向下翻动，则可以显示更多结果，包括回归系数、标准误和回归方程（图 2-16）。

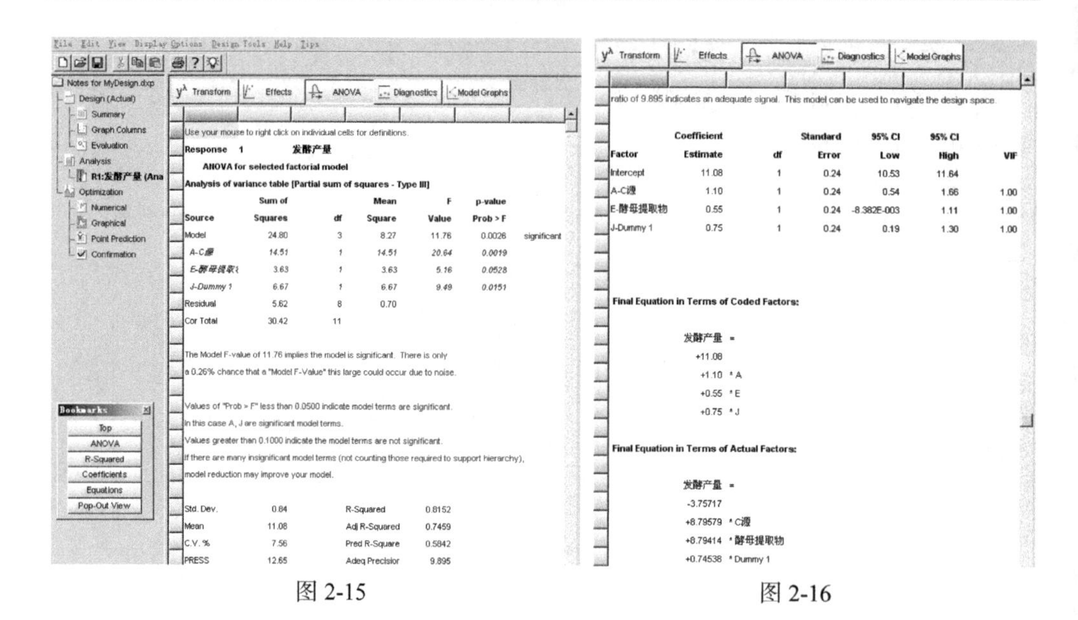

图 2-15　　　　图 2-16

点击菜单“File”→“Export report to file”，则会获得如图 2-17 所示窗口。

点击“保存”后，打开文本文件，如图 2-18 所示，即可将相关结果拷贝到实验报告或论文中。

图 2-17

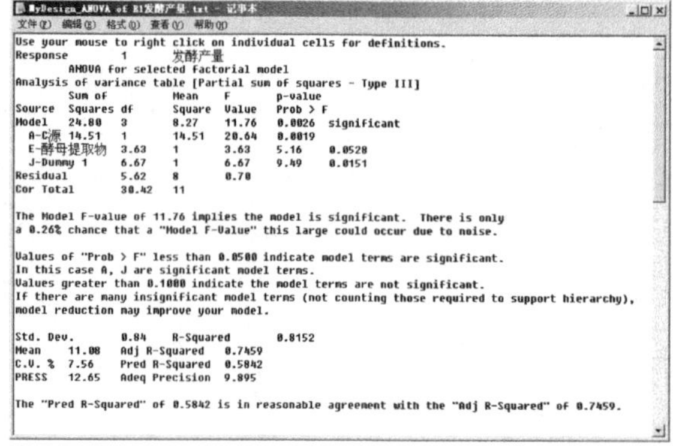
MyDesign_ANOVA of R1发酵产量.txt - 记事本

文件(F) 编辑(E) 格式(O) 查看(V) 帮助(H)

Use your mouse to right click on individual cells for definitions.
Response 1 发酵产量
ANOVA for selected factorial model
Analysis of variance table [Partial sum of squares - Type III]

Source	Sum of Squares	df	Mean Square	F Value	p-value Prob > F	
Model	24.80	3	8.27	11.76	0.0026	significant
A-C源	14.51	1	14.51	20.64	0.0019	
E-酵母提取物	3.63	1	3.63	5.16	0.0528	
J-Dummy 1	6.67	1	6.67	9.49	0.0151	
Residual	5.62	8	0.70			
Cor Total	30.42	11				

The Model F-value of 11.76 implies the model is significant. There is only
a 0.26% chance that a "Model F-Value" this large could occur due to noise.

Values of "Prob > F" less than 0.0500 indicate model terms are significant.
In this case A, J are significant model terms.
Values greater than 0.1000 indicate the model terms are not significant.
If there are many insignificant model terms (not counting those required to support hierarchy),
model reduction may improve your model.

Std. Dev.	0.84	R-Squared	0.8152
Mean	11.08	Adj R-Squared	0.7459
C.V. %	7.56	Pred R-Squared	0.5842
PRESS	12.65	Adeq Precision	9.895

The "Pred R-Squared" of 0.5842 is in reasonable agreement with the "Adj R-Squared" of 0.7459.

图 2-18

3. BBD

表 2-2 为某次发酵工艺优化时要采用的因素水平表（响应值：发酵产量，g/L）。

表 2-2

因素	水平		
	-1	0	1
A 碳源 /%	3	5	7
B 氮源 /（g/L）	1.5	2.5	3.5
C 酵母粉 /（g/L）	0.5	1	1.5

打开 Design Expert 软件，选择“Response surface”→“Box Behnken”，并输入相关参数和水平，如图 2-19 所示。

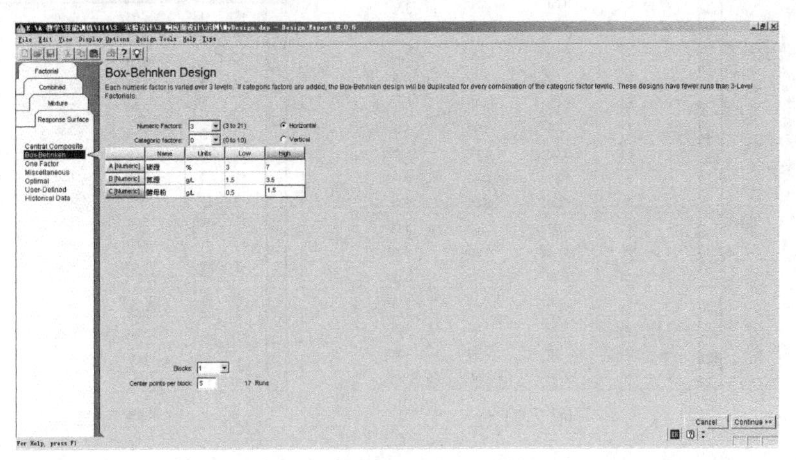

图 2-19

输入水平时，只需输入最低水平和最高水平，初学者或较粗心者，往往将低、中和高值分别输入因素名称后的 3 个空格中，导致错误。因素名称后的空格为单位（Unit）。

点击右下角的“Continue”，输入响应值，如图 2-20 所示。

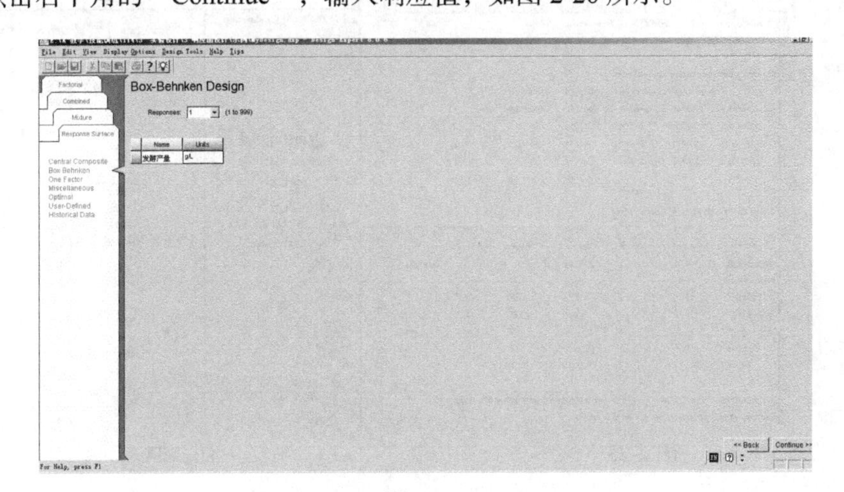

图 2-20

如响应值不止一个，则应输入多个响应值。但一般响应值不超过 2 个，否则数据分析和整个模型拟合将非常复杂。

点击右下角的“Continue”，获得试验设计表（图 2-21）。

以此表为依据实施试验，将试验结果输入表中，如图 2-22 所示。

Std	Run	Factor 1 A:碳源 %	Factor 2 B:氮源 g/L	Factor 3 C:酵母粉 g/L	Response 1 发酵产量 g/L
15	1	5.00	2.50	1.00	
7	2	3.00	2.50	1.50	
9	3	5.00	1.50	0.50	
13	4	5.00	2.50	1.00	
5	5	3.00	2.50	0.50	
10	6	5.00	3.50	0.50	
16	7	5.00	2.50	1.00	
1	8	3.00	1.50	1.00	
6	9	7.00	2.50	0.50	
12	10	5.00	3.50	1.50	
14	11	5.00	2.50	1.00	
11	12	5.00	1.50	1.50	
2	13	7.00	1.50	1.00	
3	14	3.00	3.50	1.00	
17	15	5.00	2.50	1.00	
8	16	7.00	2.50	1.50	
4	17	7.00	3.50	1.00	

图 2-21

Std	Run	Factor 1 A:碳源 %	Factor 2 B:氮源 g/L	Factor 3 C:酵母粉 g/L	Response 1 发酵产量 g/L
15	1	5.00	2.50	1.00	15.06
7	2	3.00	2.50	1.50	12.66
9	3	5.00	1.50	0.50	11.88
13	4	5.00	2.50	1.00	15.96
5	5	3.00	2.50	0.50	11.43
10	6	5.00	3.50	0.50	12.6
16	7	5.00	2.50	1.00	15.48
1	8	3.00	1.50	1.00	12.09
6	9	7.00	2.50	0.50	12.72
12	10	5.00	3.50	1.50	11.91
14	11	5.00	2.50	1.00	15.72
11	12	5.00	1.50	1.50	11.46
2	13	7.00	1.50	1.00	14.91
3	14	3.00	3.50	1.00	13.02
17	15	5.00	2.50	1.00	15.39
8	16	7.00	2.50	1.50	12.87
4	17	7.00	3.50	1.00	9.03

图 2-22

点击“Analysis”→“R1：发酵产量”，分别点击“Transform”和“Fit Summary”选项卡，得到如图 2-23 所示窗口。

点击“Model”选项卡，即如图 2-24 所示。

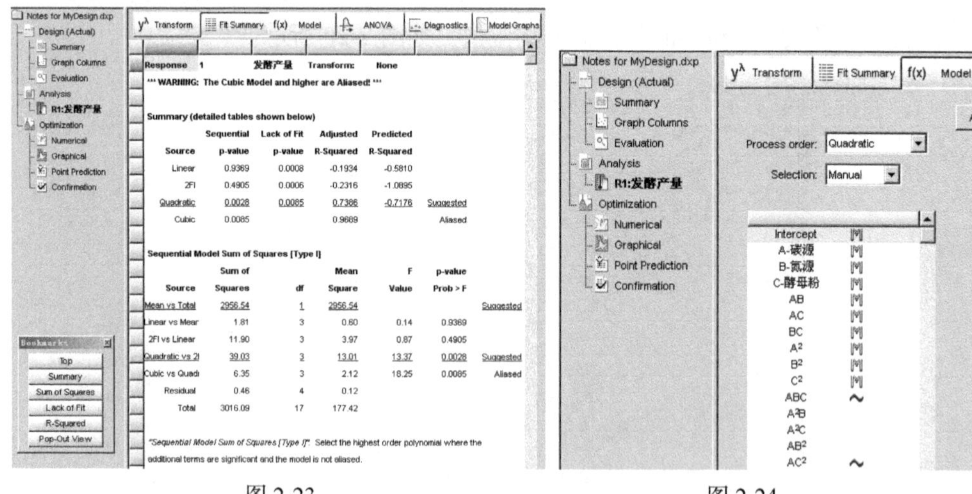

图 2-23　　图 2-24

其中，绿色“M”表示该参数在模型拟合方程中，红色“~”表示该参数不在模型拟合方程中。

再点击选项卡“ANOVA”，得到方差分析结果（图 2-25）。

向下翻动，则可以显示更多结果，包括回归方程（图 2-26）。

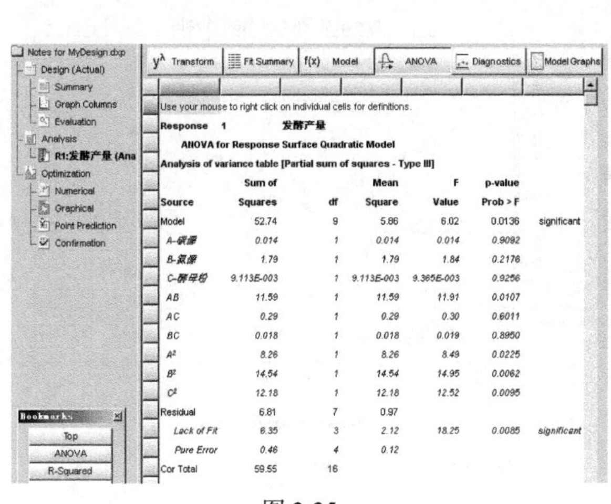

Use your mouse to right click on individual cells for definitions.

Response 1 发酵产量

ANOVA for Response Surface Quadratic Model

Analysis of variance table [Partial sum of squares - Type III]

Source	Sum of Squares	df	Mean Square	F Value	p-value Prob > F	
Model	52.74	9	5.86	6.02	0.0136	significant
A-碳源	0.014	1	0.014	0.014	0.9092	
B-氮源	1.79	1	1.79	1.84	0.2176	
C-酵母粉	9.113E-003	1	9.113E-003	9.365E-003	0.9256	
AB	11.59	1	11.59	11.91	0.0107	
AC	0.29	1	0.29	0.30	0.6011	
BC	0.018	1	0.018	0.019	0.8950	
A²	8.26	1	8.26	8.49	0.0225	
B²	14.54	1	14.54	14.95	0.0062	
C²	12.18	1	12.18	12.52	0.0095	
Residual	6.81	7	0.97			
Lack of Fit	6.35	3	2.12	18.25	0.0085	significant
Pure Error	0.46	4	0.12			
Cor Total	59.55	16				

图 2-25

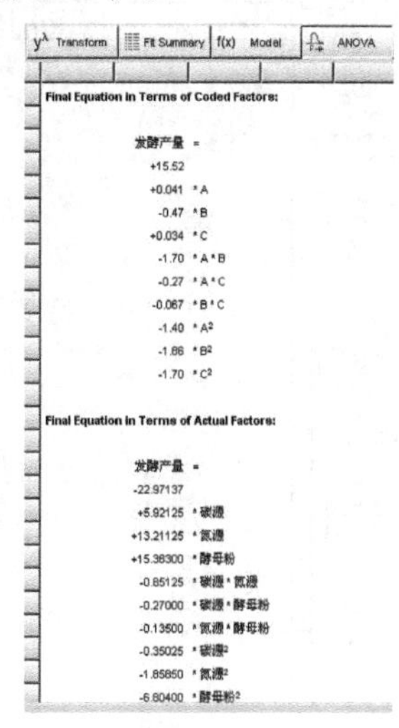

图 2-26

其中第一个方程中的各因素取编码值，即各因素取值均相同（-1、0 和 1），第二个方程中的各因素取实际值。

上述方程竖排，如直接拷贝到 Word 中，编辑较为麻烦，可以借助于文本整理器进行编辑。文本整理器其他功能见后续章节。具体操作如下。

先将公式拷贝到文本整理器的编辑窗口中（图 2-27）。

分别点击“去除所有空格”和“合并段落”，结果如图 2-28 所示。

再略加编辑，即获得所需要的方程。

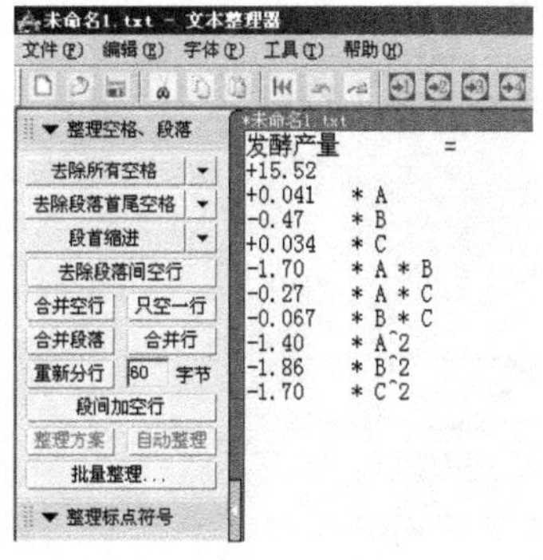

图 2-27

点击选项卡“Diagnostics”，则显示如图 2-29 所示窗口。

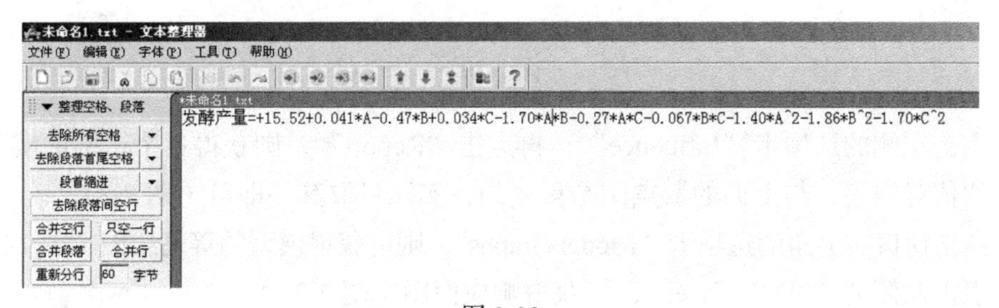

图 2-28

点击左侧的选项卡“Diagnostics”→“Pred. vs Actual”，则获得各个试验的实际值与预测值对照散点图（图 2-30）。

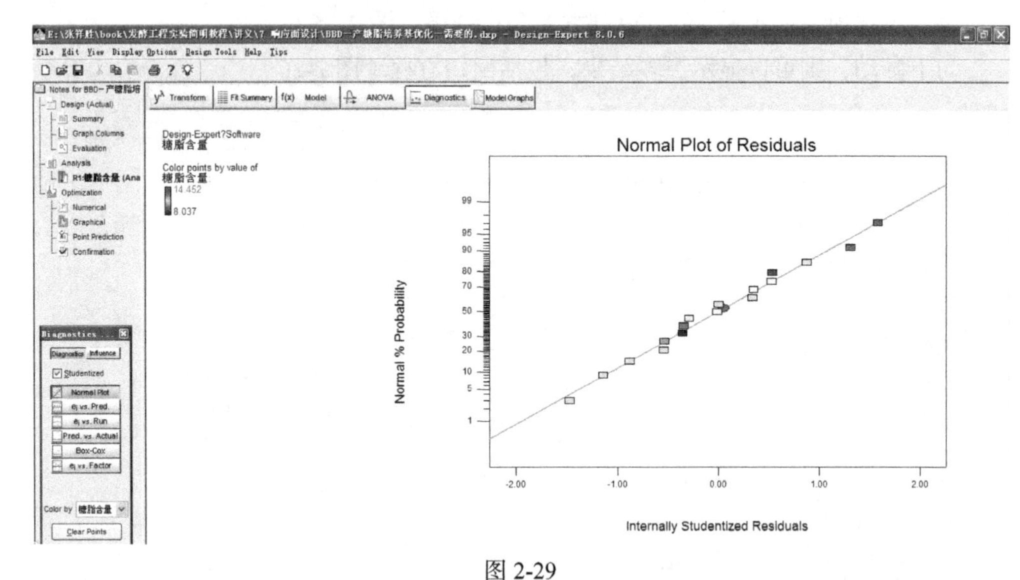

图 2-29

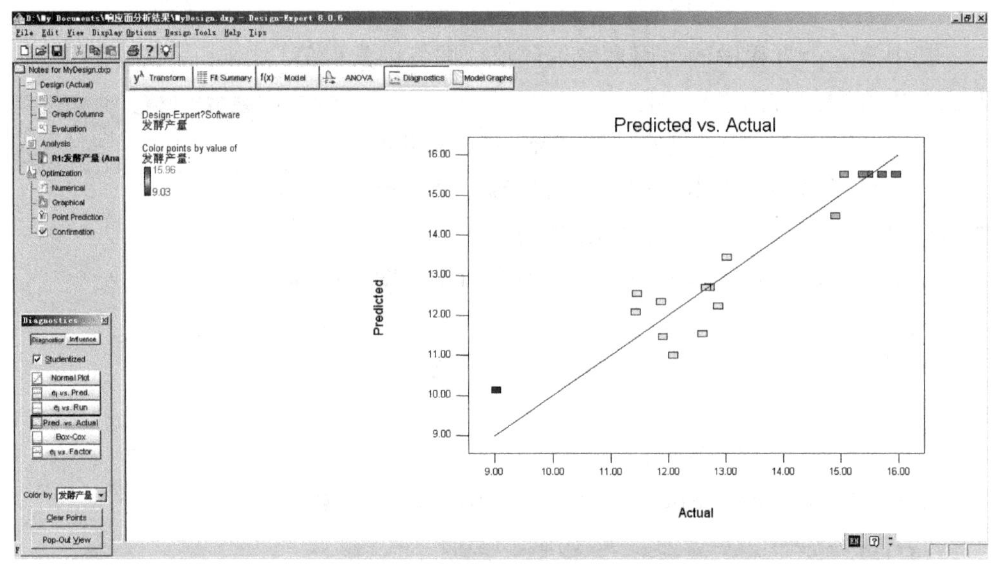

图 2-30

点击左侧的选项卡“Influence”，再点击“Report”，则获得各个试验的实际值与预测值对照表，与上面的散点图是重复的，实际只取其一即可（图 2-31）。

点击窗口右上角的选项卡“Model Graphs”，则可获得模型的等高线图（图 2-32）。点击左侧的“3D Surface”，可获得响应面图（图 2-33）。

在实验报告中，等高线图和响应面图取其一即可。一般等高线图更加准确，响应面图更加直观生动。

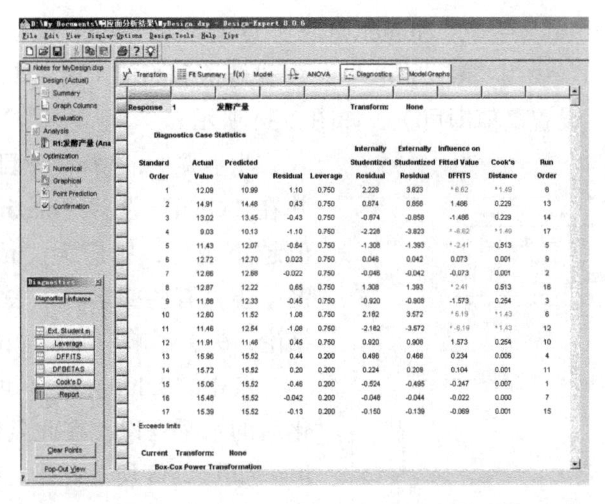

Response 1 发酵产量 Transform: None

Diagnostics Case Statistics

Standard Order	Actual Value	Predicted Value	Residual	Leverage	Internally Studentized Residual	Externally Studentized Residual	Influence on Fitted Value DFFITS	Cook's Distance	Run Order
1	12.09	10.99	1.10	0.750	2.228	3.823	* 6.62	* 1.49	8
2	14.91	14.48	0.43	0.750	0.874	0.858	1.486	0.229	13
3	13.02	13.45	-0.43	0.750	-0.874	-0.858	-1.486	0.229	14
4	9.03	10.13	-1.10	0.750	-2.228	-3.823	* -6.62	* 1.49	17
5	11.43	12.07	-0.64	0.750	-1.308	-1.393	* -2.41	0.513	5
6	12.72	12.70	0.023	0.750	0.046	0.042	0.073	0.001	9
7	12.66	12.68	-0.022	0.750	-0.046	-0.042	-0.073	0.001	2
8	12.87	12.22	0.65	0.750	1.308	1.393	* 2.41	0.513	16
9	11.88	12.33	-0.45	0.750	-0.920	-0.908	-1.573	0.254	3
10	12.60	11.52	1.08	0.750	2.182	3.572	* 6.19	* 1.43	6
11	11.46	12.54	-1.08	0.750	-2.182	-3.572	* -6.19	* 1.43	12
12	11.91	11.46	0.45	0.750	0.920	0.908	1.573	0.254	10
13	15.96	15.52	0.44	0.200	0.496	0.468	0.234	0.006	4
14	15.72	15.52	0.20	0.200	0.224	0.209	0.104	0.001	11
15	15.06	15.52	-0.46	0.200	-0.524	-0.495	-0.247	0.007	1
16	15.48	15.52	-0.042	0.200	-0.048	-0.044	-0.022	0.000	7
17	15.39	15.52	-0.13	0.200	-0.150	-0.139	-0.069	0.001	15

* Exceeds limits

Current Transform: None

Box-Cox Power Transformation

图 2-31

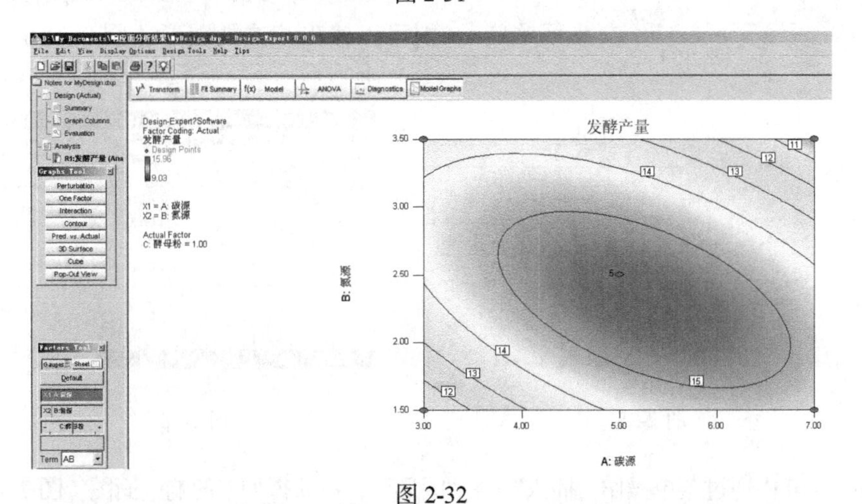

图 2-32

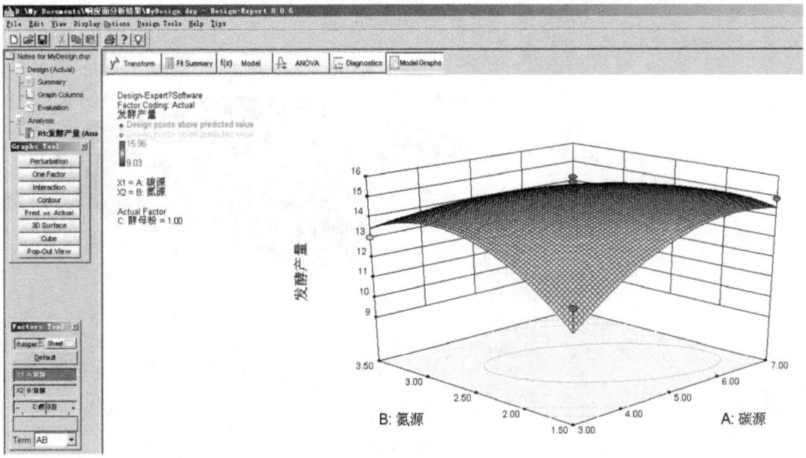

图 2-33

点击“Optimization”→“Numerical”，点击 “Criteria”选项卡，再选择“发酵产量”，“Goal”设为“maximize”，设置低值和高值（由于本例中优化目标是发酵产量最大化，设置高值即可），如图 2-34 所示。

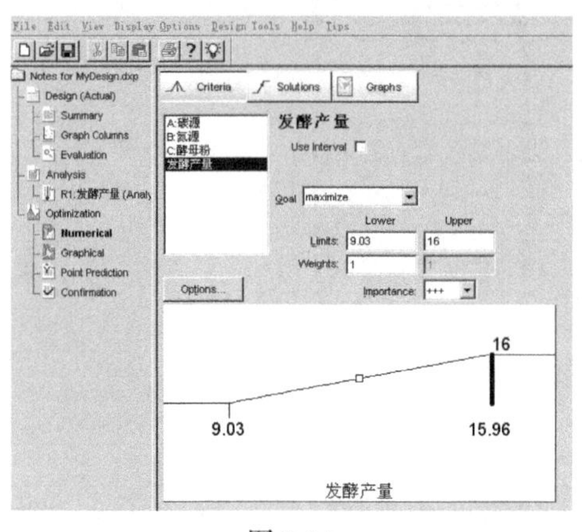

图 2-34

此步骤中，选择优化目标“发酵产量”，并在“Goal”设为“maximize”（如响应值越小越好，则应为“minimize”）为关键一步，有些初学者不去设置，导致错误结论，失去了响应面设计试验的意义。

点击“Solutions”，可获得各因素优化后的水平，以及在此条件下的理论最大值，如图 2-35 所示。

点击菜单“File”→“Export Graph to file…”，则可以输出相应的图形（图 2-36）。

Constraints

Name	Goal	Lower Limit	Upper Limit	Lower Weight	Upper Weight	Importance
A:C	is in range	3	7	1	1	3
B:N	is in range	1.5	3.5	1	1	3
C:KCl	is in range	1	2	1	1	3
糖脂含量	maximize	8.037	14.452	1	1	3

Solutions

Number	C	N	KCl	糖脂含量	Desirability	
1	6.95	3.25	1.31	14.494	1.000	Selected

图 2-35

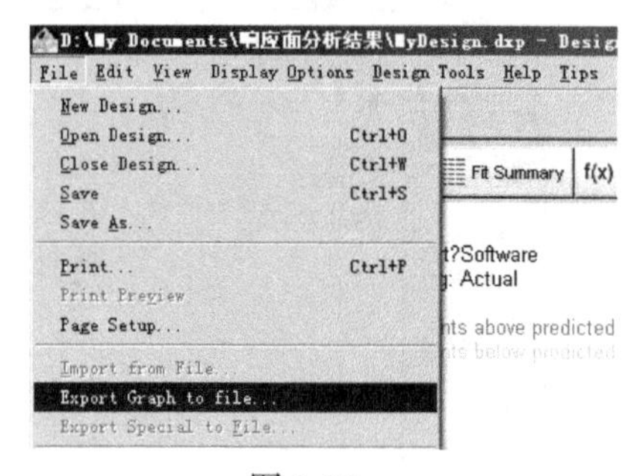

图 2-36

在 Word 中通过菜单操作“插入”→“图形”，可获得如下的响应面图（图 2-37）。

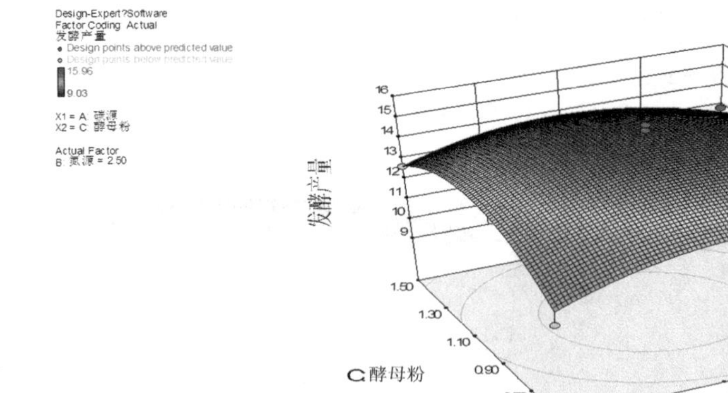

图 2-37

也可以点击菜单“Edit”→“Copy”，如图2-38所示。

然后在Word中粘贴，也可得到响应面图。略加修饰，即可用作实验报告或论文的插图。

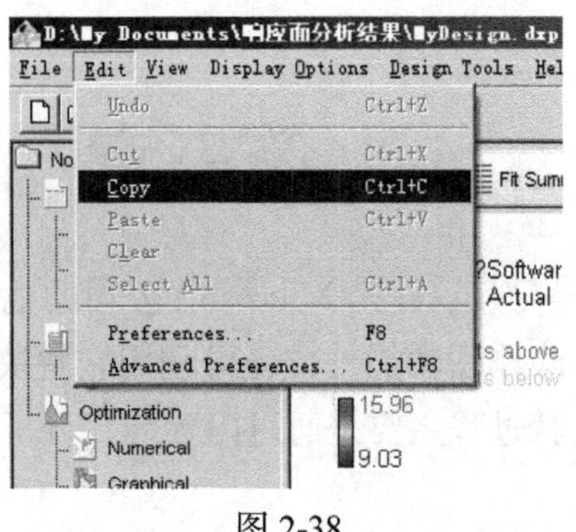

图2-38

（张祥胜、薛　菲）

第三章　电子表格软件 Excel

Excel 是 Microsoft 公司的电子表格软件，具有较强的数据处理和统计分析功能，除作图功能外，还可利用它解决一般生物和农林试验中数据资料的统计分析问题，其过程主要是通过内置的“分析工具库”和“函数”来完成。

1. 图表的制作

Excel 中提供了 11 种标准图表类型，其中常用的图表类型包括：柱形图、折线图、XY 散点图、条形图、饼图、面积图和圆环图等，本章以柱形图为例介绍其制作步骤。

如有表 3-1 原始数据，要求求出平均数和标准误并进行作图。操作步骤如下。

表 3-1

	1	2	3
处理 1	7.00	7.11	7.07
处理 2	6.45	6.54	6.78
处理 3	9.50	8.51	7.67
处理 4	5.80	6.01	6.20

（1）单击“处理 1”数据区域右侧的单元格 E2，键入“=AVERAGE(B2:D2)”，按回车键（图 3-1）。

（2）计算出平均数（图 3-2）。

	A	B	C	D	E	F
1		1	2	3	平均数	标准误
2	处理1	7	7.11	7.07	=AVERAGE(B2:D2)	
3	处理2	6.45	6.54	6.78		
4	处理3	9.5	8.51	7.67		
5	处理4	5.8	6.01	6.2		

图 3-1

	A	B	C	D	E	F
1		1	2	3	平均数	标准误
2	处理1	7	7.11	7.07	7.06	
3	处理2	6.45	6.54	6.78		
4	处理3	9.5	8.51	7.67		
5	处理4	5.8	6.01	6.2		

图 3-2

（3）同样单击 F3 单元格，键入“=STDEV(B2:D2)/SQRT(3)”，其中的“3”为样本含量，按回车键（图 3-3）。

（4）计算出标准误（图 3-4）。

	A	B	C	D	E	F	G
1		1	2	3	平均数	标准误	
2	处理1	7	7.11	7.07	7.06	=STDEV(B2:D2)/SQRT(3)	
3	处理2	6.45	6.54	6.78			
4	处理3	9.5	8.51	7.67			
5	处理4	5.8	6.01	6.2			

图 3-3

	A	B	C	D	E	F
1		1	2	3	平均数	标准误
2	处理1	7	7.11	7.07	7.06	0.032146
3	处理2	6.45	6.54	6.78		
4	处理3	9.5	8.51	7.67		
5	处理4	5.8	6.01	6.2		

图 3-4

（5）单击拖动选中 E2:F2 单元格，选中后移动鼠标到 F2 单元格右下角，当出现“+”号时，按下鼠标左键拖动到 F5 单元格（图 3-5）。

（6）即计算出其他处理的平均数和标准误（图 3-6）。

	A	B	C	D	E	F
1		1	2	3	平均数	标准误
2	处理1	7	7.11	7.07	7.06	0.032146
3	处理2	6.45	6.54	6.78		
4	处理3	9.5	8.51	7.67		
5	处理4	5.8	6.01	6.2		

图 3-5

	A	B	C	D	E	F
1		1	2	3	平均数	标准误
2	处理1	7	7.11	7.07	7.06	0.032146
3	处理2	6.45	6.54	6.78	6.59	0.098489
4	处理3	9.5	8.51	7.67	8.56	0.528867
5	处理4	5.8	6.01	6.2	6.003333	0.115518

图 3-6

（7）单击拖动选中第 A 列，按“Ctrl”键同时选中第 E 列的数据区域（图 3-7）。

（8）单击“插入”主菜单，再单击“图表”工具栏中的“柱形图”按钮，展开柱形图类型选择下拉菜单，单击选择二维柱形图中的“簇状柱形图”（图 3-8）。

	A	B	C	D	E	F
1		1	2	3	平均数	标准误
2	处理1	7	7.11	7.07	7.06	0.032146
3	处理2	6.45	6.54	6.78	6.59	0.098489
4	处理3	9.5	8.51	7.67	8.56	0.528867
5	处理4	5.8	6.01	6.2	6.003333	0.115518

图 3-7

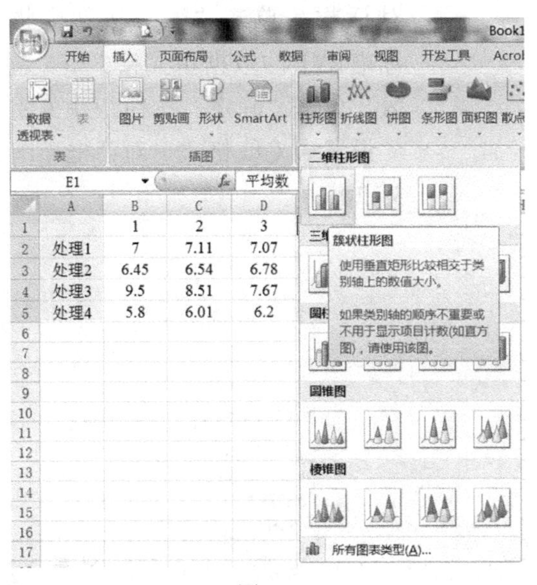

图 3-8

（9）工作表中创建了簇状柱形图，并生成了“图表工具”设置菜单项（图 3-9）。

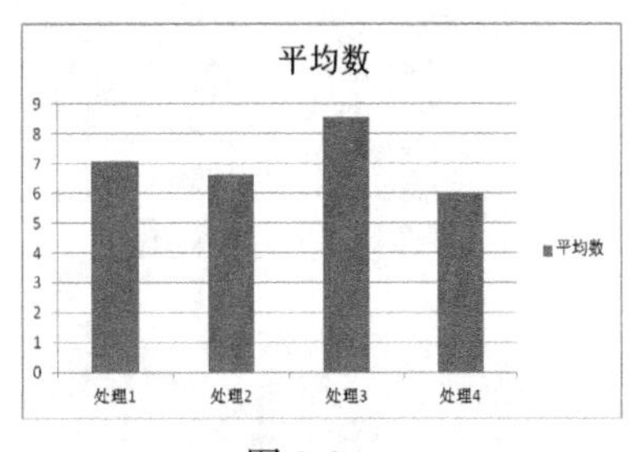

图 3-9

（10）单击该图表，在“图表工具”下“布局”子菜单下，单击“误差线”按钮下的“其他误差线选项”（图 3-10）。

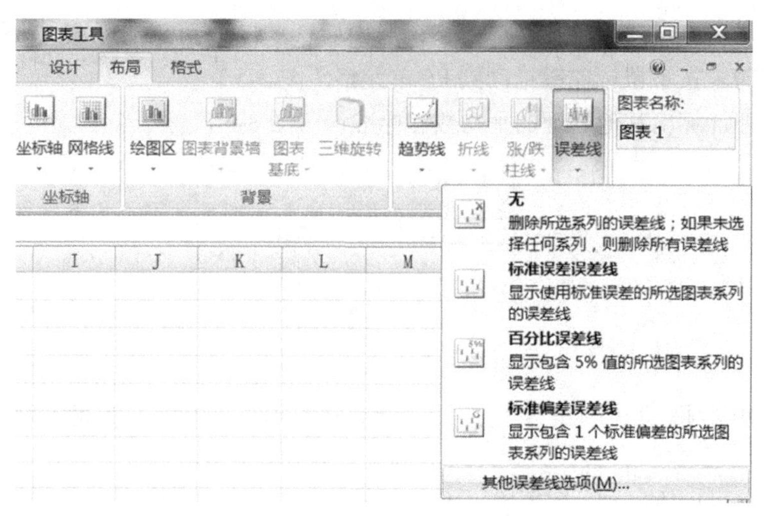

图 3-10

（11）弹出“设置误差线格式”对话框，单击“自定义”，再单击“指定值”按钮（图 3-11）。

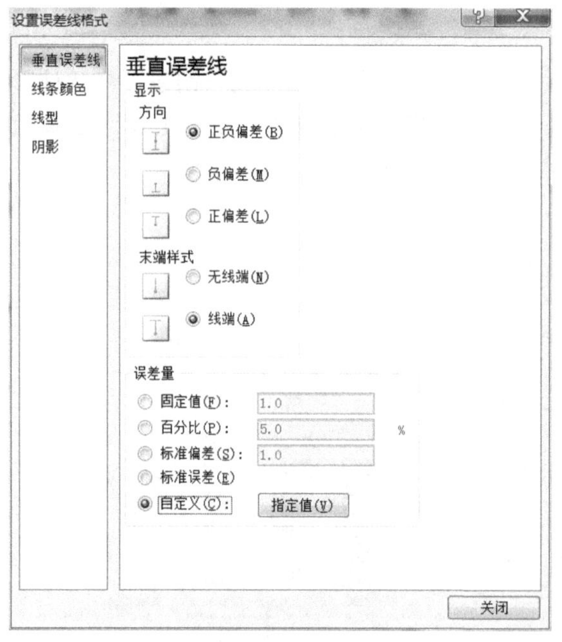

图 3-11

（12）弹出“自定义错误栏”对话框，单击“▦”按钮，将标准误下的数据单元格 F2:F5 选入，单击“确定”按钮，并关闭“设置误差线格式”对话框（图 3-12）。

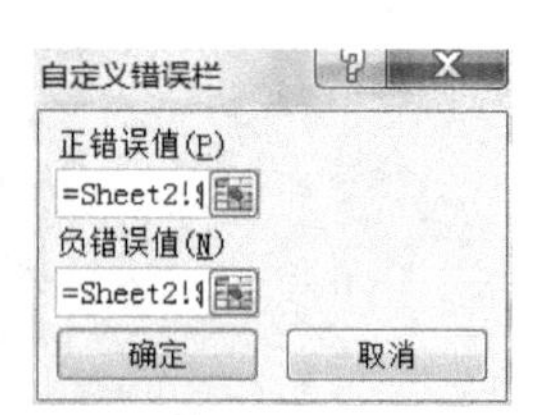

图 3-12

（13）柱状图添加误差线效果如图 3-13 所示。

（14）对图表进行适当修改，使其更加简洁，如图 3-14 所示。

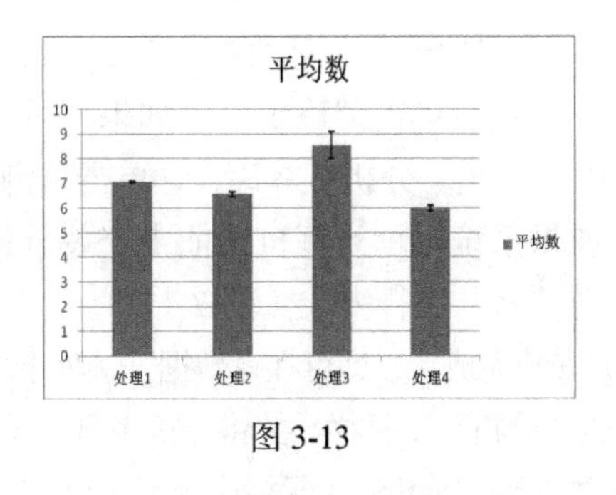

图 3-13

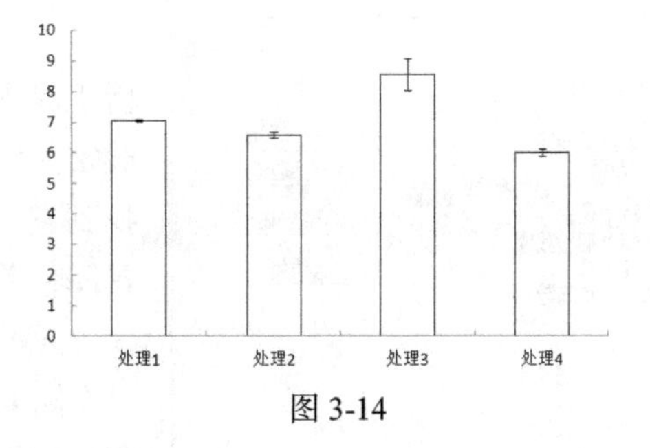

图 3-14

2. 分析工具库的加载

首次使用前，需要将分析工具库加载入 Excel 中。

（1）打开 Excel2007 软件，右键单击“数据”菜单，单击选择“自定义快速访问工具栏”(图3-15),或单击“Office”按钮后单击“Excel 选项”。

（2）弹出对话框，单击左边栏的“加载项”，单击下方的“转到（G）...”按钮（图 3-16）。

图 3-15

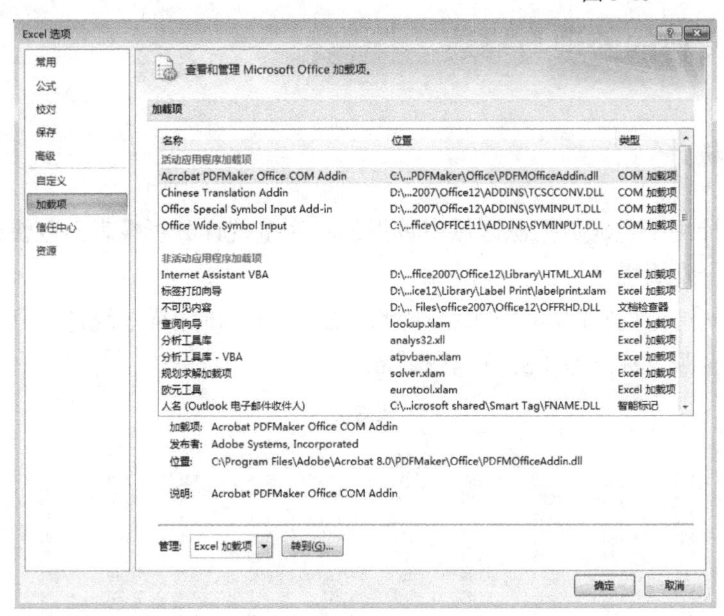

图 3-16

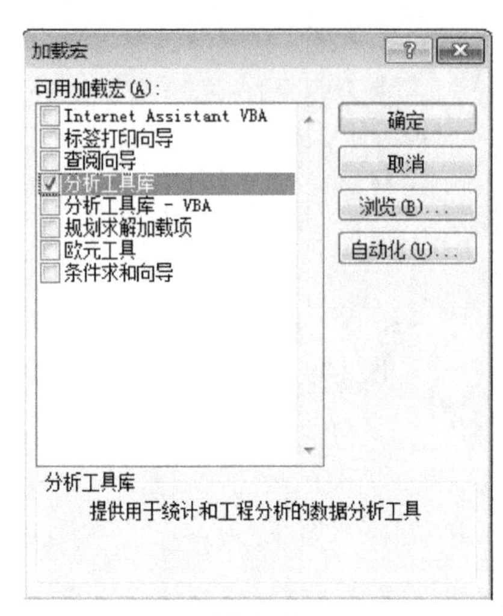

图 3-17

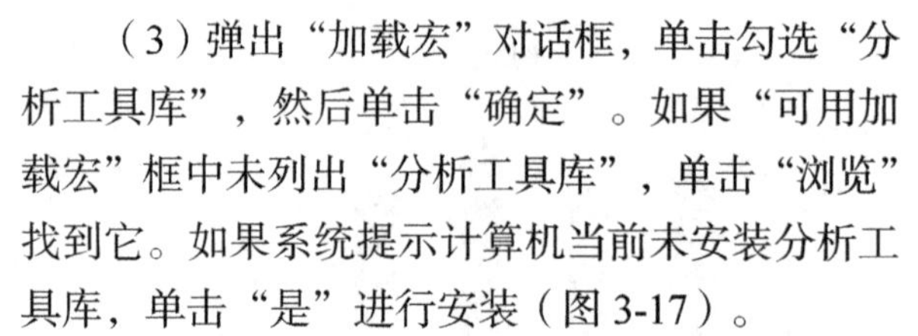

（3）弹出“加载宏”对话框，单击勾选“分析工具库”，然后单击“确定”。如果“可用加载宏”框中未列出“分析工具库”，单击“浏览”找到它。如果系统提示计算机当前未安装分析工具库，单击“是”进行安装（图 3-17）。

（4）安装完成后，即可在“数据”选项卡之下的右侧生成“分析”工具栏，并将分析工具库（“数据分析”）添加到“分析”工具栏中（图 3-18）。

（5）单击“数据分析”，弹出“数据分析”对话框（图 3-19）。

该分析工具库提供了描述统计、t 检验、方差分析、回归分析与计算相关系数等功能。

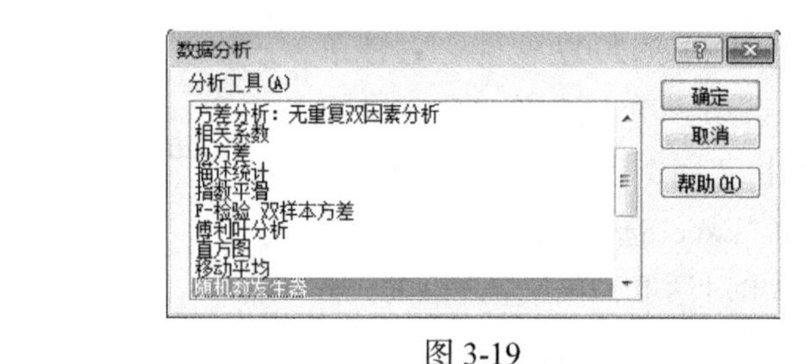

图 3-18　　图 3-19

3. 数据资料的整理与描述

3.1 描述统计

描述统计用于生成数据源区域中数据的单变量统计分析报表，以快速计算出一组数据的多个常用统计量。

【例 3-1】 调查了 140 行水稻产量，见表 3-2，试用描述统计工具计算该资料的平均数、全距、标准差（SD）等统计量。

表 3-2

					表 140行水稻产量			(单位：g)					
177	215	197	97	123	159	245	119	119	131	149	152	167	104
161	214	125	175	219	118	192	176	175	95	136	199	116	165
214	95	158	83	137	80	138	151	187	126	196	134	206	137
98	97	129	143	179	174	159	165	136	108	101	141	148	168
163	176	102	194	145	173	75	130	149	150	161	155	111	158
131	189	91	142	140	154	152	163	123	205	149	155	131	209
183	97	119	181	149	187	131	215	111	186	118	150	155	197
116	254	239	160	172	179	151	198	124	179	135	184	168	169
173	181	188	211	197	175	122	151	171	166	175	143	190	213
192	231	163	159	158	159	177	147	194	227	141	169	124	159

（1）在 Excel 中输入数据，要求数据放在同一列或同一行中（图 3-20）。

（2）单击“数据”菜单，再单击“分析”工具栏中的“数据分析”按钮（图 3-21）。

（3）在弹出的“数据分析”对话框中，单击选择“描述统计”，然后单击“确定”（图 3-22）。

	A	B
1	177	
2	161	
3	214	
4	98	
5	163	
6	131	
7	183	
8	116	
9	173	
10	192	
11	215	
12	214	
13	95	
14	97	
15	176	
16	189	
17	97	
18	254	
19	181	
20	231	
21	197	
22	125	
23	158	
24	129	
25	102	
26	91	

图 3-20

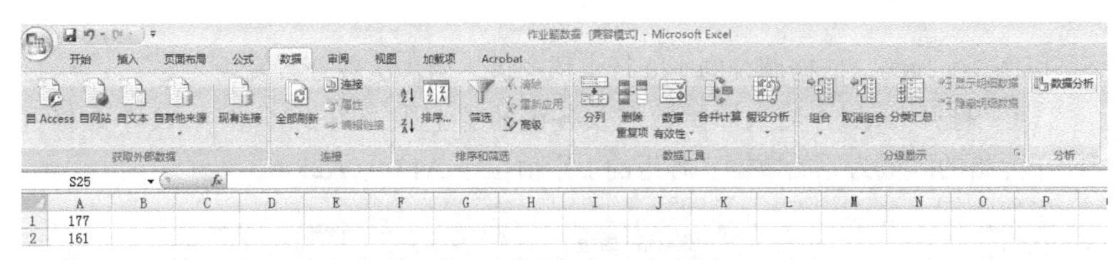

图 3-21

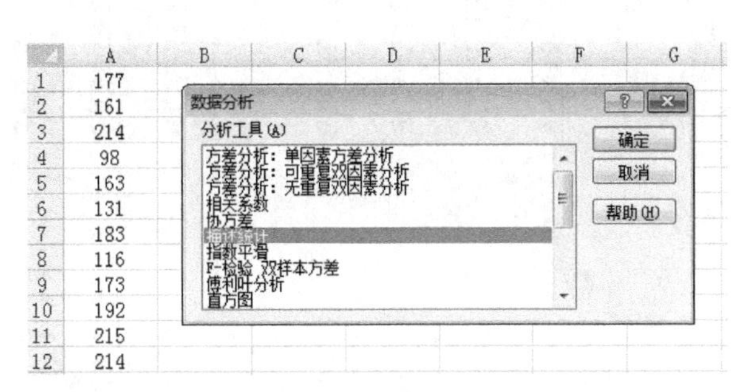

图 3-22

（4）弹出对话框，单击“输入区域”右侧的输入框，从 A1 单元格按鼠标左键拖动到 A140；“分组方式”按“逐列”；“输出选项”选择“输出区域”，单击输出区域右侧的输入框，再单击电子表格中空白的单元格作为输出区域的左上角单元格；根据需要勾选“汇总统计”、“平均数置信度”、“第 K 大值”和“第 K 小值”；单击“确定”（图 3-23）。

（5）输出结果（图 3-24）。

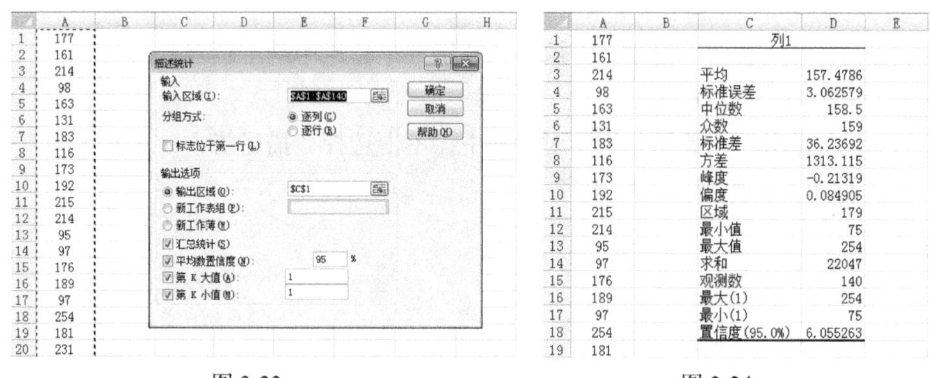

图 3-23　　　　图 3-24

结果中列出了平均数、标准误差、中位数、众数、标准差、方差、峰度、偏度、区域（即全距）、最小值、最大值、总和及观测数等。

3.2 次数分布表的制作

以例 3-1 为例，依据调查的 140 行水稻产量，制作次数分布表。

（1）打开 Excel，输入原始数据及各组的组上限，图 3-25 中从 A2 单元格到 N11 单元格的区域为原始数据，各组的下限值位于 A13 ～ A25。

	A	B	C	D	E	F	G	H	I	J	K	L	M	N
1						表 140行水稻产量			(单位：g)					
2	177	215	197	97	123	159	245	119	119	131	149	152	167	104
3	161	214	125	175	219	118	192	176	175	95	136	199	116	165
4	214	95	158	83	137	80	138	151	187	126	196	134	206	137
5	98	97	129	143	179	174	159	165	136	108	101	141	148	168
6	163	176	102	194	145	173	75	130	149	150	161	155	111	158
7	131	189	91	142	140	154	152	163	123	205	149	155	131	209
8	183	97	119	181	149	187	131	215	111	186	118	150	155	197
9	116	254	239	160	172	179	151	198	124	179	135	184	168	169
10	173	181	188	211	197	175	122	151	171	166	175	143	190	213
11	192	231	163	159	158	159	177	147	194	227	141	169	124	159
12														
13	82.5													
14	97.5													
15	112.5													
16	127.5													
17	142.5													
18	157.5													
19	172.5													
20	187.5													
21	202.5													
22	217.5													
23	232.5													
24	247.5													
25	262.5													

图 3-25

（2）单击“数据”菜单，再单击“数据分析”按钮（图 3-18）。

（3）在弹出的“数据分析”对话框中，单击选择“直方图”，单击“确定”（图 3-26）。

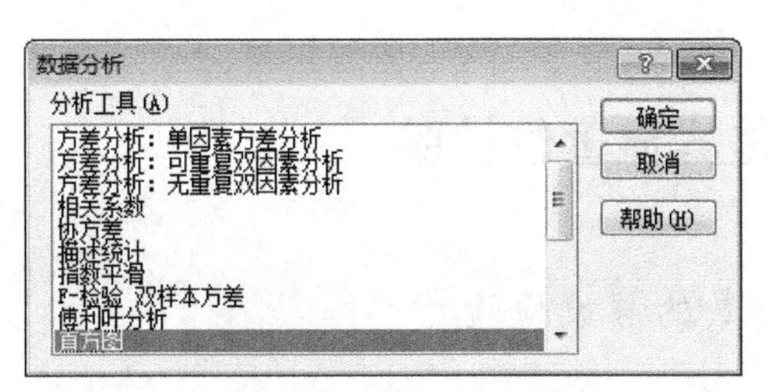

图 3-26

（4）弹出对话框，单击“输入区域”右侧的输入框，从 A2 单元格拖动鼠标到 N11；单击“接收区域”右侧的输入框，从 A13 单元格拖动鼠标到 A25；“输出选项”选择“输出区域”，单击“输出区域”右侧的输入框，再单击电子表格中空白的单元格作为输出区域的左上角单元格；单击“确定”（图 3-27）。

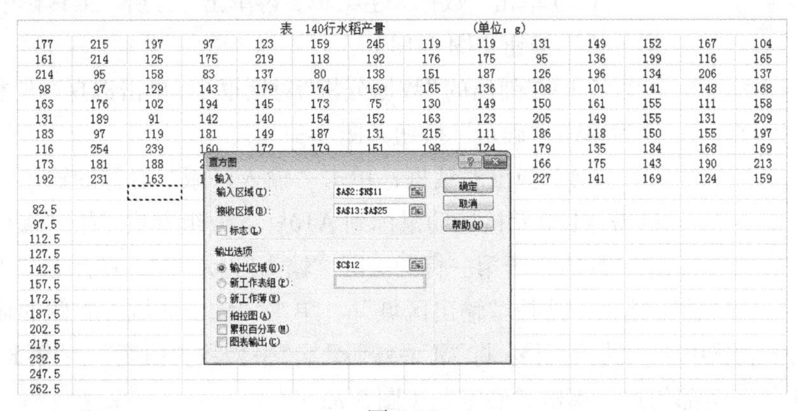

表　140行水稻产量　　(单位：g)

177	215	197	97	123	159	245	119	119	131	149	152	167	104
161	214	125	175	219	118	192	176	175	95	136	199	116	165
214	95	158	83	137	80	138	151	187	126	196	134	206	137
98	97	129	143	179	174	159	165	136	108	101	141	148	168
163	176	102	194	145	173	75	130	149	150	161	155	111	158
131	189	91	142	140	154	152	163	123	205	149	155	131	209
183	97	119	181	149	187	131	215	111	186	118	150	155	197
116	254	239	160	172	179	151	198	124	179	135	184	168	169
173	181	188	[illegible]	[illegible]	[illegible]	[illegible]	[illegible]	[illegible]	166	175	143	190	213
192	231	163	[illegible]	[illegible]	[illegible]	[illegible]	[illegible]	[illegible]	227	141	169	124	159

82.5
97.5
112.5
127.5
142.5
157.5
172.5
187.5
202.5
217.5
232.5
247.5
262.5

图 3-27

（5）输出结果，为次数分布表（图 3-28）。

在制作次数分布表的同时还可以绘制直方图，在图 3-27 中的“直方图”对话框中勾选“图表输出”，即可得到直方图（图 3-29）。

接收	频率
82.5	2
97.5	7
112.5	7
127.5	14
142.5	17
157.5	20
172.5	24
187.5	21
202.5	13
217.5	9
232.5	3
247.5	2
262.5	1
其他	0

图 3-28

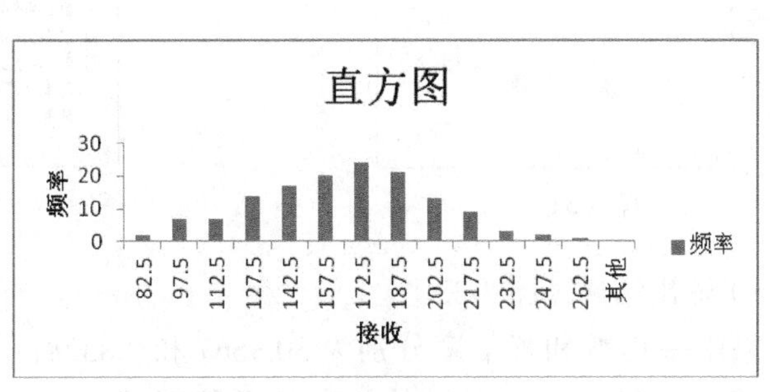

图 3-29

4. 两平均数的差异显著性检验

4.1 单个样本平均数的假设检验

【例 3-2】 某晚稻良种的千粒重总体平均数 μ_0 = 27.5g。现育成一高产品种在 9 个小区种植，得其千粒重为：32.5g、28.6g、28.4g、34.7g、29.1g、27.2g、29.8g、33.3g、29.7g。问新育成品种的平均千粒重与该晚稻良种的平均千粒重有无显著差异？

	A
1	千粒重
2	32.5
3	28.6
4	28.4
5	34.7
6	29.1
7	27.2
8	29.8
9	33.3
10	29.7

图 3-30

（1）在 Excel 工作表中输入数据（图 3-30）。

（2）单击“数据”主菜单，再单击“分析”工具栏中的“数据分析”按钮（图 3-18）。

（3）在弹出的“数据分析”对话框中，单击选择“描述统计”，然后单击“确定”按钮（图 3-31）。

（4）弹出对话框，单击“输入区域”右侧的输入框，然后单击 A1 单元格拖动鼠标到 A10；“分组方式”按“逐列”；勾选“标志位于第一行”（因“输入区域”时，将标志“千粒重”也选入了）；“输出选项”选择“输出区域”，单击“输出区域”右侧的输入框，再单击电子表格中空白的单元格；将“汇总统计”、“平均数置信度”、“第 K 大值”、“第 K 小值”全部勾选；单击“确定”（图 3-32）。

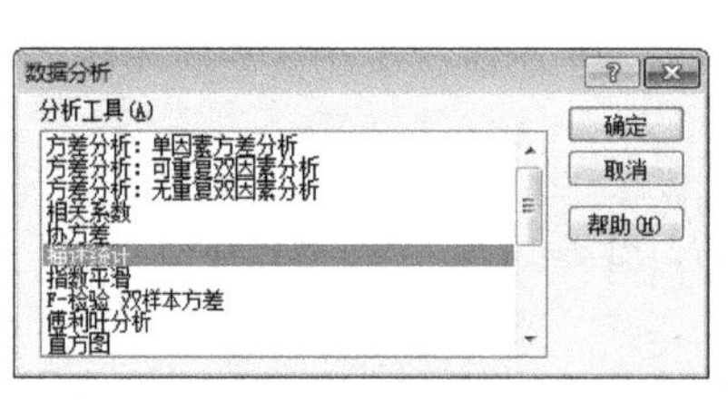

图 3-31

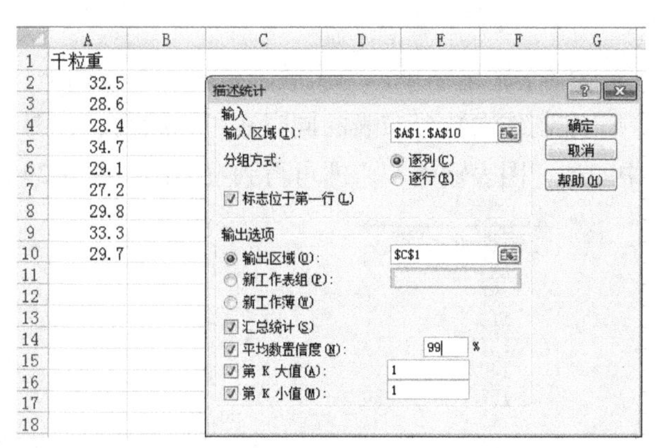

图 3-32

（5）输出结果（图 3-33）。

结果中平均数和置信度分别为 30.3667 和 2.8328，平均数加上或减去置信度就得到了置信度为 99% 的总体均数的置信区间，为 [27.5339，33.1995]，该区间

不包含 μ_0=27.5g，表明差异极显著，即新育成品种的平均千粒重极显著高于该晚稻良种的平均千粒重。

	A	B	C	D
1	千粒重		千粒重	
2	32.5			
3	28.6		平均	30.36667
4	28.4		标准误差	0.844262
5	34.7		中位数	29.7
6	29.1		众数	#N/A
7	27.2		标准差	2.532785
8	29.8		方差	6.415
9	33.3		峰度	-0.82563
10	29.7		偏度	0.68185
11			区域	7.5
12			最小值	27.2
13			最大值	34.7
14			求和	273.3
15			观测数	9
16			最大(1)	34.7
17			最小(1)	27.2
18			置信度(99.0%)	2.832825

图 3-33

4.2　两个样本平均数的差异显著性检验——成组资料(非配对设计试验资料)

【例 3-3】　测得马铃薯两个品种‘鲁引 1 号’和‘大西洋’的块茎干物质含量结果见图 3-34，试检验两个品种马铃薯的块茎干物质含量有无显著差异。

	A	B	C	D	E	F	G
1	鲁引1号	18.68	20.67	18.42	18	17.44	15.95
2	大西洋	18.68	23.22	21.42	19	18.92	

图 3-34

（1）在 Excel 工作表中输入数据（图 3-34）。

（2）单击“数据”主菜单，再单击“分析”工具栏中的“数据分析”按钮（图 3-18）。

（3）在弹出的“数据分析”对话框中，单击选择“t- 检验：双样本等方差假设”，然后单击“确定”按钮（注：两样本所在总体的方差是否相等可通过单击“数据分析”后再单击“F- 检验 双样本方差”进行检验，如果单尾概率 $P > 0.05$，表明方差相等，反之不等）（图 3-35）。

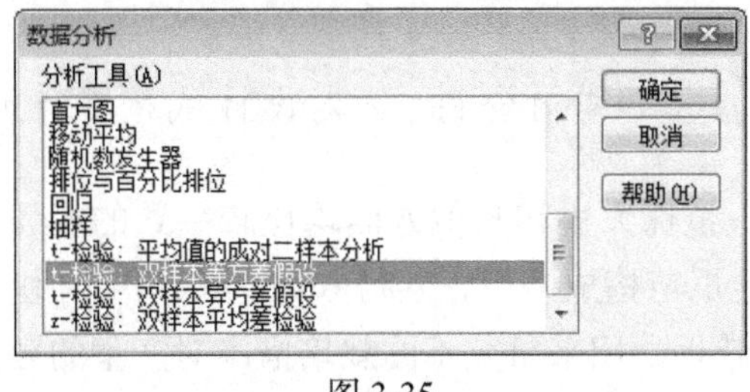

图 3-35

（4）弹出对话框，单击“变量 1 的区域”右侧的输入框，然后单击 A1 单元格拖动鼠标到 G1；单击“变量 2 的区域”右侧的输入框，然后单击 A2 单元格拖动鼠标到 F2；“假设平均差”为“0”；单击勾选“标志”；显著水平“α”默认为 0.05；“输出选项”选择“输出区域”，单击“输出区域”右侧的输入框，再单击电子表格中空白的单元格；单击“确定”按钮（图 3-36）。

（5）输出结果（图 3-37）。

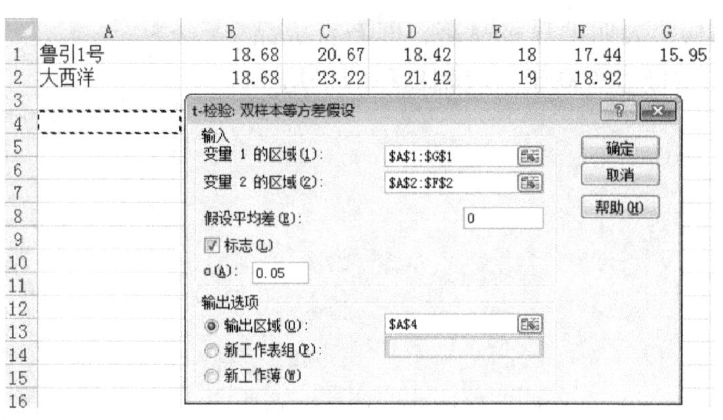

图 3-36

	A	B	C	D	E	F	G
1	鲁引1号	18.68	20.67	18.42	18	17.44	15.95
2	大西洋	18.68	23.22	21.42	19	18.92	
3							
4	t-检验: 双样本等方差假设						
5							
6		鲁引1号	大西洋				
7	平均	18.1933333	20.248				
8	方差	2.41190667	3.99652				
9	观测值	6	5				
10	合并方差	3.11617926					
11	假设平均差	0					
12	df	9					
13	t Stat	-1.9221817					
14	P(T<=t) 单尾	0.04337638					
15	t 单尾临界	1.83311292					
16	P(T<=t) 双尾	0.08675275					
17	t 双尾临界	2.26215716					

图 3-37

分析结果列出了 t 值与临界 t 值，无效假设正确的概率 P（0.0868）> 0.05，差异不显著。

4.3 两个样本平均数的差异显著性检验——成对资料（配对设计试验资料）

【例 3-4】 选取生长期、发育进度、植株大小和其他方面均比较一致的相邻两块地（每块地面积为 666.7m^2）的红心地瓜苗构成一组，共得 6 组。每组中一块地按标准化栽培，另一块地进行绿色有机栽培，用来研究不同栽培措施对产量的影响，得每块地瓜产量见图 3-38，试检验两种栽培方式差异是否显著。

（1）在 Excel 工作表中输入数据（图 3-38）。

	A	B	C	D	E	F	G
1	绿色有机栽培	2722.2	2866.7	2675.9	3469.2	3653.9	3815.1
2	标准化栽培	951.4	1417	1275.3	2228.5	2462.6	2715.4

图 3-38

（2）单击“数据”主菜单，再单击“分析”工具栏中的“数据分析”按钮（图 3-18）。

（3）在弹出的“数据分析”对话框中，单击选择“t-检验: 平均值的成对二样本分析”，然后单击“确定”按钮（图 3-39）。

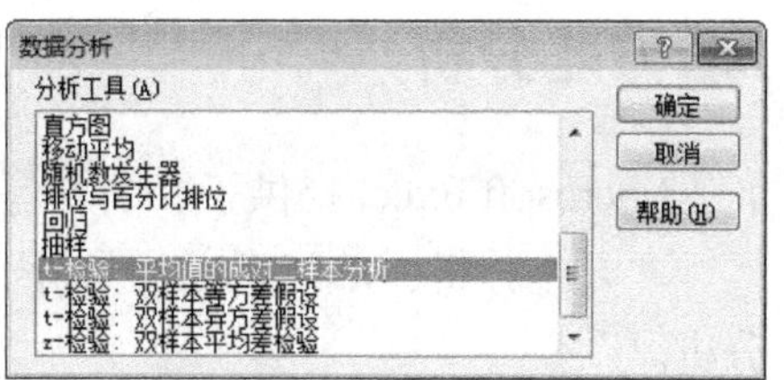

图 3-39

（4）弹出对话框，单击“变量 1 的区域”右侧的输入框，然后单击 A1 单元格拖动鼠标到 G1；单击“变量 2 的区域”右侧的输入框，然后单击 A2 单元格拖动鼠标到 G2；“假设平均差”为“0”；单击勾选“标志”；显著水平“α”输入 0.01；“输出选项”选择“输出区域”，单击“输出区域”右侧的输入框，再单击电子表格中空白的单元格；单击“确定”按钮（图 3-40）。

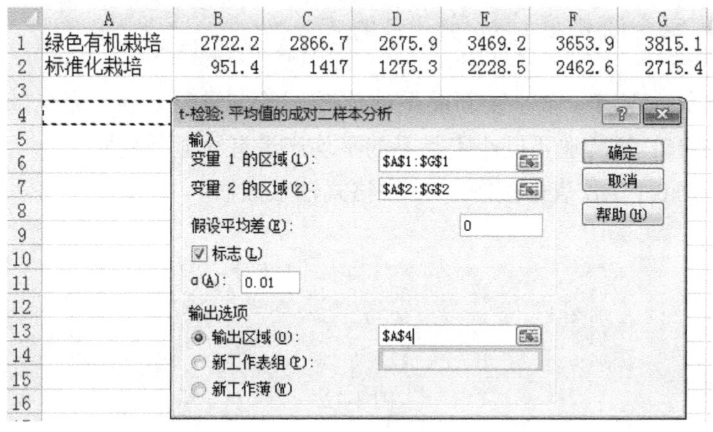

图 3-40

（5）输出结果（图 3-41）。

	A	B	C	D	E	F	G
1	绿色有机栽培	2722.2	2866.7	2675.9	3469.2	3653.9	3815.1
2	标准化栽培	951.4	1417	1275.3	2228.5	2462.6	2715.4
3							
4	t-检验: 成对双样本均值分析						
5							
6		绿色有机栽培	标准化栽培				
7	平均	3200.5	1841.7				
8	方差	254180.58	518459.176				
9	观测值	6	6				
10	泊松相关系数	0.98460835					
11	假设平均差	0					
12	df	5					
13	t Stat	13.84679842					
14	P(T<=t) 单尾	1.76425E-05					
15	t 单尾临界	3.364929997					
16	P(T<=t) 双尾	3.52849E-05					
17	t 双尾临界	4.032142983					

图 3-41

结果表明，双尾概率 P（3.53×10^{-5}）< 0.01，差异极显著。

5. 方差分析

Microsoft Excel 提供了 3 个方差分析工具如下。

“方差分析：单因素方差分析”：适用于单因素完全随机设计试验结果的方差分析。

“方差分析：可重复双因素方差分析”：适用于两因素完全随机设计试验结果的方差分析。

“方差分析：无重复双因素方差分析”：适用于两项分组资料的方差分析，如单因素随机区组设计试验结果的方差分析。

5.1 单因素完全随机设计试验资料的方差分析

【例 3-5】 现有 4 个小麦新品系的比较试验，重复 6 次，完全随机设计，小区产量见图 3-46，试检验不同小麦品系的平均产量有无显著差异。

（1）在 Excel 工作表中按图 3-42 中格式输入数据。

	A	B	C	D	E	F	G
1	04-1	12	10	14	16	12	18
2	04-2	8	10	12	14	12	16
3	04-3	14	16	13	16	10	15
4	04-4	16	18	20	16	14	16

图 3-42

（2）单击“数据”主菜单，再单击“分析”工具栏中的“数据分析”按钮（图 3-18）。

（3）打开“数据分析”对话框，在“分析工具”列表中，单击选中“方差分析：单因素方差分析”选项，再单击“确定”按钮（图 3-43）。

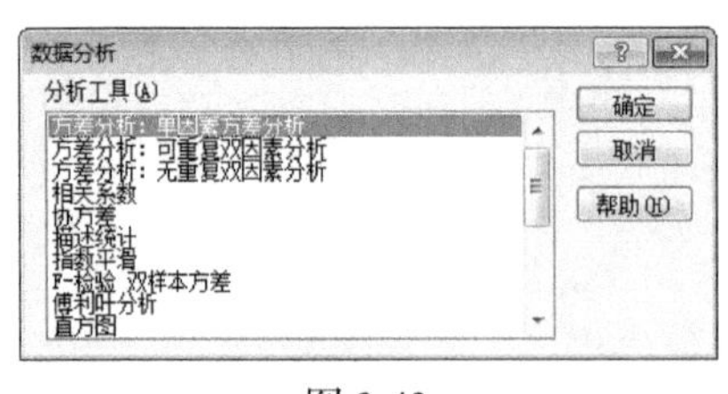

图 3-43

（4）弹出“方差分析：单因素方差分析”对话框，单击“输入区域”右侧的输入框，从 A1 单元格拖动鼠标到 G4；在“分组方式”中选中“行”；接着选中“标志位于第一列”选项；显著水平“α”默认 0.05；“输出选项”选择“输出区域”，单击“输出区域”右侧的输入框，再单击电子表格中空白的单元格作为输出区域的左上角单元格；单击“确定”按钮（图 3-44）。

结果表明，F=3.427 大于临界 F=3.098，$0.01 < P(0.037) < 0.05$，处理间差异显著。

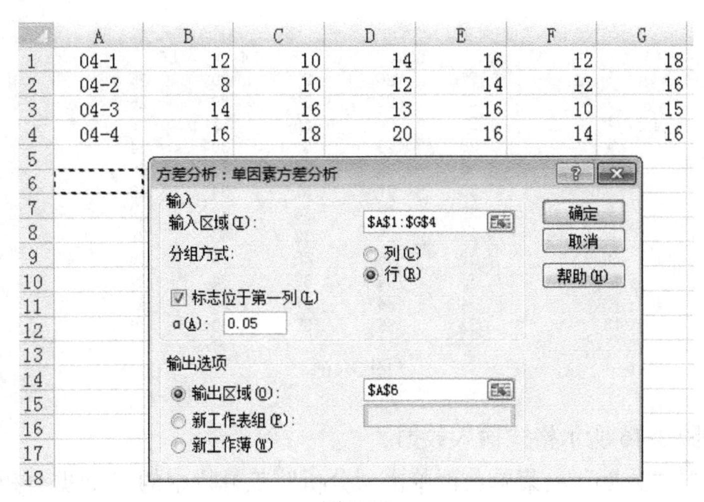

图 3-44

（5）显示分析结果（图 3-45）。

	A	B	C	D	E	F	G
1	04-1	12	10	14	16	12	18
2	04-2	8	10	12	14	12	16
3	04-3	14	16	13	16	10	15
4	04-4	16	18	20	16	14	16
5							
6	方差分析：单因素方差分析						
7							
8	SUMMARY						
9	组	观测数	求和	平均	方差		
10	04-1	6	82	13.66667	8.666667		
11	04-2	6	72	12	8		
12	04-3	6	84	14	5.2		
13	04-4	6	100	16.66667	4.266667		
14							
15							
16	方差分析						
17	差异源	SS	df	MS	F	P-value	F crit
18	组间	67.16667	3	22.38889	3.426871	0.036874	3.098391
19	组内	130.6667	20	6.533333			
20							
21	总计	197.8333	23				

图 3-45

5.2 双因素完全随机设计有重复观测值试验资料的方差分析

【例 3-6】 为了研究不同的种植密度和商业化肥对大麦产量的影响，将种植密度（A 因素）设置 3 个水平，施用的商业化肥（B 因素）设置 5 个水平，交叉分组，重复 4 次，完全随机设计。产量结果（kg/ 小区）列于表中（图 3-46），分析种植密度和施用的商业化肥对大麦产量的影响。

	A	B	C	D	E	F
1		B1	B2	B3	B4	B5
2	A1	27	26	31	30	25
3		29	25	30	30	25
4		26	24	30	31	26
5		26	29	31	30	24
6	A2	30	28	31	32	28
7		30	27	31	34	29
8		28	26	30	33	28
9		29	25	32	32	27
10	A3	33	33	35	35	30
11		33	34	33	34	29
12		34	34	37	33	31
13		32	35	35	35	30

图 3-46

（1）按图 3-46 所示格式输入数据。

（2）单击“数据”主菜单，再单击“分析”工具栏中的 “数据分析”按钮（图 3-18）。

（3）弹出“数据分析”对话框，在“分析工具”列表中，单击选中“方差分析：可重复双因素分析”选项，再单击“确定”按钮（图 3-47）。

（4）弹出“方差分析：可重复双因素分析”对话框，单击“输入区域”右侧的输入框，从单元格 A1 拖动鼠标到 F13；显著水平“α”默认 0.05；“输出选项”选择“输出区域”，单击“输出区域”右侧的输入框，再单击电子表格中空白的单元格作为输出区域的左上角单元格；单击“确定”按钮（图 3-48）。

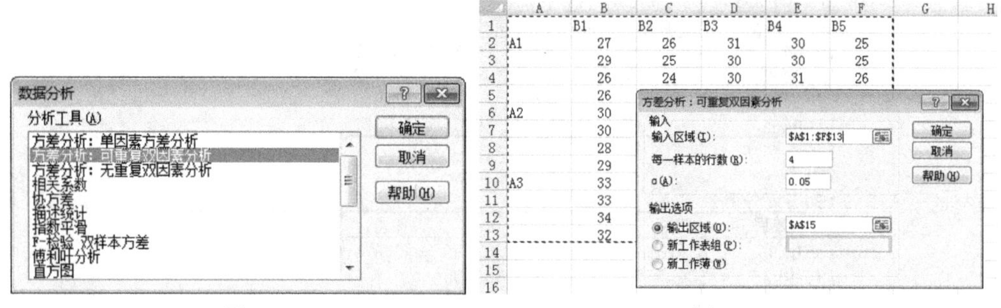

图 3-47　　　　图 3-48

（5）显示分析结果（图 3-49）。

结果显示，种植密度（A 因素）间的平均产量差异极显著［P（2.2×10^{-19}）< 0.01］；商业化肥（B 因素）的平均产量差异极显著［P（1×10^{-14}）< 0.01］；种植密度与商业化肥间的交互作用差异极显著［P（0.00014）< 0.01］。

15	方差分析：可重复双因素分析						
16							
17	SUMMARY	B1	B2	B3	B4	B5	总计
18	A1						
19	观测数	4	4	4	4	4	20
20	求和	108	104	122	121	100	555
21	平均	27	26	30.5	30.25	25	27.75
22	方差	2	4.66667	0.33333	0.25	0.66667	6.51316
23							
24	A2						
25	观测数	4	4	4	4	4	20
26	求和	117	106	124	131	112	590
27	平均	29.25	26.5	31	32.75	28	29.5
28	方差	0.91667	1.66667	0.66667	0.91667	0.66667	5.84211
29							
30	A3						
31	观测数	4	4	4	4	4	20
32	求和	132	136	140	137	120	665
33	平均	33	34	35	34.25	30	33.25
34	方差	0.66667	0.66667	2.66667	0.91667	0.66667	4.09211
35							
36	总计						
37	观测数	12	12	12	12	12	
38	求和	357	346	386	389	332	
39	平均	29.75	28.8333	32.1667	32.4167	27.6667	
40	方差	7.65909	16.5152	5.42424	3.53788	5.15152	
41							
42							
43	方差分析						
44	差异源	SS	df	MS	F	P-value	F crit
45	样本	315.833	2	157.917	129.205	2.2E-19	3.20432
46	列	207.167	4	51.7917	42.375	1E-14	2.57874
47	交互	50.3333	8	6.29167	5.14773	0.00014	2.15213
48	内部	55	45	1.22222			
49							
50	总计	628.333	59				

图 3-49

6. 回归与相关分析

输入数据时，变量间以列区分。操作时单击“数据”菜单的“数据分析”按钮，在随之出现的列表框中可找到“回归”和“相关系数”两个分析工具。

6.1　直线回归分析

【例 3-7】 某地 1991 ～ 1999 年测定 3 月下旬至 4 月中旬旬平均温度累积值（x，旬·℃）和水稻一代三化螟蛾盛发期（y，以 5 月 10 日为 0）的关系，结果见图 3-50，试计算其直线回归方程。

	A	B
1	积温（x）	盛发期（y）
2	35.5	12
3	34.1	16
4	31.7	9
5	40.3	2
6	36.8	7
7	40.2	3
8	31.7	13
9	39.2	9
10	44.2	-1

图 3-50

（1）输入数据（图 3-50）。

（2）在“数据”主菜单下的“分析”工具栏中，单击“数据分析”按钮（图 3-18）。

（3）弹出“数据分析”对话框，单击选中“回归”选项，单击“确定”（图 3-51）。

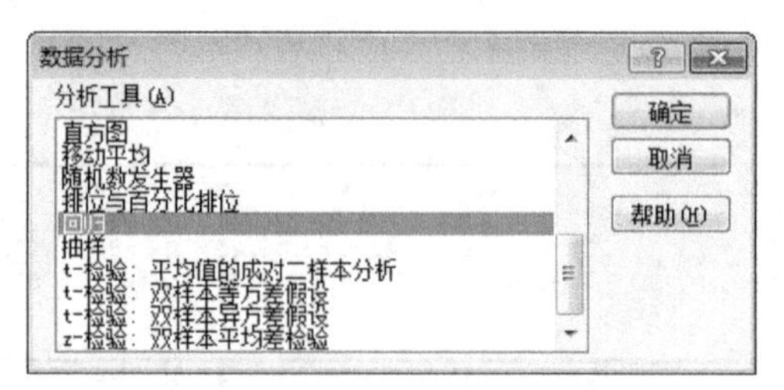

图 3-51

（4）打开“回归”参数设置对话框，单击“Y 值输入区域”的输入框，从 B1 单元格拖动鼠标到 B10；单击“X 值输入区域”的输入框，从 A1 单元格拖动鼠标到 A10；单击选中“标志”、“置信度”选项；“输出选项”中单击“输出区域”，再单击输入框，然后单击一空白单元格；单击“确定”（图 3-52）。

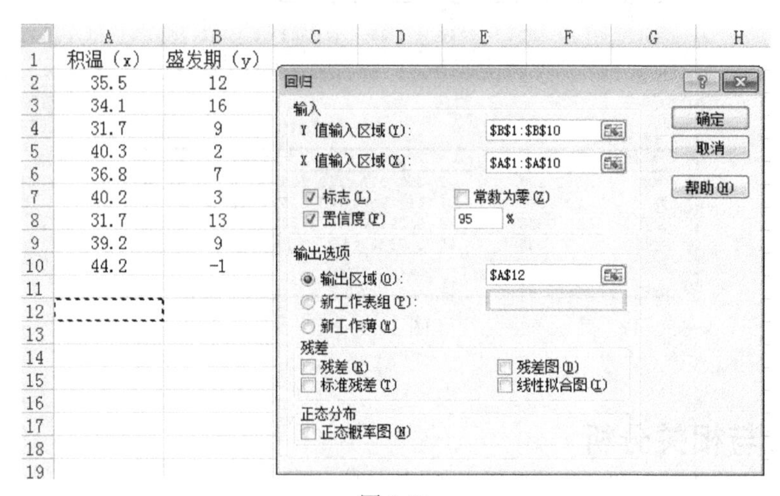

图 3-52

（5）输出结果（图 3-53）。

	A	B	C	D	E	F	G	H	I
12	SUMMARY OUTPUT								
13									
14	回归统计								
15	Multiple R	0.837138563							
16	R Square	0.700800973							
17	Adjusted R S	0.658058255							
18	标准误差	3.265988788							
19	观测值	9							
20									
21	方差分析								
22		df	SS	MS	F	Significance F			
23	回归分析	1	174.8888	174.8888	16.3958	0.004875908			
24	残差	7	74.66678	10.66668					
25	总计	8	249.5556						
26									
27		Coefficients	标准误差	t Stat	P-value	Lower 95%	Upper 95%	下限 95.0%	上限 95.0%
28	Intercept	48.54931936	10.12779	4.793675	0.001981	24.60091036	72.49773	24.60091	72.497728
29	积温（x）	-1.099622039	0.271567	-4.04917	0.004876	-1.74177619	-0.45747	-1.741776	-0.457468

图 3-53

结果表明，回归关系显著，第三个表第二列是回归截距（48.5493）和回归系数（−1.0996）的估计值，回归方程 $\hat{y}$ =48.5493−1.0996x。

6.2 直线相关分析

以例 3-7 为例，计算 x 与 y 的相关系数 r。

（1）输入数据（图 3-50）。

（2）在“数据”主菜单下的“分析”工具栏中，单击“数据分析”按钮（图 3-18）。

（3）弹出“数据分析”对话框，单击选中“相关系数”选项，单击“确定”（图 3-54）。

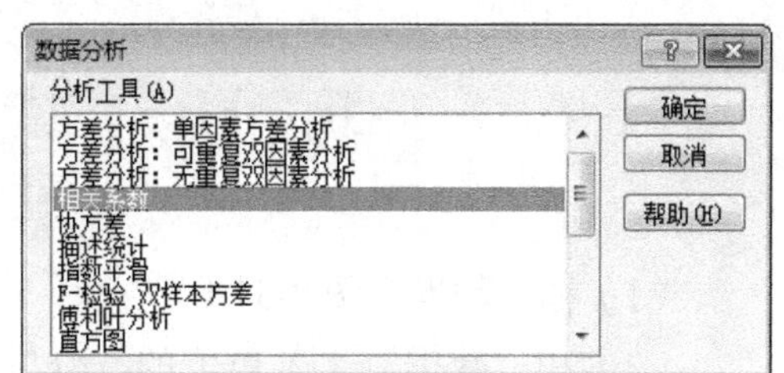

图 3-54

（4）弹出“相关系数”参数设置对话框，单击“输入区域”右侧输入框，从 A1 单元格拖动鼠标到 B10；“分组方式”按“逐列”；单击选中“标志位于第一行”；“输出选项”中单击“输出区域”，再单击输入框，然后单击一空白单元格；单击“确定”（图 3-55）。

（5）输出结果（图 3-56）。

图 3-55

	A	B	C
1	积温（x）	盛发期（y）	
2	35.5	12	
3	34.1	16	
4	31.7	9	
5	40.3	2	
6	36.8	7	
7	40.2	3	
8	31.7	13	
9	39.2	9	
10	44.2	-1	
11			
12		积温（x）	盛发期（y）
13	积温（x）	1	
14	盛发期（y）	-0.83713856	1

图 3-56

结果得出两变量的相关系数 r=−0.8371。

6.3 多元线性回归分析

【例 3-8】　测定某品种小麦在 20 个试验点的穗数（x_1，万 /666.7m^2）、每穗粒数（x_2）、千粒重（x_3，g）、株高（x_4，cm）和产量（y，kg/666.7m^2），结果见

图 3-57，试建立产量（y）的最优线性回归方程。

	A	B	C	D	E
1	穗数（x1）	每穗粒数（x2）	千粒重（x3）	株高（x4）	产量（y）
2	30.8	33	50	90	520.8
3	23.6	33.6	28	64	195
4	31.5	34	36.6	82	424
5	19.8	32	36	70	213.5
6	27.7	26	47.2	74	403.3
7	27.7	39	41.8	83	461.7
8	16.2	43.7	44.1	83	248
9	31.2	33.7	47.5	80	410
10	23.9	34	45.3	75	378.3
11	30.3	38.9	36.5	78	400.8
12	35	32.5	36	90	395
13	33.3	37.2	35.9	85	400
14	27	32.8	35.4	70	267.5
15	25.2	36.2	42.9	70	361.3
16	23.6	34	33.5	82	233.8
17	21.3	32.9	38.6	80	210
18	21.1	42	23.1	81	168.3
19	19.6	50	40.3	77	400
20	21.6	45.1	39.3	80	319.4
21	32.3	25.6	39.8	71	376.2

图 3-57

（1）输入数据（图 3-57）。

（2）在“数据”主菜单下的“分析”工具栏中，单击“数据分析”按钮（图 3-18）。

（3）弹出“数据分析”对话框，单击选中“回归”选项，单击“确定”（图 3-58）。

（4）弹出“回归”参数设置对话框，单击“Y 值输入区域”的输入框，从 E1 单元格拖动鼠标到 E21；单击“X 值输入区域”的输入框，从 A1 单元格拖动鼠标到 D21；单击选中“标志”、“置信度”选项；“输出选项”中单击“输出区域”，再单击输入框，然后单击一空白单元格；单击“确定”（图 3-59）。

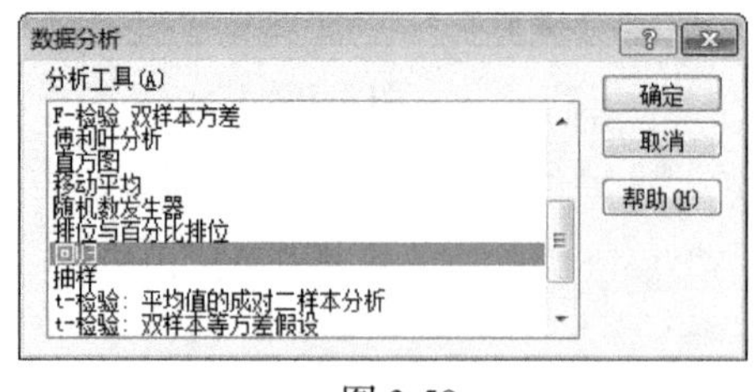

图 3-58

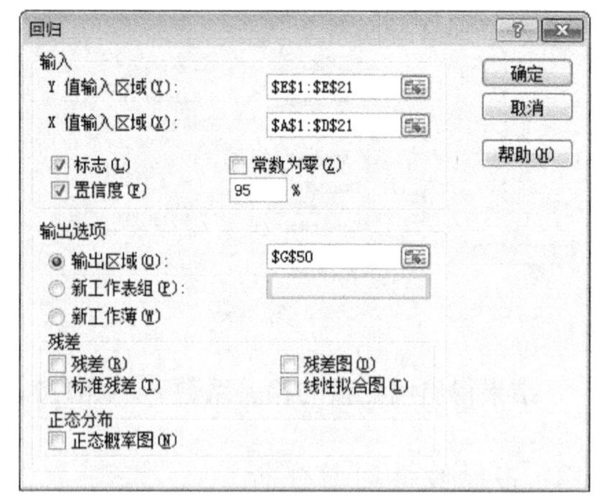

图 3-59

（5）输出结果（图 3-60）。

SUMMARY OUTPUT

回归统计	
Multiple R	0.945753
R Square	0.894448
Adjusted R Sq	0.866301
标准误差	36.51072
观测值	20

方差分析

	df	SS	MS	F	Significance F
回归分析	4	169442.2	42360.55	31.77758	3.65557E-07
残差	15	19995.49	1333.033		
总计	19	189437.7			

	Coefficien	标准误差	t Stat	P-value	Lower 95%	Upper 95%	下限 95.0%	上限 95.0%
Intercept	-625.358	114.3785	-5.46745	6.49E-05	-869.1503146	-381.566	-869.1503	-381.5663
穗数（x1）	15.19617	2.126573	7.145849	3.36E-06	10.66348722	19.72885	10.663487	19.728853
每穗粒数（x2）	7.37848	1.888617	3.906816	0.001402	3.352987665	11.40397	3.3529877	11.403973
千粒重（x3）	9.503387	1.341895	7.082062	3.73E-06	6.643204528	12.36357	6.6432045	12.363569
株高（x4）	-0.84676	1.492861	-0.5672	0.578966	-4.028713547	2.335201	-4.028714	2.3352012

图 3-60

由分析结果可知，株高（x_4）的偏回归系数没有达到显著水平（$P > 0.05$），将其剔除后，再次进行回归分析（重复前述操作步骤），得如图 3-61 所示结果。

结果表明，依变量 y 与自变量 x_1、x_2、x_3 之间存在极显著的线性关系，y 对 x_1、x_2、x_3 的偏回归系数均极显著，回归方程为 $\hat{y} = -649.7794+14.5922x_1+6.8406x_2+9.3288x_3$。

SUMMARY OUTPUT

回归统计	
Multiple R	0.9445551
R Square	0.8921843
Adjusted R Square	0.8719689
标准误差	35.728451
观测值	20

方差分析

	df	SS	MS	F	Significance F
回归分析	3	169013.3	56337.78	44.1338	5.79588E-08
残差	16	20424.35	1276.522		
总计	19	189437.7			

	Coefficient	标准误差	t Stat	P-value	Lower 95%	Upper 95%	下限 95.0%	上限 95.0%
Intercept	-649.7794	103.6951	-6.26625	1.13E-05	-869.6032095	-429.956	-869.6032	-429.9556
穗数（x1）	14.592175	1.801314	8.100849	4.71E-07	10.77355906	18.41079	10.773559	18.41079
每穗粒数（x2）	6.8405791	1.598264	4.280007	0.000574	3.452411634	10.22875	3.4524116	10.228747
千粒重（x3）	9.3287941	1.27813	7.298785	1.78E-06	6.619280197	12.03831	6.6192802	12.038308

图 3-61

（秦耀国、严泽生）

第四章　科学作图软件 Origin

Origin 系列软件是美国 OriginLab 公司推出的数据分析和制图软件，是公认的简单易学、操作灵活、功能强大的软件，既可以满足一般用户的制图需要，也可以满足高级用户数据分析、函数拟合的需要。对于生物类专业本科生来说，掌握 Origin 软件对于提高实验报告和毕业论文质量具有积极作用，并为今后的科研工作打下良好的基础，尤其是 Origin 在作图方面有 Excel 难以比拟的优势，很多图表用 Excel 很难完成或非常繁琐，而用 Origin 作图则事倍功半，而且图形更加美观和专业。

在本科阶段，至少需要掌握以下操作：对几组数据进行自动运算；柱状、条状或折线图，加误差线，标记方差分析比较结果；多坐标轴图；直线回归图等。学有余力的学生，应掌握 Break 功能、分段作图和去除坏点等操作。

现将一些重要的操作要点列举如下。

1. 安装

目前有可安装的 9.0 版本，但也有 7.5、8.0 和 8.5 的绿色版本，绿色版本解压后找到应用程序文件双击即可打开（图 4-1）。

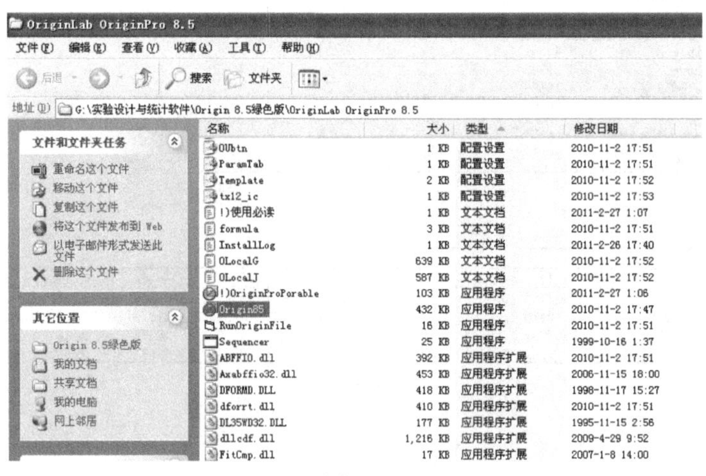

图 4-1

2. 对几组数据进行自动运算

原始数据见表 4-1。

表 4-1

菌种	产量		
	1	2	3
34	0.031	0.034	0.043
Y-5	1.003	0.914	0.947
18	1.257	1.235	1.002
Y-20	1.678	1.789	1.765

打开程序，将 Excel 文件里的数据拷入或直接输入原始数据（图 4-2）。

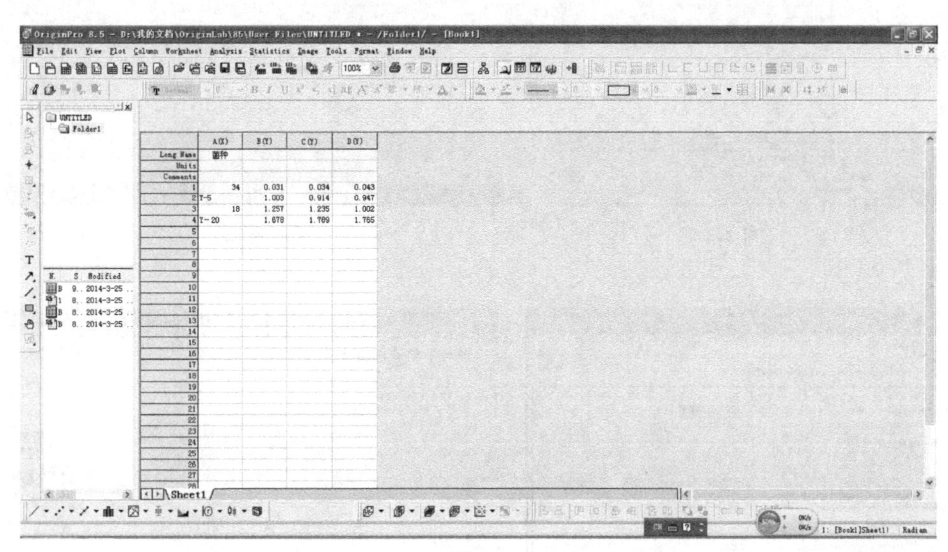

图 4-2

双击“A(X)”，设定X轴数据属性为文本（图 4-3）。

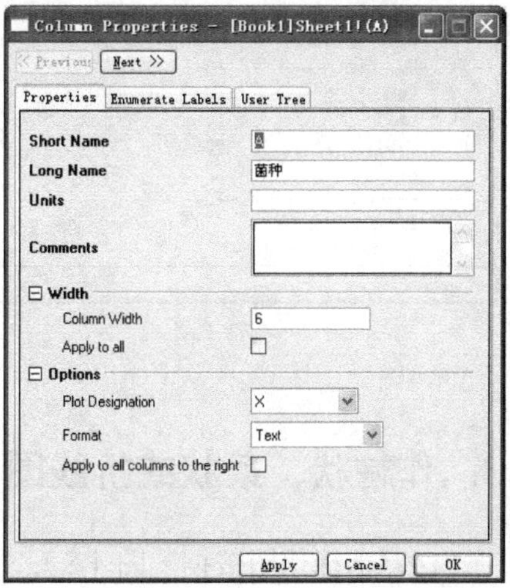

现在界面如图 4-4 所示。

选择数据区，右单击，选择“Statistics on Rows”，选择“Open Dialog”（图 4-5）。

弹出如图 4-6 所示对话框，选择“Mean”（均值）和“Standard Deviation”（标准差），点击“OK”。

获得如图 4-7 所示结果。

Column Properties - [Book1]Sheet1!(A)

Short Name	A
Long Name	菌种
Units	
Comments	
Width	
Column Width	6
Apply to all	☐
Options	
Plot Designation	X
Format	Text
Apply to all columns to the right	☐

Previous　Next >>　Properties　Enumerate Labels　User Tree　Apply　Cancel　OK

图 4-3

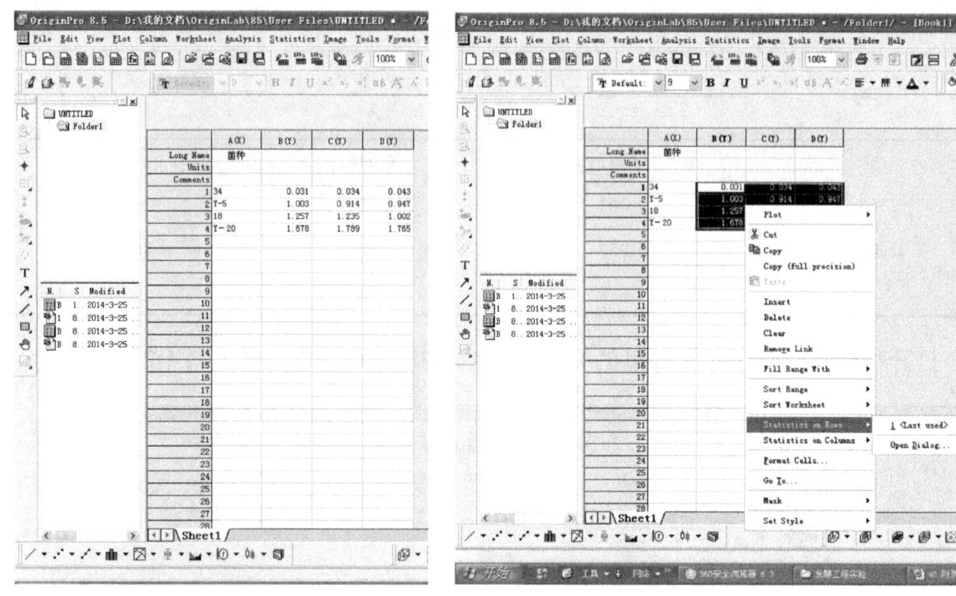

图 4-4

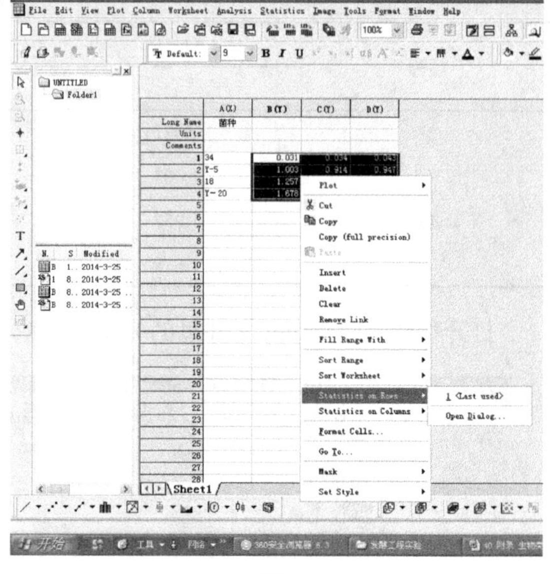

图 4-5

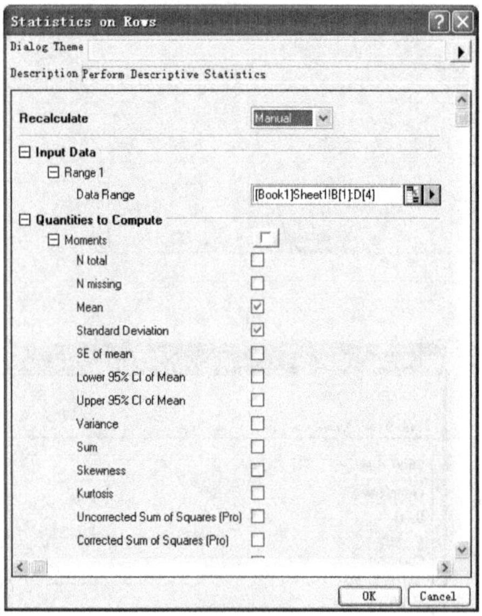

图 4-6

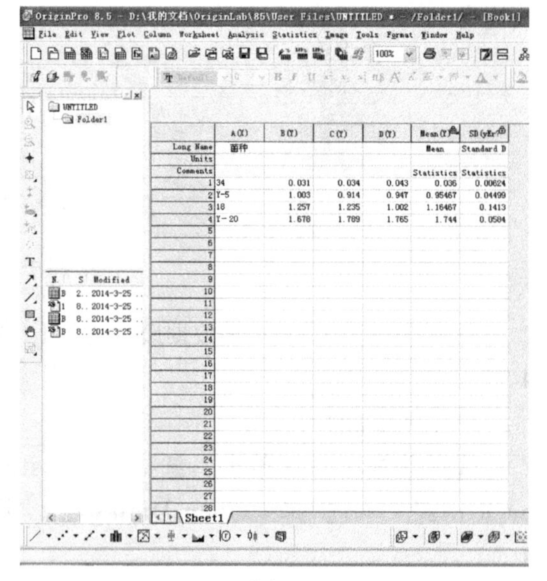

图 4-7

3. 作柱状、条状或折线图，加误差线

注意选择作图数据（图 4-8）。

点击左下角的柱状图按钮（图 4-9）。

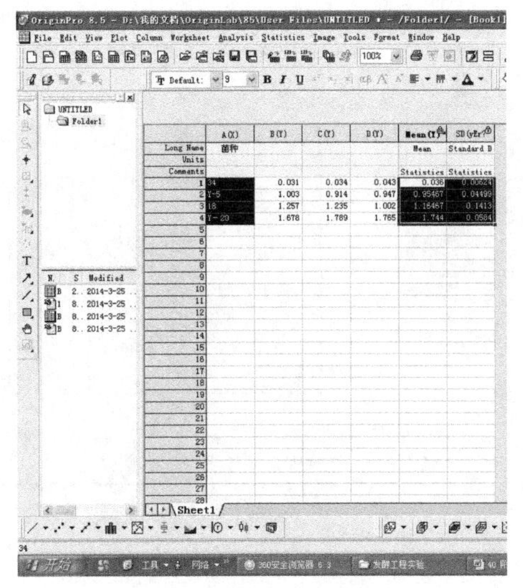

图 4-8

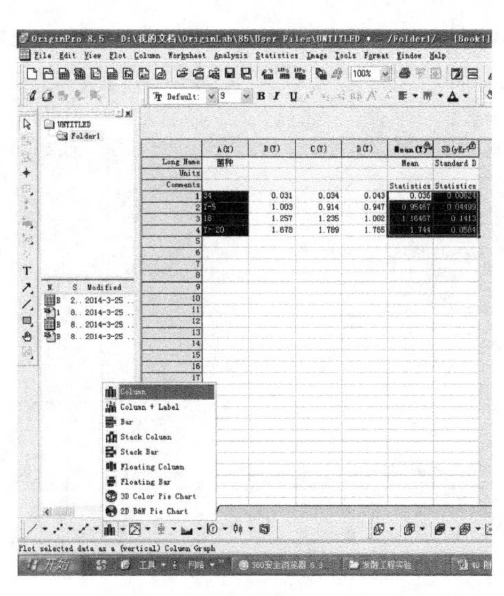

图 4-9

得到初步的柱状图（图 4-10）。

双击图 4-10 中的数据柱，可进行颜色和条纹的设置（图 4-11）。

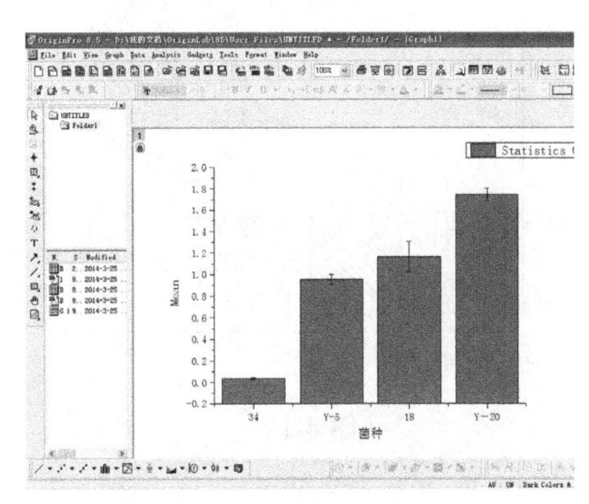

图 4-10

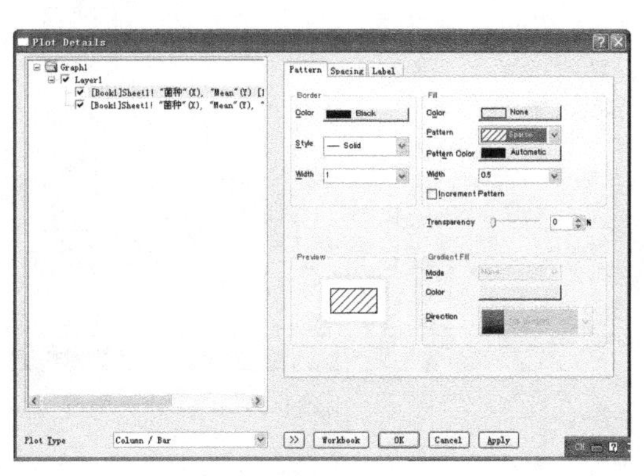

图 4-11

确认后，得图 4-12。

再适当编辑，如图 4-13 所示。

选择菜单命令“Edit”→“Copy Page”（图 4-14）。

在 Word 中按“Ctrl”+“V”，可以得到如图 4-15 所示的柱状图，并可将代表差异显著性的字母附上。

对不同处理间相差过大的柱状图，如图 4-16 所示，可利用 Break 功能，打开对话框，如图 4-17 所示。

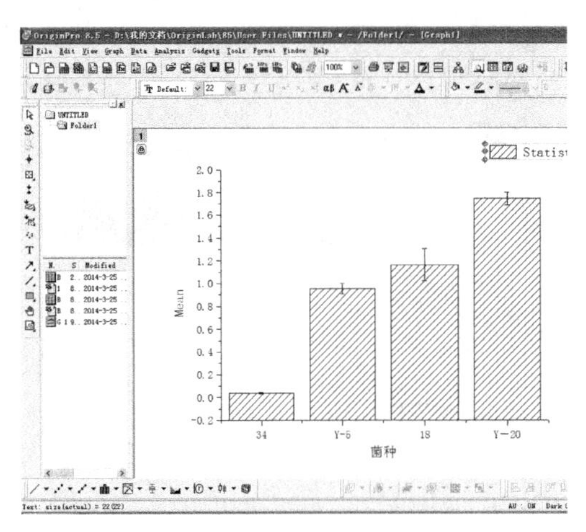

图 4-12

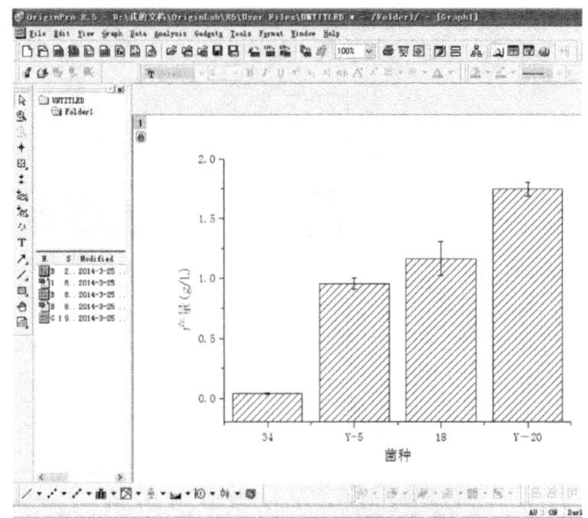

图 4-13

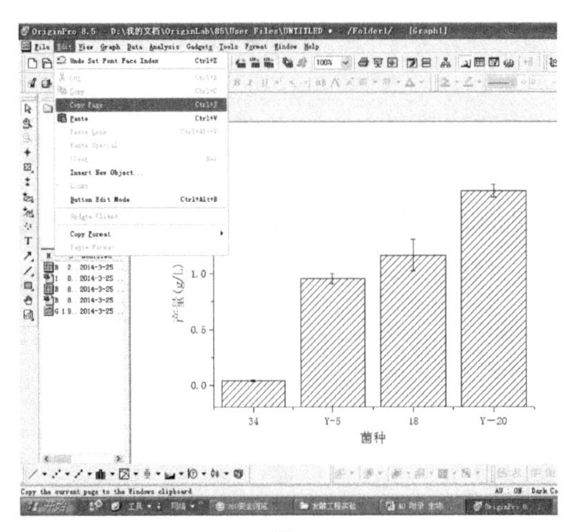

图 4-14

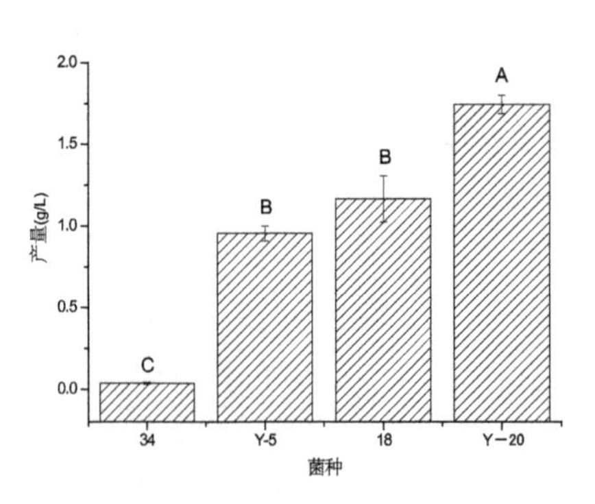

图 4-15

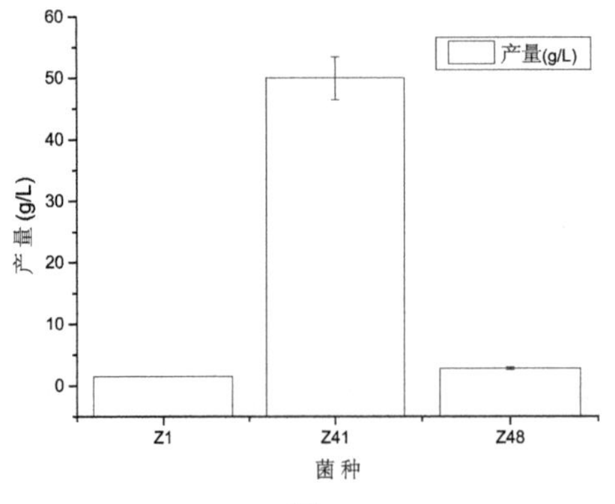

图 4-16

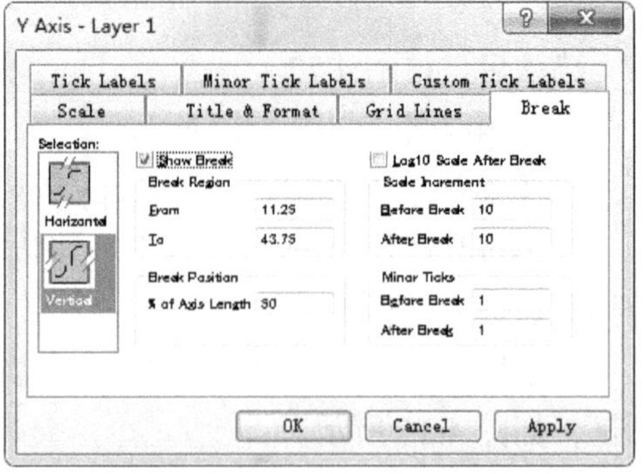

图 4-17

得到如图 4-18 的柱状图。

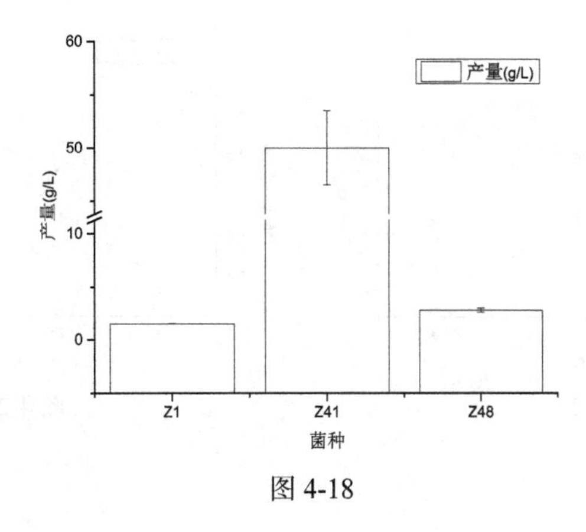

图 4-18

4. 多坐标轴图

以最简单的双坐标图为例说明，更多坐标轴作图操作类似。

原始数据见表 4-2。

表 4-2

菌种	菌体干重 /（g/L）	发酵产量 /（g/L）
1d	0.31	0.34
2d	0.93	2.95
3d	1.67	6.52
4d	1.68	9.79

将数据录入 Origin，并点击快捷按钮“ ”（图 4-19）。

得到如图 4-20 所示的折线图。

进行适当调整，得到如图 4-21 所示的折线图。

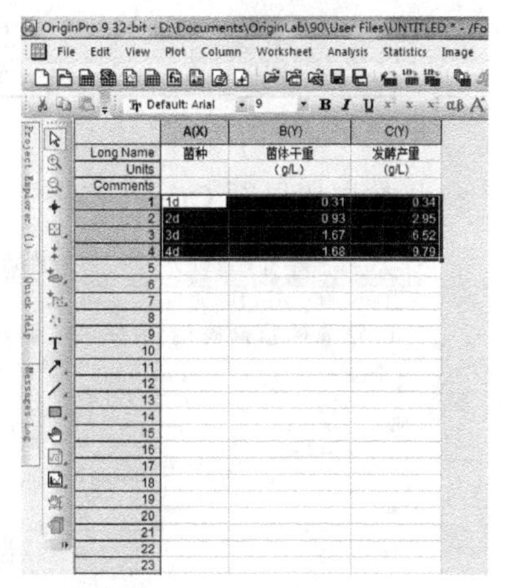

图 4-19

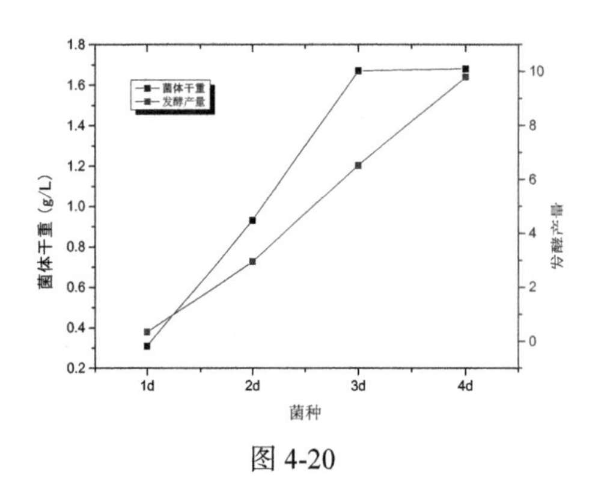

图 4-20

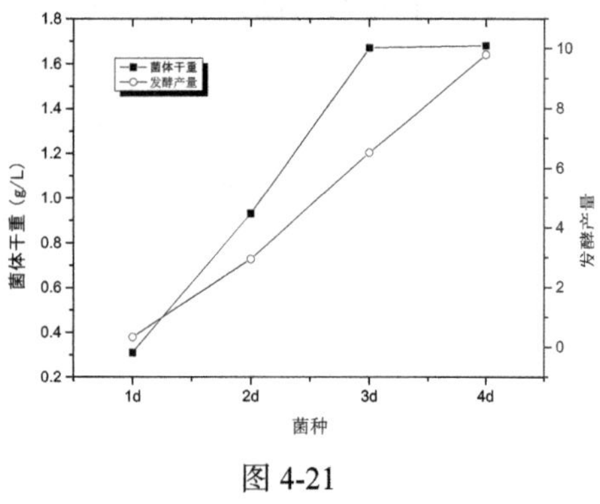

图 4-21

5. 多屏图

多屏图是指同一图层同时绘制两个或两个以上的图形，如垂直双屏图、水平双屏图、四屏图、九屏图等，可以节省版面，但图形太多，不利于读者读图。

【例 4-1】 某次生物表面活性剂发酵试验结果见表 4-3（测定了各菌株发酵后的 4 个指标，即发酵液在柴油膜上产生的排油圈、发酵液表面张力、发酵产量和发酵液中菌体干重）。

表 4-3

菌株编号	排油圈 /mm	SD	表面张力 /（mN/m）	SD	产量 /（g/L）	SD	菌体干重 /（g/L）	SD
1	10.43	2.19	51.6	2.5	5.29	0.09	2.6	0.21
3	9.43	0.76	71.0	8.1	3.28	0.07	1.6	0.12
11	30.97	2.23	62.3	3.9	6.08	1.66	5.1	0.12
10	4.19	0.36	59.1	1.1	3.56	0.04	1.2	0.01

操作步骤如下。

将数据拷贝至 Origin 表格中，如图 4-22 所示。

	A(X)	B(Y)	C(Y)	D(Y)	E(Y)	F(Y)	G(Y)	H(Y)	I(Y)
Long Name	菌株编号	排油圈	SD	表面张力	SD	产量	SD	菌体干重	SD
Units									
Comments									
1	1	10.43	2.19	51.6	2.5	5.29	0.09	2.6	0.21
2	3	9.43	0.76	71	8.1	3.28	0.07	1.6	0.12
3	11	30.97	2.23	62.3	3.9	6.08	1.66	5.1	0.12
4	10	4.19	0.36	59.1	1.1	3.56	0.04	1.2	0.01
5									
6									

图 4-22

双击“A(X)”，设置 X 轴格式为“Text”，点击“OK”，如图 4-23 所示。

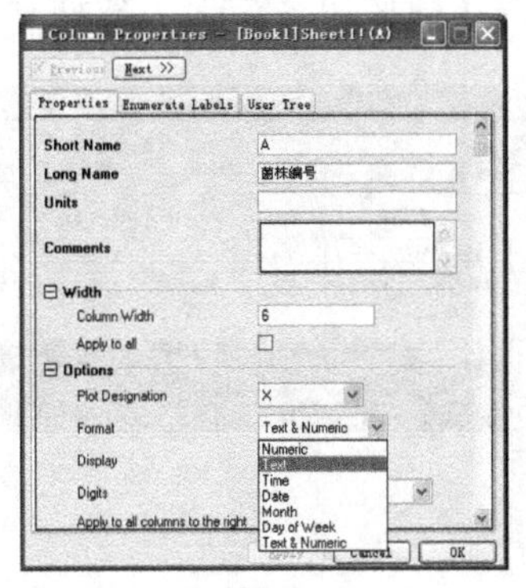

图 4-23

双击“C(Y)”，打开如图 4-24 所示窗口。

设置“Plot Designation” 为“Y Error”，如图 4-25 所示。

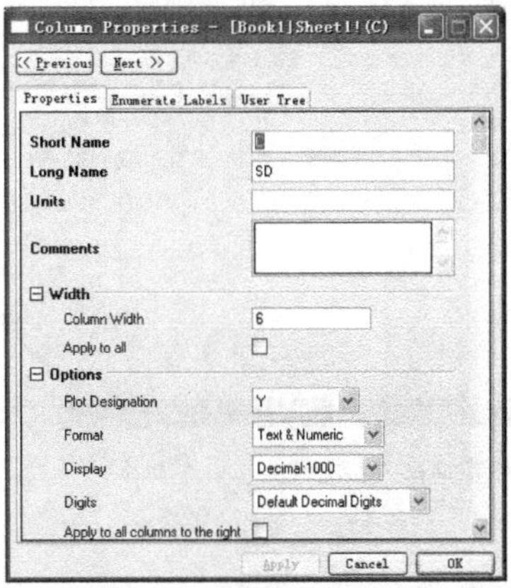

图 4-24

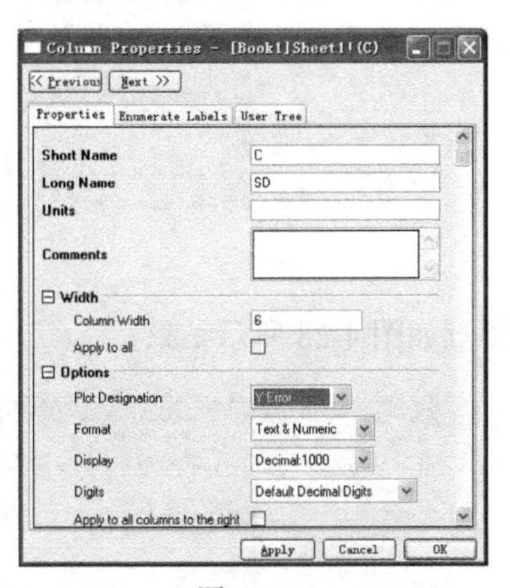

图 4-25

点击“OK”，返回原来的窗口。同样继续设置 E(Y)、G(Y) 和 I(Y) 轴为“Y Error”，设置完后如图 4-26 所示。

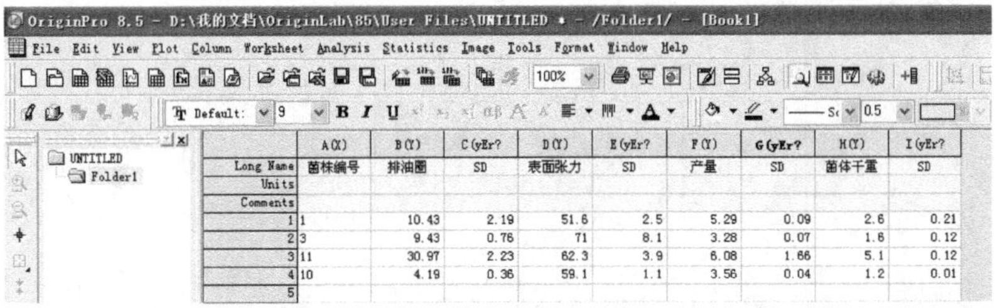

	A(X)	B(Y)	C(yEr?)	D(Y)	E(yEr?)	F(Y)	G(yEr?)	H(Y)	I(yEr?)
Long Name	菌株编号	排油圈	SD	表面张力	SD	产量	SD	菌体干重	SD
Units									
Comments									
1	1	10.43	2.19	51.6	2.5	5.29	0.09	2.6	0.21
2	3	9.43	0.76	71	8.1	3.28	0.07	1.6	0.12
3	11	30.97	2.23	62.3	3.9	6.08	1.66	5.1	0.12
4	10	4.19	0.36	59.1	1.1	3.56	0.04	1.2	0.01
5									

图 4-26

注意此时 C、E、G 和 I 列名称均已经改变。以上操作也可以通过右键快捷方式实现。

选定所有数据，同时点击快捷按钮“[icon]”，选择“4 Panel”，如图 4-27 所示。

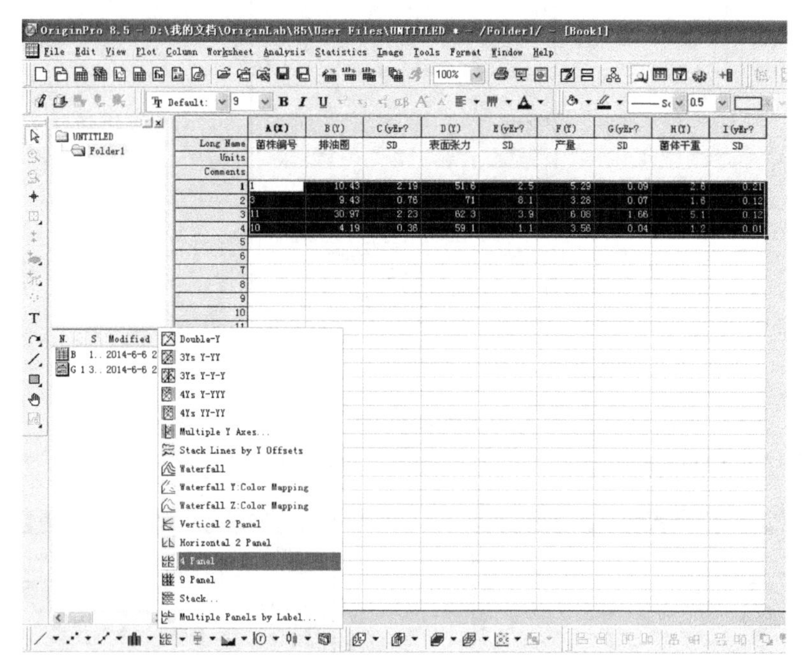

图 4-27

得到如图 4-28 所示结果。

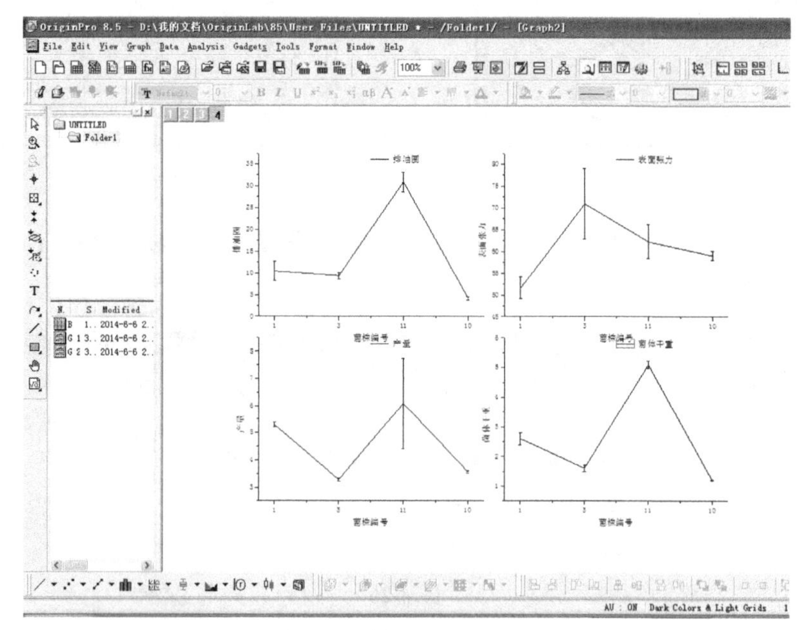

图 4-28

由于各个菌株是独立的，为非连续变量，不宜用折线图，可改为柱状图。依次选定每个图形，点击柱状图按钮“▆”，一一调整为柱状图，并经适当调整柱状图格式、*Y*轴、*X*轴和图例位置等，得如图 4-29 所示结果。

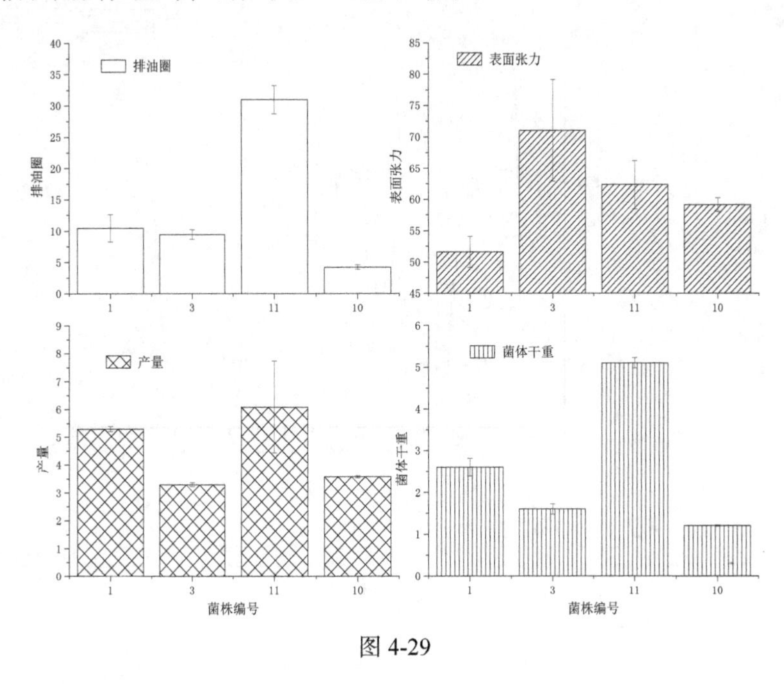

图 4-29

6. 红外光谱作图

Origin 是进行红外光谱作图的有力工具。操作步骤如下。

用 Excel 软件打开“.csv”后缀的文件，全部选定后，拷贝至 Origin 表格中，或者直接用 Origin 打开 Excel 文件，如图 4-30 所示。

按“Ctrl”+“A”选定所有数据，点击窗口左下方的曲线图按钮“⟋”，得到如图 4-31 所示结果，适当调整，即成一个标准的红外光谱扫描图谱。

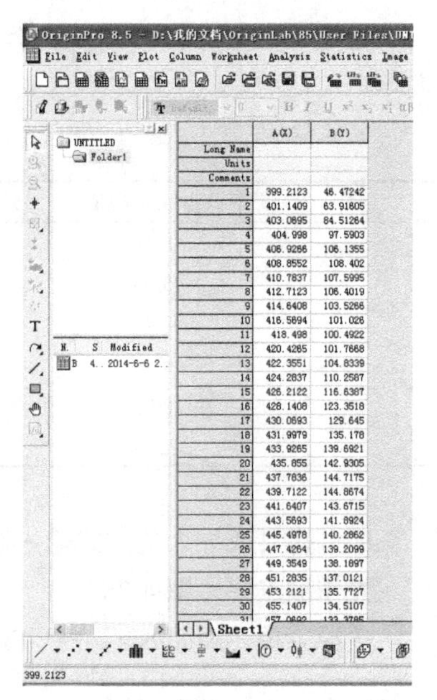

图 4-30

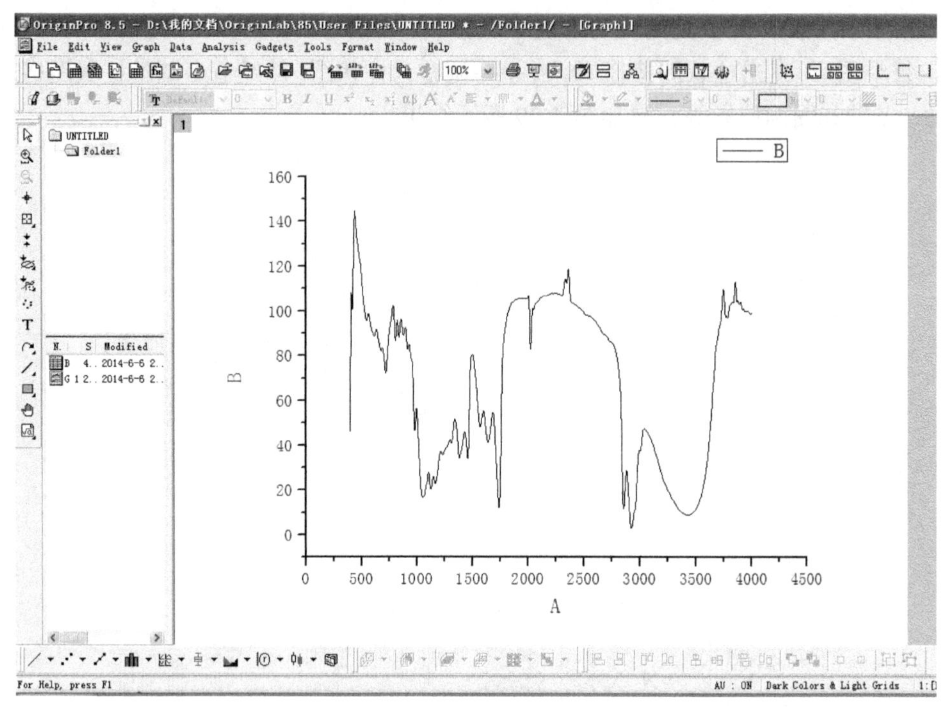

图 4-31

7. 直线回归

测定一定浓度的标准鼠李糖脂溶液在480nm处的吸光度值，试验结果见表4-4。

表 4-4

鼠李糖脂浓度 / (g/L)	吸光度值
0.00	0.000
75.00	0.124
93.75	0.236
150.00	0.406
187.5	0.521
375.00	1.110

通过拷贝或导入的方式输入数据（图 4-32）。

先作散点图（图 4-33）。

选择菜单 “Analysis” → “Fitting” → “Linear Fit” （图 4-34）。

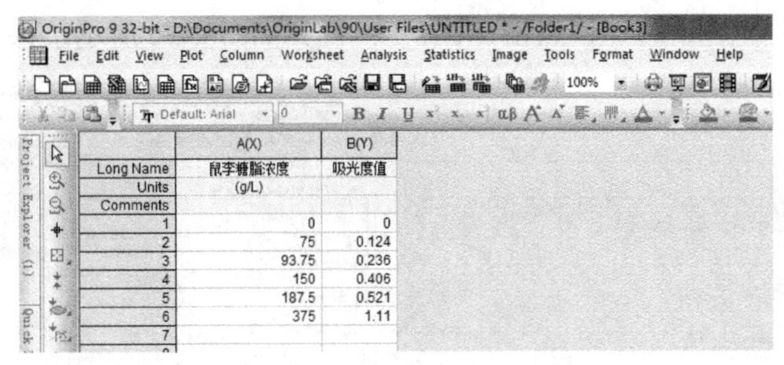

图 4-32

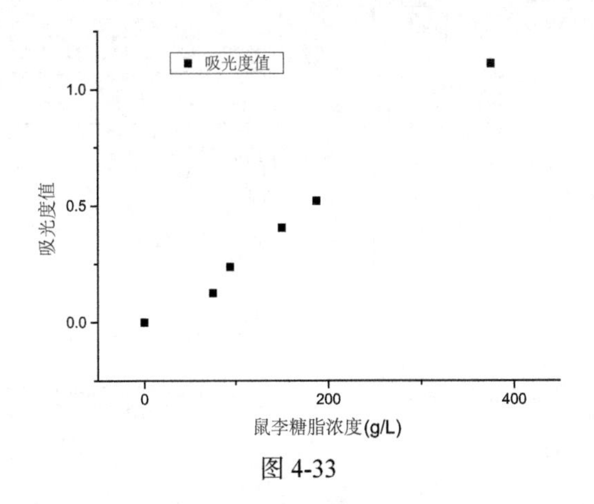

图 4-33

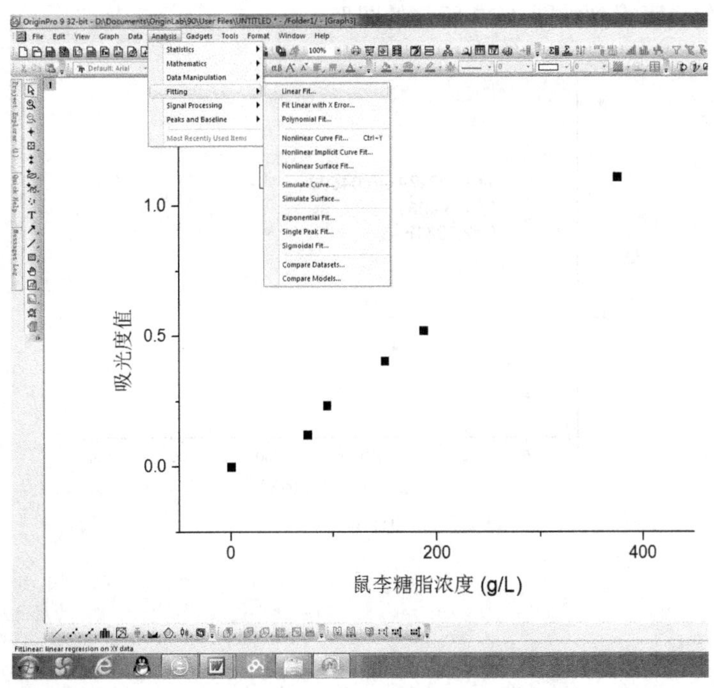

图 4-34

弹出对话框（图 4-35），点击“OK”，得到如图 4-36 所示结果。

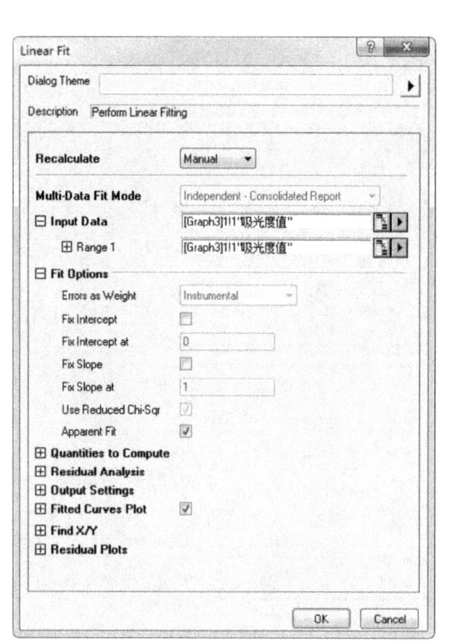

图 4-35

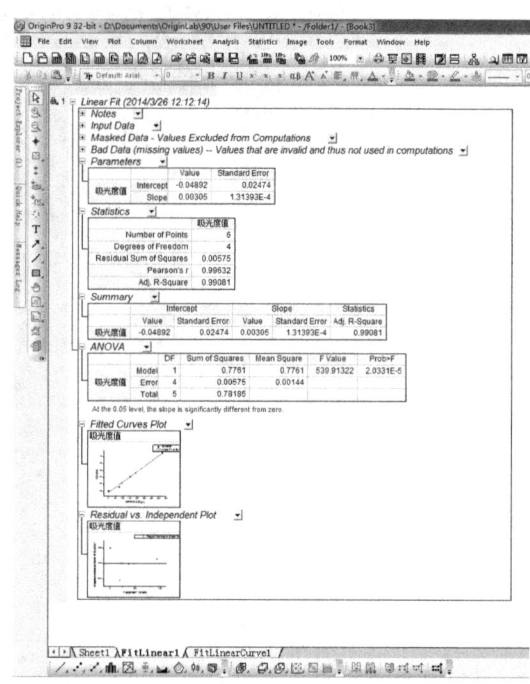

图 4-36

经过调整，可得到如图 4-37 所示的图形。

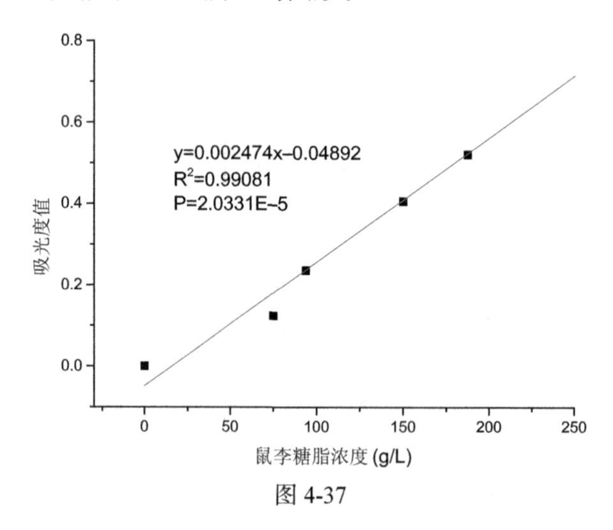

图 4-37

（张祥胜）

第五章　统计学软件SPSS

SPSS（Statistical Product and Service Solutions）即“统计产品与服务解决方案”软件，为IBM公司推出的一系列用于统计学分析运算、数据挖掘、预测分析和决策支持任务的软件产品及相关服务的总称，有Windows和Mac OSX等版本。SPSS功能强大，需要掌握的操作很多，本章主要讲解Windows版本中较常用的一些操作。

1. *t* 检验

在统计学中假设检验的原理是逻辑上的反证法和统计上的小概率原理。反证法是指当一件事情的发生只有两种可能A和B，如果能否定B，则等同于间接地肯定了A。小概率原理是指发生概率很小的随机事件在一次试验中是几乎不可能发生的。

t 检验是常用的假设检验方法之一，也称student *t* 检验（student's *t* test），主要用于样本含量较小（如 $n<30$），总体标准差 σ 未知的正态分布资料。

1.1　单样本 *t* 检验

样本均数与总体均数之间的差异显著性检验，即检验单个变量的均值是否与给定的常数之间存在差异。在某一水平上（如 $P=0.05$），计算获得的 *t* 值小于该水平和自由度（样本数减1）的 *t* 值表中的 *t* 值，则认为 $P>0.05$，即在 $P=0.05$ 水平上接受 H_0，差异无统计学意义，或者有95%的可能性没有差异；反之则认为在该水平上有差异。SPSS可直接给出 *P* 值，即“Sig”值，*P* 值越小，差异越显著。

【例5-1】　表5-1为3个学生小组测定的水的表面张力，每个小组测定8次（单位：mN/m，水在20℃的表面张力标准值约为73mN/m）。

表5-1

组别	1	2	3	4	5	6	7	8
1	73	72	75	76	73	72	76	75
2	74	73	72	75	75	74	73	75
3	69	70	68	69	67	70	73	72

试检验各组测定值的平均值是否与标准值之间有显著差异。

点击“变量视图”，设定变量（图 5-1）。

*未标题2 [数据集2] - IBM SPSS Statistics 数据编辑器

文件(F) 编辑(E) 视图(V) 数据(D) 转换(T) 分析(A) 直销(M) 图形(G) 实用程序(U) 窗口(W) 帮助

	名称	类型	宽度	小数	标签	值	缺失	列	对齐	度量标准	角色
1	group	数值(N)	8	0		无	无	8	右	未知	输入
2	表面张力	数值(N)	8	0		无	无	8	右	未知	输入
3											
4											
5											
6											
7											
8											

图 5-1

点击“数据视图”，输入数据（如果由 Excel 拷贝，可以先在 Excel 中运用“选择性粘贴”→“转置”命令，将原始数据转粘贴，以方便拷贝）（图 5-2）。

点击菜单“数据”→“拆分文件”（图 5-3）。

	group	表面张力	变量
1	1	73	
2	1	72	
3	1	75	
4	1	76	
5	1	73	
6	1	72	
7	1	76	
8	1	75	
9	2	74	
10	2	73	
11	2	72	
12	2	75	
13	2	75	
14	2	74	
15	2	73	
16	2	75	
17	3	69	
18	3	70	
19	3	68	
20	3	69	
21	3	67	
22	3	70	
23	3	73	
24	3	72	
25			

数据视图 变量视图

图 5-2

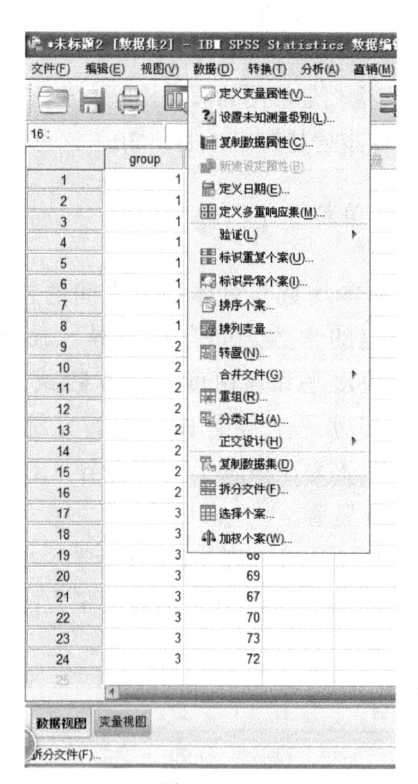

图 5-3

弹出如图 5-4 所示对话窗口，选择“按组组织输出”，并将“group”列为“分组方式”，选择“按分组变量排序文件”（图 5-4）。

点击“确定”，得如图 5-5 所示结果。

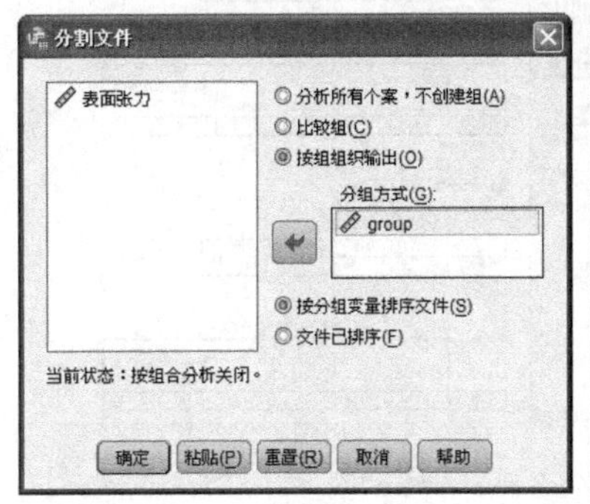

图 5-4

图 5-5

图 5-6

单击菜单“分析”→“比较均值”→“独立样本 T 检验”（图 5-6）。

弹出对话窗口后，选择“表面张力”，再单击“➜”（图 5-7）。

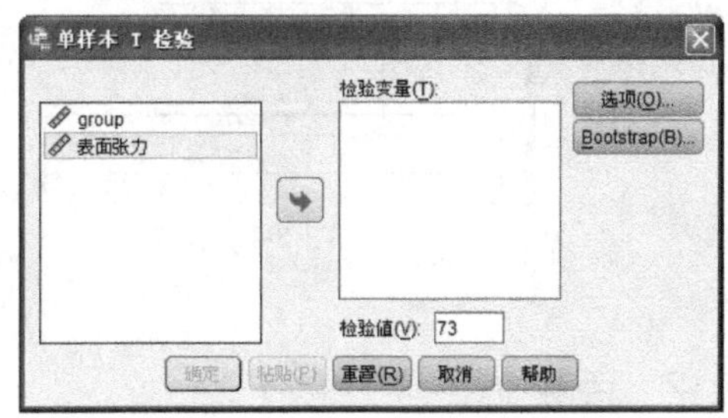

图 5-7

并将“检验值”设为 73，如图 5-7 和图 5-8 所示。

单击“确定”后，结果如图 5-9 所示。

在查看器窗口中，选择“文件”→“导出”（图 5-10）。

弹出对话框，并将文件名改为合适的名称（图 5-11）。

打开 Word 文件，即得本次 t 检验结果。由检验结果可知，1 组、2 组平均值与标准值无显著差异，3组平均值与标准值有显著差异。

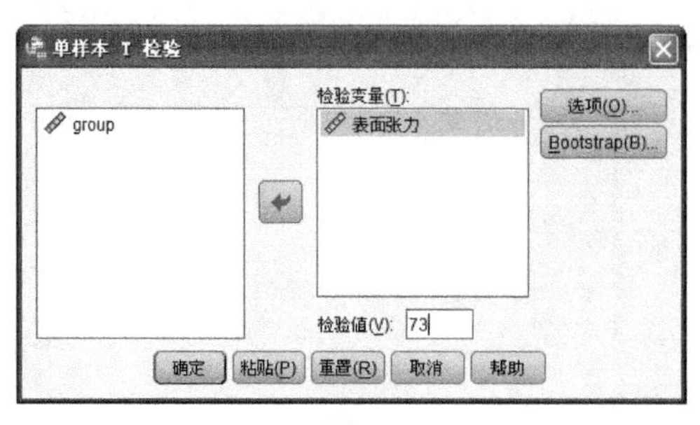

图 5-8

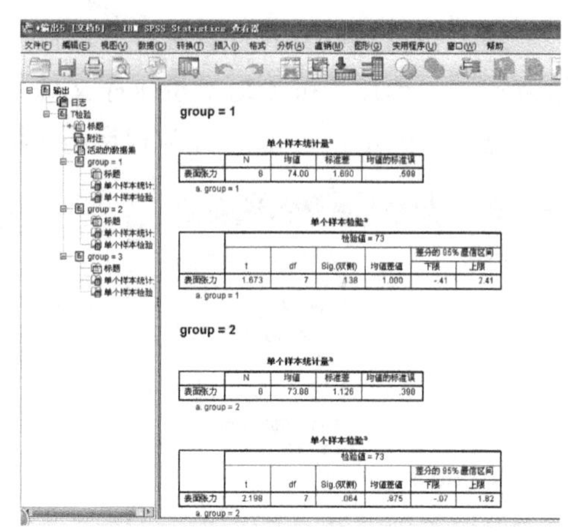

图 5-9

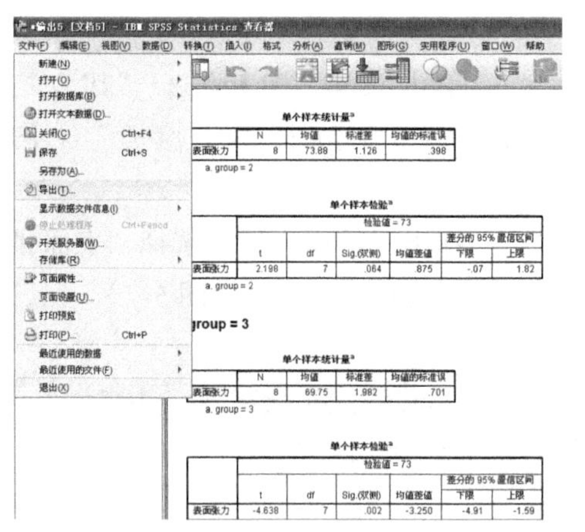

图 5-10

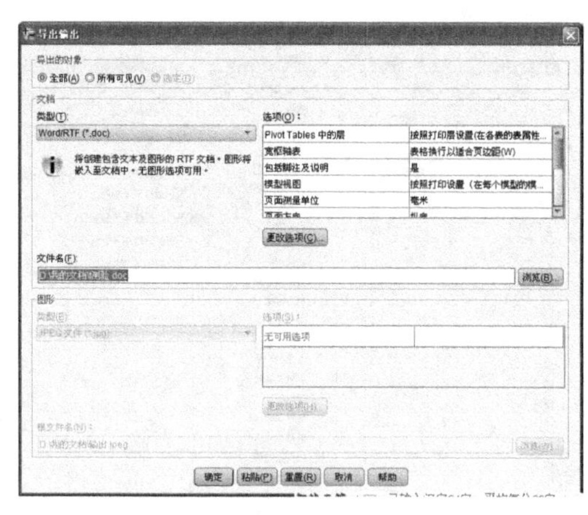

图 5-11

1.2 两独立样本 t 检验

进行独立样本 t 检验，要求被比较的两个样本彼此独立，即没有配对关系。要求样本均来自正态总体，而且均值对于检验是有意义的描述统计量。对计算结果，先看方差是否齐性。判断标准是 Sig 值是否大于或小于 0.05，如果大于 0.05，说明两组方差齐性，然后看上面一行的 t 检验结果；如果 Sig 值小于 0.05，说明两组的方差不齐，则看下面一行的 t 检验结果。

【例 5-2】 有两个菌株，测定 3 次的产量如表 5-2 所示，用 t 检验检测是否有显著性差异（P=0.05 水平）。

表 5-2

	1	2	3	均值	均方差
菌株 1	4.50	3.40	4.30	4.10	0.59
菌株 2	5.20	6.20	6.40	5.90	0.64

例 5-2 适于独立样本 t 检验。操作要点如下。

定义变量如图 5-12 所示。

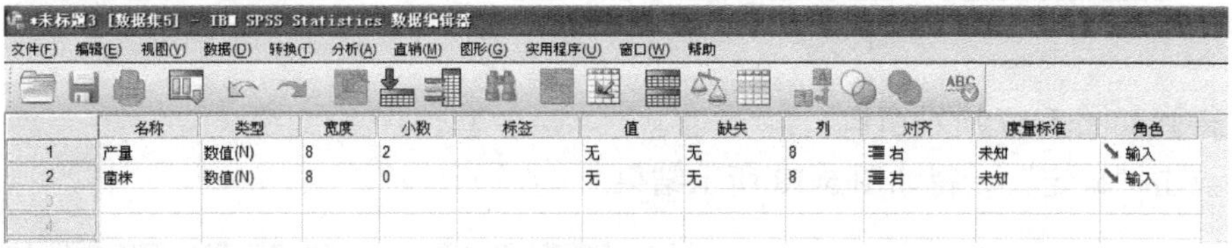

图 5-12

输入数据（图 5-13）。

点击菜单“分析”→“比较均值”→“独立样本 T 检验”（图 5-14）。

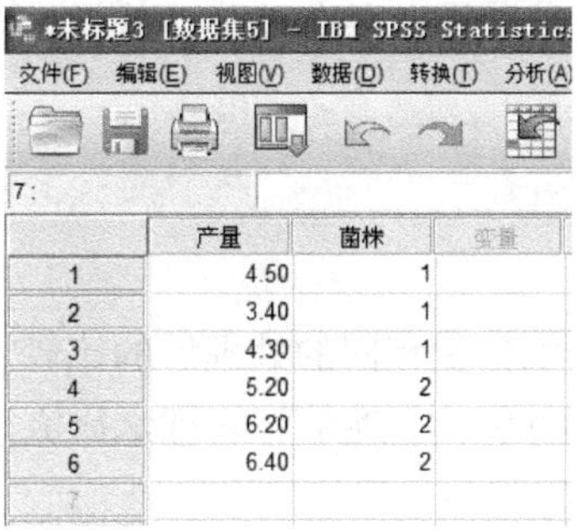

图 5-13

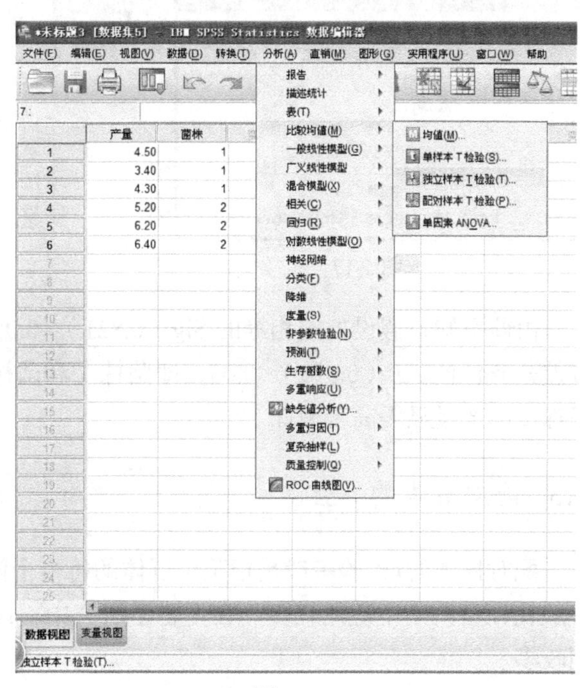

图 5-14

弹出对话框，设置“检验变量”为产量，“分组变量”为菌株（图 5-15）。

点击图 5-15 窗口的“定义组”，打开如图 5-16 所示窗口，设置“组 1”为 1，“组 2”为 2，之后点击“继续”。

图 5-15

图 5-16

得到如图 5-17 所示窗口。

点击“确定”，得如图 5-18 所示结果。

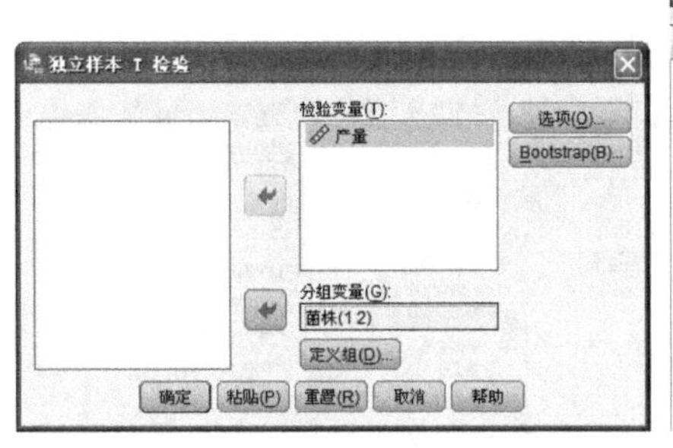

图 5-17

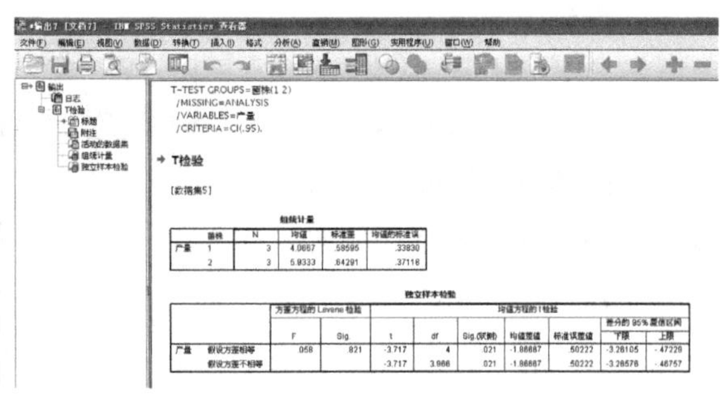

图 5-18

由此可知，假设方差相等的 Sig（0.821）>0.05 说明不显著，即表示两个样本的方差是齐性的，P（0.021）<0.05，即菌株 1 和菌株 2 在产量上存在显著性差异，即菌株 2 的产量显著高于菌株 1。

1.3 配对样本的 t 检验

配对样本的t检验一般是指某个群体的每个个体分别接受相同的处理后的比较，一般在社会科学中应用较多。在生物学研究中，以动物学、生理学、病理学研究应用较多。

【例 5-3】 为研究长跑运动对增强普通高校学生的心功能效果，对某校 15 名男生进行试验，经过 5 个月的长跑锻炼后，锻炼前后的晨脉数据（单位：次 /min）见表 5-3，试分析锻炼是否有提高高校学生心功能的作用。

表 5-3

	1	2	3	4	5	6	7	8	9	10	11	12	13	14	15
锻炼前	70.00	76.00	56.00	63.00	63.00	56.00	58.00	60.00	65.00	65.00	75.00	66.00	56.00	59.00	70.00
锻炼后	48.00	54.00	60.00	64.00	48.00	55.00	54.00	45.00	51.00	48.00	56.00	48.00	64.00	50.00	54.00

输入数据如图 5-19 所示。

点击菜单“分析”→“比较均值”→“配对样本 T 检验”（图 5-20）。

	处理前	处理后	变量	变量
1	70.00	48.00		
2	76.00	54.00		
3	56.00	60.00		
4	63.00	64.00		
5	63.00	48.00		
6	56.00	55.00		
7	58.00	54.00		
8	60.00	45.00		
9	65.00	51.00		
10	65.00	48.00		
11	75.00	56.00		
12	66.00	48.00		
13	56.00	64.00		
14	59.00	50.00		
15	70.00	54.00		
16				
17				

图 5-19

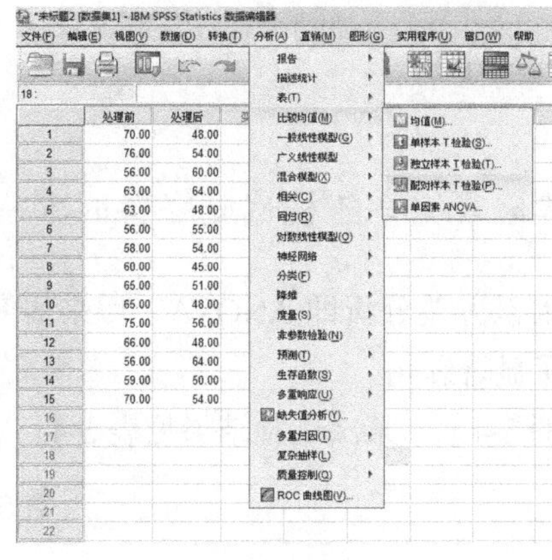

图 5-20

设置配对变量（图 5-21）。

点击“选项”，弹出对话框，设置“置信区间百分比”（图 5-22）。

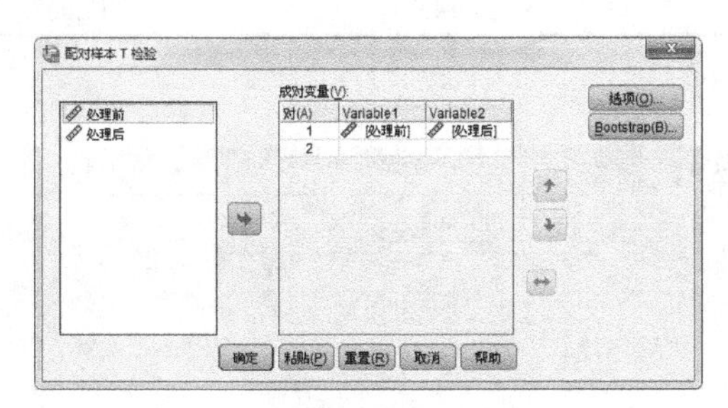

图 5-21

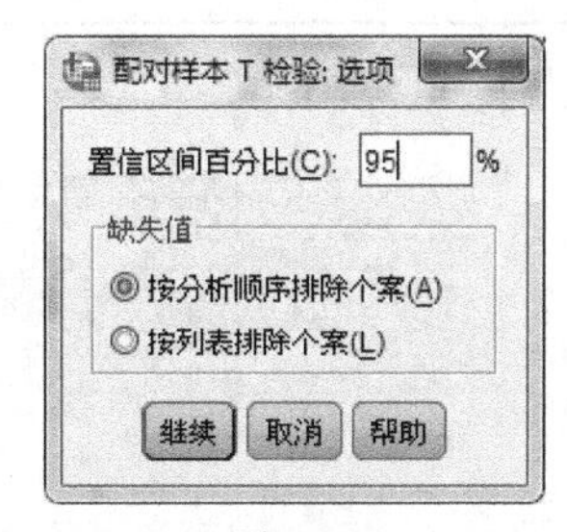

图 5-22

点击“继续”，回到原来的对话框，再点击“确定”，则获得如图 5-23 所示结果。

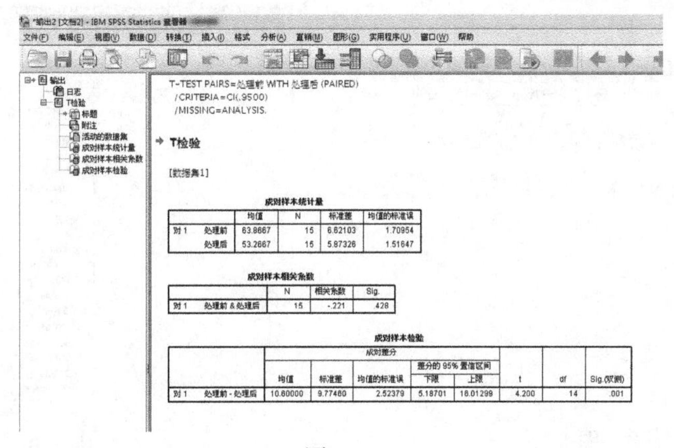

成对样本统计量

		均值	N	标准差	均值的标准误
对 1	处理前	63.8667	15	6.62103	1.70954
	处理后	53.2667	15	5.87326	1.51647

成对样本相关系数

		N	相关系数	Sig.
对 1	处理前 & 处理后	15	-.221	.428

成对样本检验

		成对差分					t	df	Sig.(双侧)
		均值	标准差	均值的标准误	差分的 95% 置信区间 下限	上限			
对 1	处理前 - 处理后	10.60000	9.77460	2.52379	5.18701	16.01299	4.200	14	.001

图 5-23

可知 P [Sig（双侧）] = 0.001<0.05，因此差异是显著的，可见锻炼可显著提高高校学生的心功能。

2. 方差分析

2.1 单因素完全随机试验资料的方差分析

单因素方差分析即 ANOVA，用来研究一个控制变量的不同水平是否对观测变量产生了显著影响。

【例 5-4】 某次试验结果见表 5-4。

表 5-4

碳源用量 /%	重复		
	1	2	3
1	5.00	9.00	7.00
3	12.00	11.00	13.00
5	15.00	14.00	17.00

设置变量（图 5-24）。

	名称	类型	宽度	小数	标签	值	缺失	列	对齐	度量标准	角色
1	产量	数值(N)	8	2		无	无	8	右	度量(S)	输入
2	碳源用量	数值(N)	8	0		无	无	8	右	名义(N)	输入

图 5-24

输入原始数据（图 5-25）。

点击菜单“分析”→“比较均值”→“单因素 ANOVA”（图 5-26）。

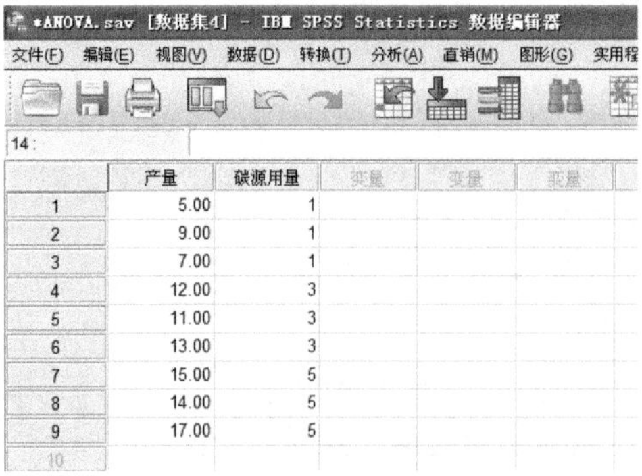

	产量	碳源用量
1	5.00	1
2	9.00	1
3	7.00	1
4	12.00	3
5	11.00	3
6	13.00	3
7	15.00	5
8	14.00	5
9	17.00	5

图 5-25

图 5-26

弹出如图 5-27 所示窗口，并设置“因变量列表”和“因子”。

点击“两两比较”，弹出如图 5-28 所示窗口，并勾选相关项目，点击“继续”关闭窗口。

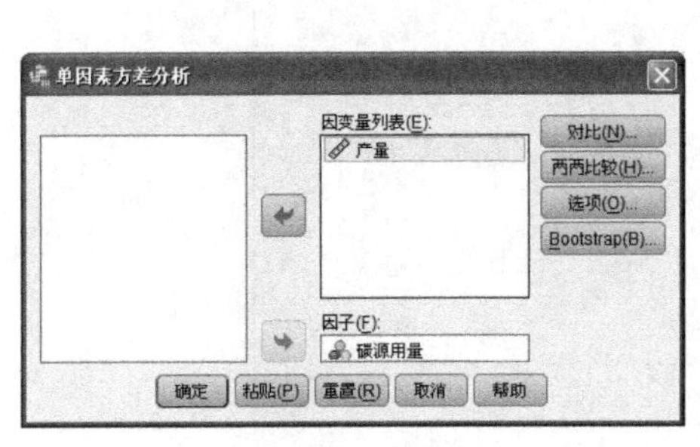

图 5-27

图 5-28

点击“选项”，弹出如图 5-29 所示窗口，并勾选相关项目，点击“继续”关闭窗口。

最后点击“确定”，得如图 5-30 所示结果。

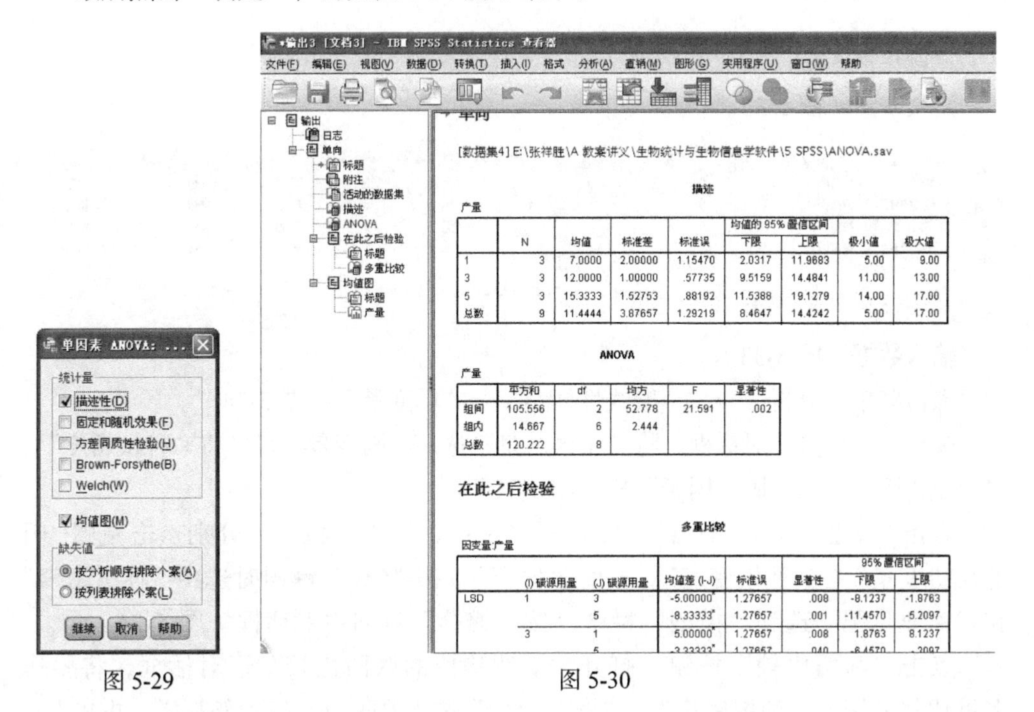

描述

产量

	N	均值	标准差	标准误	均值的 95% 置信区间 下限	上限	极小值	极大值
1	3	7.0000	2.00000	1.15470	2.0317	11.9683	5.00	9.00
3	3	12.0000	1.00000	.57735	9.5159	14.4841	11.00	13.00
5	3	15.3333	1.52753	.88192	11.5388	19.1279	14.00	17.00
总数	9	11.4444	3.87657	1.29219	8.4647	14.4242	5.00	17.00

ANOVA

产量

	平方和	df	均方	F	显著性
组间	105.556	2	52.778	21.591	.002
组内	14.667	6	2.444		
总数	120.222	8			

在此之后检验

多重比较

因变量:产量

	(I) 碳源用量	(J) 碳源用量	均值差 (I-J)	标准误	显著性	95% 置信区间 下限	上限
LSD	1	3	-5.00000*	1.27657	.008	-8.1237	-1.8763
		5	-8.33333*	1.27657	.001	-11.4570	-5.2097
	3	1	5.00000*	1.27657	.008	1.8763	8.1237

图 5-29　　　　图 5-30

同时可获得如图 5-31 所示的图。

由分析结果可知，3 个处理两两间均存在显著性差异（P=0.05 水平）。

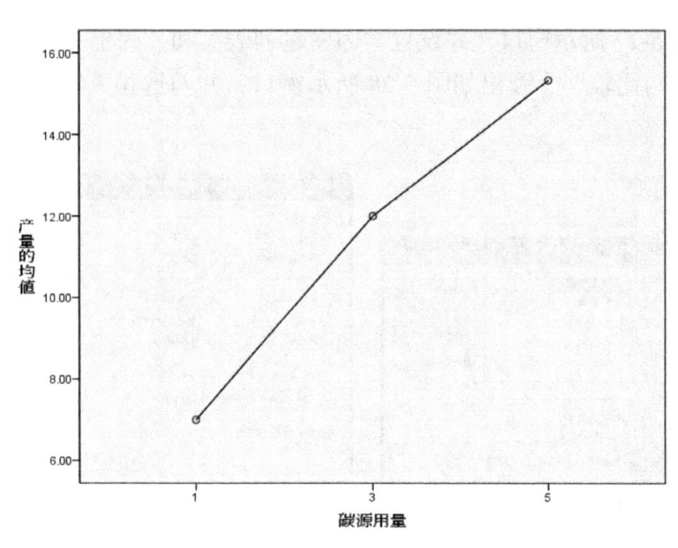

图 5-31

2.2 双因素完全随机试验资料的方差分析

原题见例 3-6。

定义变量（图 5-32）。

	名称	类型	宽度	小数	标签	值	缺失	列	对齐	度量标准	角色
1	处理	数值(N)	8	0		无	无	8	右	未知	输入
2	种植密度	数值(N)	8	0		无	无	8	右	未知	输入
3	商业化肥	数值(N)	8	0		无	无	8	右	未知	输入
4	小区产量	数值(N)	8	0		无	无	8	右	未知	输入

图 5-32

输入数据（图 5-33）。

点击菜单“分析”→“一般线性模型”→“单变量”（图 5-34）。

弹出“单变量”对话框，将“小区产量”选入“因变量”栏，将“种植密度”、“商业化肥”选入“固定因子”栏（图 5-35）。

点击“模型”按钮，打开“模型”子对话框，点击“设定”，分别点击左侧“因子与协变量”栏“种植密度”、“商业化肥”，按“Ctrl”键同时选中“种植密度”和“商业化肥”选到“模型”栏中，按“继续”返回主对话框（图 5-36）。

点击“两两比较”按钮，打开“观测均值的两两比较”子对话框，将要作多重比较的因子“种植密度”、“商业化肥”选入“两两比较检验”栏，并在“假定方差齐性”栏中选定合适的多重比较方法（如“Duncan”），点击“继续”，返回主对话框（图 5-37）。

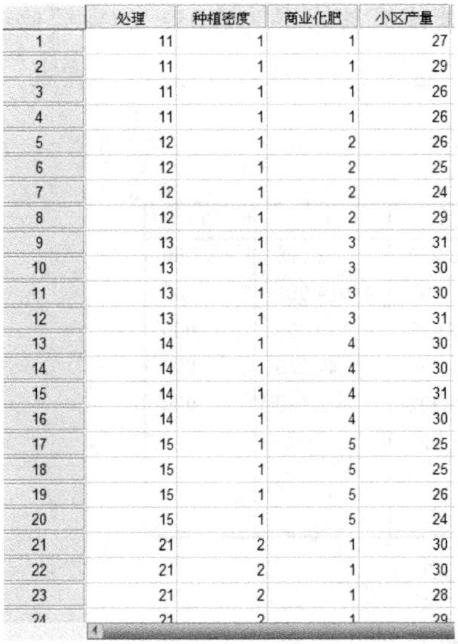

	处理	种植密度	商业化肥	小区产量
1	11	1	1	27
2	11	1	1	29
3	11	1	1	26
4	11	1	1	26
5	12	1	2	26
6	12	1	2	25
7	12	1	2	24
8	12	1	2	29
9	13	1	3	31
10	13	1	3	30
11	13	1	3	30
12	13	1	3	31
13	14	1	4	30
14	14	1	4	30
15	14	1	4	31
16	14	1	4	30
17	15	1	5	25
18	15	1	5	25
19	15	1	5	26
20	15	1	5	24
21	21	2	1	30
22	21	2	1	30
23	21	2	1	28
24	21	2	1	29

图 5-33

图 5-34

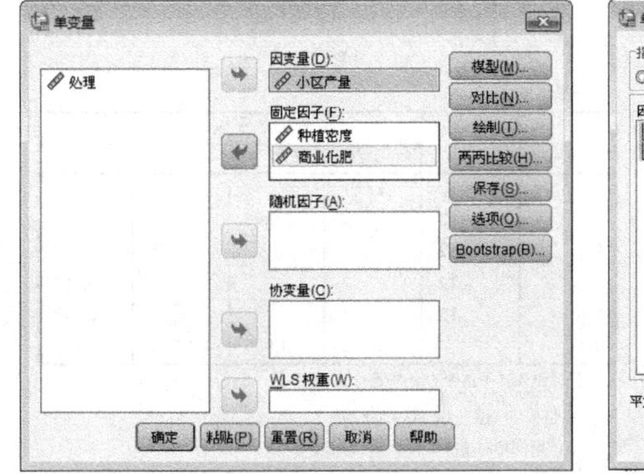

图 5-35

图 5-36

图 5-37

点击“确定”，输出结果（图 5-38）。由于默认显著水平为 0.05，如果要修改为 0.01，则需点击“选项”，修改后点击“继续”返回主对话框，再点击“确定”。

主体间效应的检验

因变量:小区产量

源	III 型平方和	df	均方	F	Sig.
校正模型	573.333[a]	14	40.952	33.506	.000
截距	54601.667	1	54601.667	44674.091	.000
种植密度	315.833	2	157.917	129.205	.000
商业化肥	207.167	4	51.792	42.375	.000
种植密度 * 商业化肥	50.333	8	6.292	5.148	.000
误差	55.000	45	1.222		
总计	55230.000	60			
校正的总计	628.333	59			

a. R 方 = .912（调整 R 方 = .885）

种植密度

同类子集

小区产量

Duncan[a,b]

种植密度	N	子集		
		1	2	3
1	20	27.75		
2	20		29.50	
3	20			33.25
Sig.		1.000	1.000	1.000

已显示同类子集中的组均值。
基于观测到的均值。
误差项为均值方 (错误) = 1.222。

a. 使用调和均值样本大小 = 20.000。
b. Alpha = .05。

商业化肥

同类子集

小区产量

Duncan[a,b]

商业化肥	N	子集			
		1	2	3	4
5	12	27.67			
2	12		28.83		
1	12			29.75	
3	12				32.17
4	12				32.42
Sig.		1.000	1.000	1.000	.582

已显示同类子集中的组均值。
基于观测到的均值。
误差项为均值方 (错误) = 1.222。

a. 使用调和均值样本大小 = 12.000。
b. Alpha = .05。

图 5-38

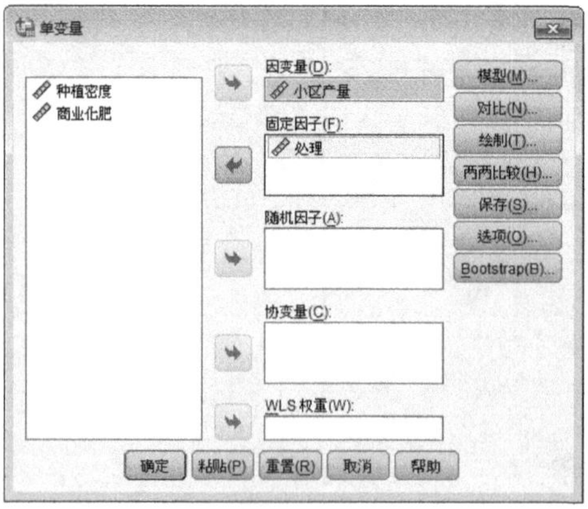

再进行处理（水平组合）间的多重比较，点击菜单“分析”→“一般线性模型”→“单变量”后，将“小区产量”选入“因变量”栏，将“处理”选入“固定因子”栏（图 5-39）。

点击“模型”按钮，打开“模型”子对话框，点击“设定”，点击将左侧“因子与协变量”栏“处理”选入到“模型”栏中，按“继续”返回主对话框（图 5-40）。

图 5-39

点击“两两比较”按钮打开“两两比较”子对话框，将要作多重比较的“因子”栏“处理”选入“两两比较检验”栏，并在“假定方差齐性”栏中选定合适的多重比较方法（如“Duncan”），点击“继续”返回主对话框（图5-41）。

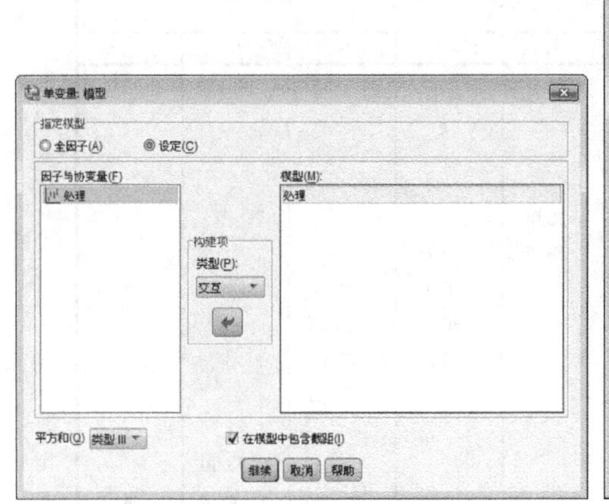

图 5-40

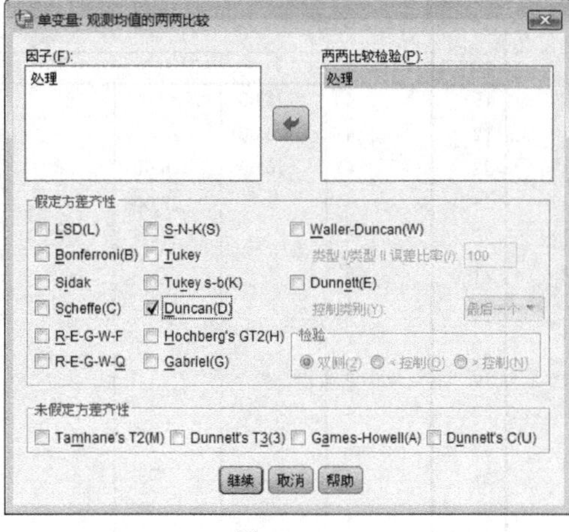

图 5-41

点击“确定”，输出结果（图 5-42）。由于默认显著水平为 0.05，如果要修改为 0.01，则需点击“选项”，修改后点击“继续”返回主对话框，再点击“确定”。

先看方差分析表，如显著则看多重比较表，同一子集中处理的平均数差异不显著，不同子集中处理的平均数差异显著。

主体间效应的检验

因变量:小区产量

源	III 型平方和	df	均方	F	Sig.
校正模型	573.333[a]	14	40.952	33.506	.000
截距	54601.667	1	54601.667	44674.091	.000
处理	573.333	14	40.952	33.506	.000
误差	55.000	45	1.222		
总计	55230.000	60			
校正的总计	628.333	59			

a. R 方 = .912（调整 R 方 = .885）

处理

同类子集

小区产量

Duncan[a,b]

处理	N	子集							
		1	2	3	4	5	6	7	8
15	4	25.00							
12	4	26.00	26.00						
22	4	26.50	26.50	26.50					
11	4		27.00	27.00					
25	4			28.00	28.00				
21	4				29.25	29.25			
35	4					30.00	30.00		
14	4					30.25	30.25		
13	4					30.50	30.50		
23	4						31.00		
24	4							32.75	
31	4							33.00	
32	4							34.00	34.00
34	4							34.25	34.25
33	4								35.00
Sig.		.075	.235	.075	.117	.152	.252	.085	.235

已显示同类子集中的组均值。
基于观测到的均值。
误差项为均值方 (错误) = 1.222。

a. 使用调和均值样本大小 = 4.000。
b. Alpha = 0.05。

图 5-42

2.3 单因素随机区组设计试验的方差分析

【例 5-5】 有一水稻品种比较试验，供试品种 6 个，4 次重复，随机区组排列，各小区产量见图 5-43，对结果进行方差分析。

定义变量（图 5-43）。

	名称	类型	宽度	小数	标签	值	缺失	列	对齐	度量标准	角色
1	品种	数值(N)	8	0		无	无	8	右	未知	输入
2	区组	数值(N)	8	0		无	无	8	右	未知	输入
3	小区产量	数值(N)	8	1		无	无	8	右	未知	输入

图 5-43

输入数据（图 5-44）。

点击菜单“分析”→“一般线性模型”→“单变量”（图 5-45）。

	品种	区组	小区产量
1	1	1	15.3
2	1	2	14.9
3	1	3	16.2
4	1	4	16.2
5	2	1	18.0
6	2	2	17.6
7	2	3	18.6
8	2	4	18.3
9	3	1	16.6
10	3	2	17.8
11	3	3	17.6
12	3	4	17.8
13	4	1	16.4
14	4	2	17.3
15	4	3	17.3
16	4	4	17.8
17	5	1	13.7
18	5	2	13.6
19	5	3	13.9
20	5	4	14.0
21	6	1	17.0
22	6	2	17.6
23	6	3	18.2
24	6	4	17.5

图 5-44

图 5-45

弹出“单变量”对话框，将“小区产量”选入“因变量”栏，将“品种”、“区组”选入“固定因子”栏（图 5-46）。

点击“模型”按钮，打开“模型”子对话框，点击“设定”，点击将左侧“因子与协变量”栏“品种”、“区组”选入到“模型”栏中，点击“继续”返回主对话框（图 5-47）。

点击“两两比较”按钮，打开“观测均值的两两比较”子对话框，将要作多重比较的“因子”栏中“品种”选入“两两比较检验”栏，并在“假定方差齐性”栏中选定合适的多重比较方法（如“Duncan”），点击“继续”返回主对话框（图 5-48）。

图 5-46

点击“确定”，输出结果（图 5-49）。由于默认显著水平为 0.05，如果要修改为 0.01，则需点击“选项”，修改后点击“继续”返回主对话框，再点击“确定”。

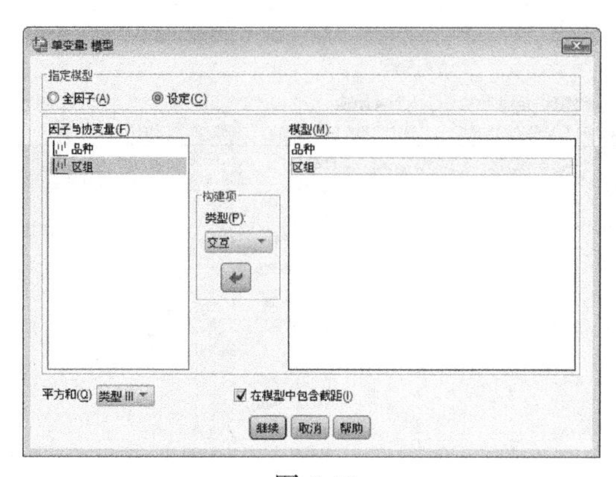

图 5-47

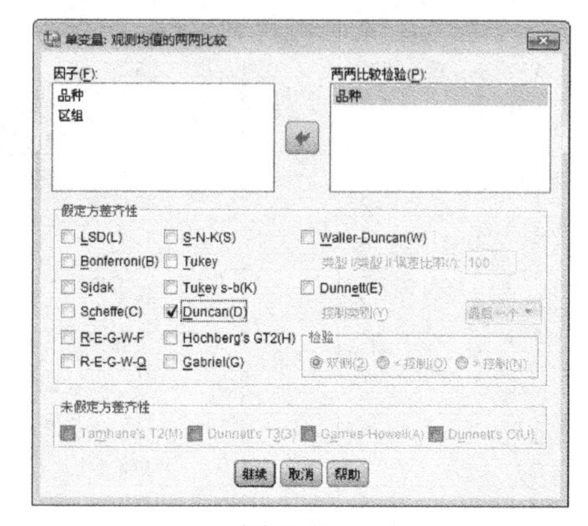

图 5-48

主体间效应的检验

因变量:小区产量

源	III 型平方和	df	均方	F	Sig.
校正模型	55.058[a]	8	6.882	51.747	.000
截距	6640.027	1	6640.027	49925.013	.000
品种	52.378	5	10.476	78.764	.000
区组	2.680	3	.893	6.717	.004
误差	1.995	15	.133		
总计	6697.080	24			
校正的总计	57.053	23			

a. R 方 = .965（调整 R 方 = .946）

品种

同类子集

小区产量

Duncan[a,b]

品种	N	子集			
		1	2	3	4
5	4	13.800			
1	4		15.650		
4	4			17.200	
3	4			17.450	
6	4			17.575	
2	4				18.125
Sig.		1.000	1.000	.187	1.000

已显示同类子集中的组均值。
基于观测到的均值。
误差项为均值方 (错误) = .133。

a. 使用调和均值样本大小 = 4.000。
b. Alpha = 0.05。

图 5-49

例5-5中，不同品种的平均产量差异显著，品种2的平均产量最高，其次为品种6、

3、4，三者两两差异不显著，再次为品种 1，品种 5 的平均产量最低。如检验差异是否极显著，则重复上面的操作步骤，点击“选项”按钮后，将显著水平 0.05 修改为 0.01，其他步骤与上相同。

3. 作图

3.1　简单直方图

【例 5-6】　某次试验结果如表 5-5 所示。

定义变量，并输入数据。

点击菜单“图形”→“旧对话框”→“条形图”（图 5-50）。

弹出如图 5-51 所示对话窗口。

表 5-5

处理	平均值
1	7.00
2	12.00
3	15.30
4	4.70

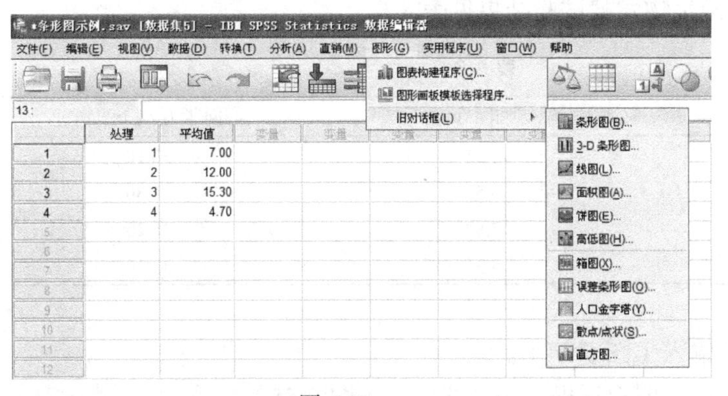

图 5-50

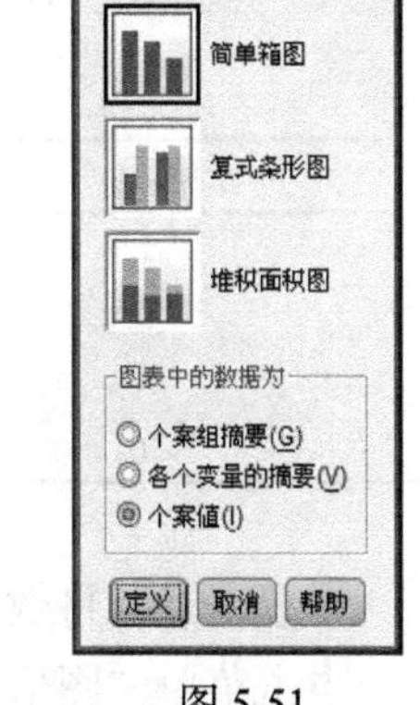

图 5-51

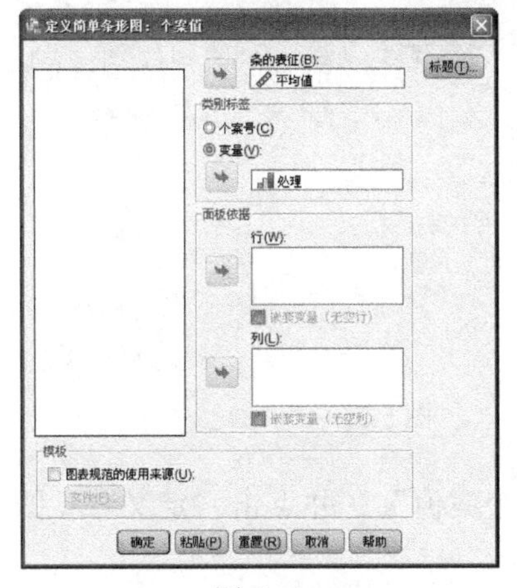

图 5-52

选择“简单箱图”→“个案值”，点击“定义”，弹出如图 5-52 所示窗口，并分别设置“条的表征”为“平均值”，“变量”为“处理”。

点击“确定”，结果如图 5-53 所示。

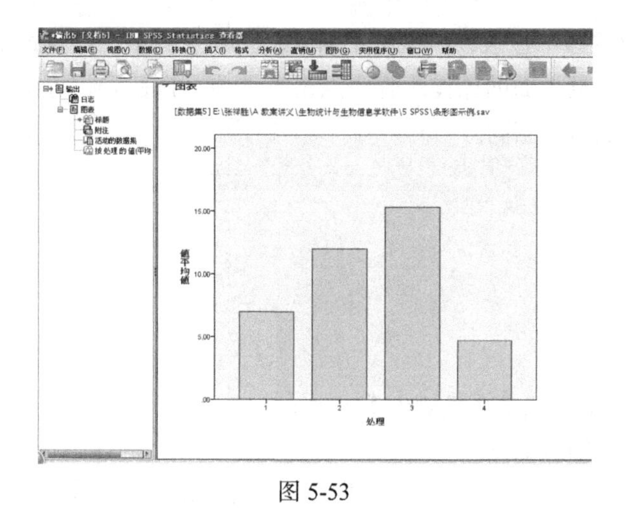

图 5-53

3.2 折线图

【例 5-7】 某次微生物发酵试验结果见表 5-6。

表 5-6

接种量 /%	排油圈 /mm	表面张力 /（mN/m）
1	4.26	36.10
3	4.58	34.80
5	7.82	28.20
10	5.35	32.10

设置变量，将数据输入（图 5-54）。

点击菜单“图形”→“旧对话框”→“线图”（图 5-55）。

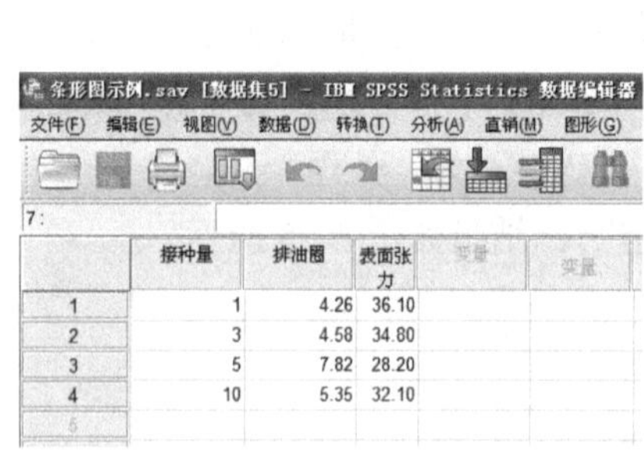

图 5-54

图 5-55

弹出对话框后，选择“多线线图”，勾选“个案值”，并点击“定义”（图 5-56）。

弹出对话框后，分别设置“线的表征”和“类别标签”，如图 5-57 所示。

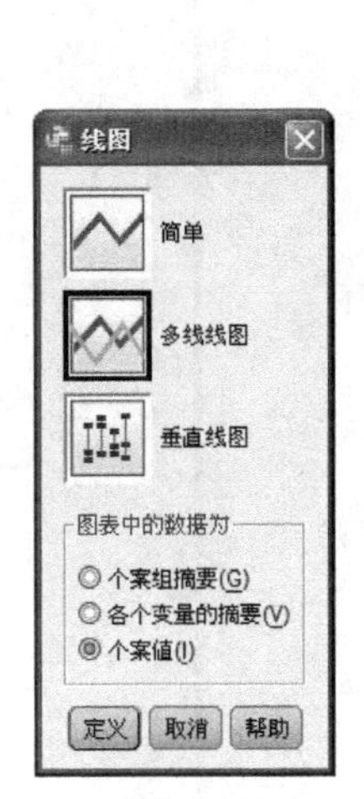

图 5-56

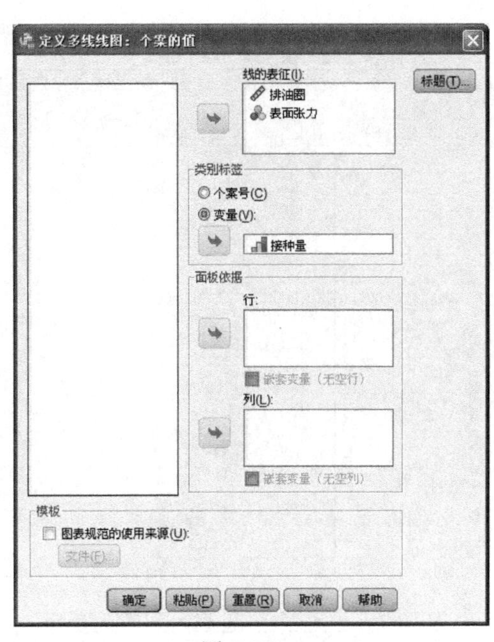

图 5-57

点击“确定”，结果如图 5-58 所示。

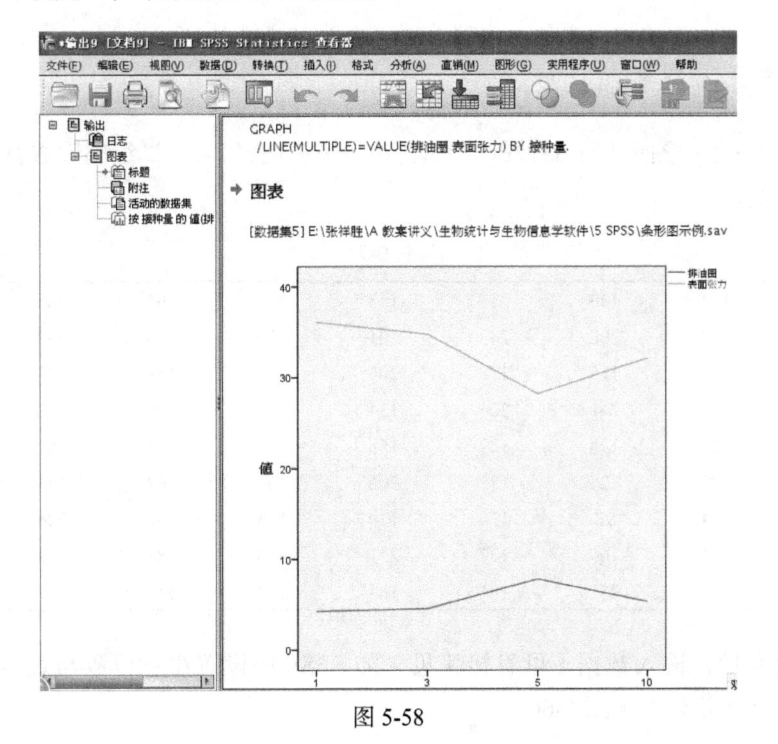

图 5-58

双击折线图，打开图表编辑器，对线型进行设置，则结果如图 5-59 所示。

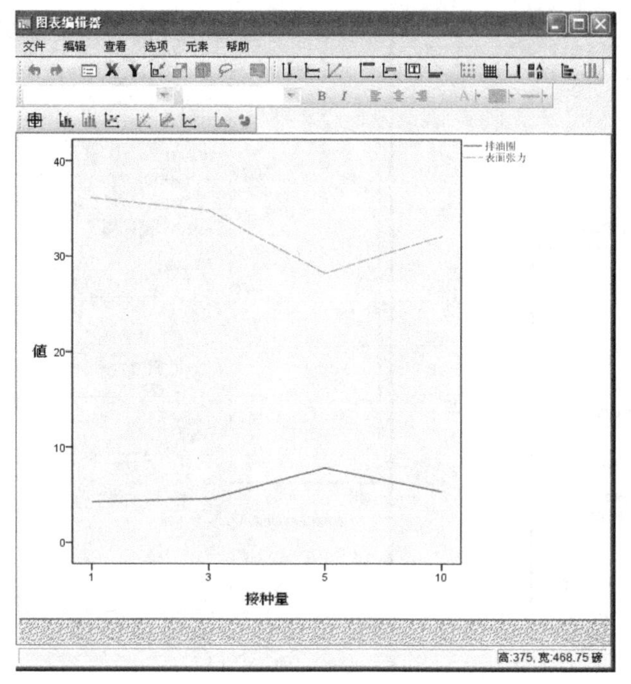

图 5-59

3.3 频率直方图

【例 5-8】 测定某个品种的玉米株高（cm）见表 5-7，试绘制频数直方图并显示正态曲线。

表 5-7

220	184	130	237	153	137	163	166	182
176	169	208	243	201	279	214	132	201
200	223	185	198	201	197	181	183	135
169	189	241	206	134	179	139	132	171
156	226	138	129	158	188	205	192	110
199	197	226	185	206	164	167	184	246
189	214	98	176	129	188	161	226	199
175	169	166	177	221	253	184	178	161
118	159	251	181	164	153	246	197	155

设置变量，输入数据（可直接拷贝，如 SPSS 中设置小数位数与表 5-7 不同，则数值会存在差异）（图 5-60）。

点击“分析”→“描述统计”→“频率”（图5-61）。

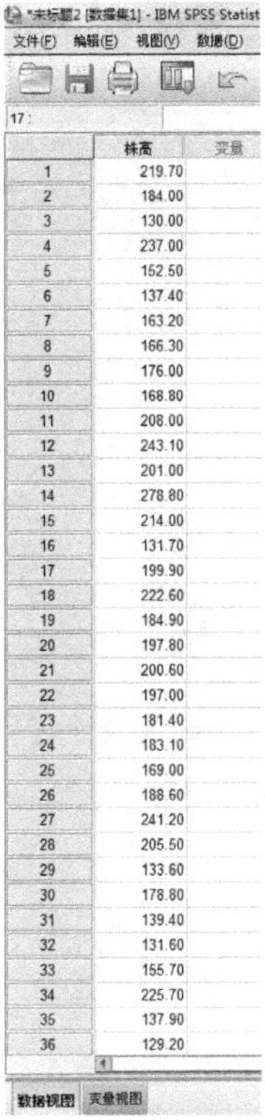

*未标题2 [数据集1] - IBM SPSS Statist
文件(F) 编辑(E) 视图(V) 数据(D)
17 :
株高 变量
1 219.70
2 184.00
3 130.00
4 237.00
5 152.50
6 137.40
7 163.20
8 166.30
9 176.00
10 168.80
11 208.00
12 243.10
13 201.00
14 278.80
15 214.00
16 131.70
17 199.90
18 222.60
19 184.90
20 197.80
21 200.60
22 197.00
23 181.40
24 183.10
25 169.00
26 188.60
27 241.20
28 205.50
29 133.60
30 178.80
31 139.40
32 131.60
33 155.70
34 225.70
35 137.90
36 129.20
数据视图 变量视图

图 5-60

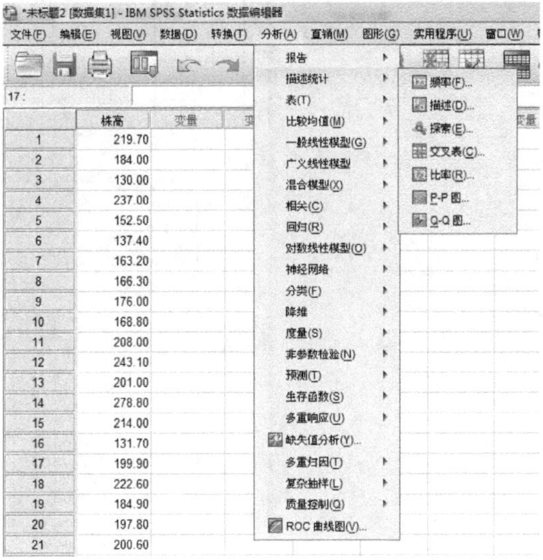

*未标题2 [数据集1] - IBM SPSS Statistics 数据编辑器
文件(F) 编辑(E) 视图(V) 数据(D) 转换(T) 分析(A) 直销(M) 图形(G) 实用程序(U) 窗口(W)
报告
描述统计
表(T)
比较均值(M)
一般线性模型(G)
广义线性模型
混合模型(X)
相关(C)
回归(R)
对数线性模型(O)
神经网络
分类(F)
降维
度量(S)
非参数检验(N)
预测(T)
生存函数(S)
多重响应(U)
缺失值分析(Y)...
多重归因(T)
复杂抽样(L)
质量控制(Q)
ROC 曲线图(V)...
频率(F)...
描述(D)...
探索(E)...
交叉表(C)...
比率(R)...
P-P 图...
Q-Q 图...
17 :
株高 变量
1 219.70
2 184.00
3 130.00
4 237.00
5 152.50
6 137.40
7 163.20
8 166.30
9 176.00
10 168.80
11 208.00
12 243.10
13 201.00
14 278.80
15 214.00
16 131.70
17 199.90
18 222.60
19 184.90
20 197.80
21 200.60

图 5-61

弹出对话框（图5-62）。

点击图5-62对话框中的“图表”按钮，打开如图5-63所示对话框。

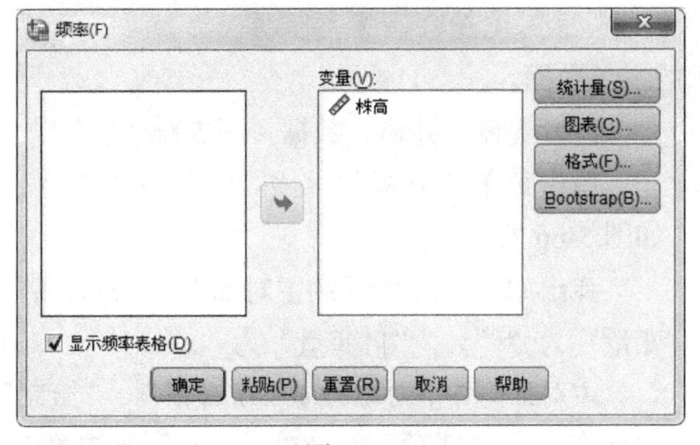

频率(F)
变量(V):
株高
统计量(S)...
图表(C)...
格式(F)...
Bootstrap(B)...
显示频率表格(D)
确定
粘贴(P)
重置(R)
取消
帮助

图 5-62

频率: 图表
图表类型
无
条形图(B)
饼图(P)
直方图(H):
在直方图上显示正态曲线(S)
图表值
频率(F)
百分比(C)
继续
取消
帮助

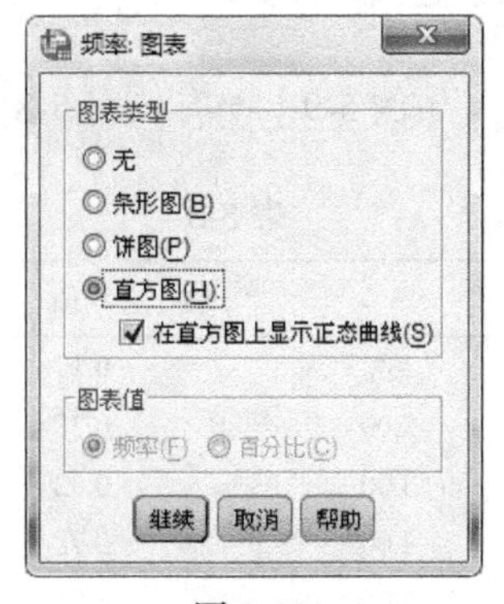

图 5-63

勾选“直方图”和“在直方图上显示正态曲线”，点击“继续”回到原来的“频率”对话框，点击“确定”，得到如图5-64所示结果。

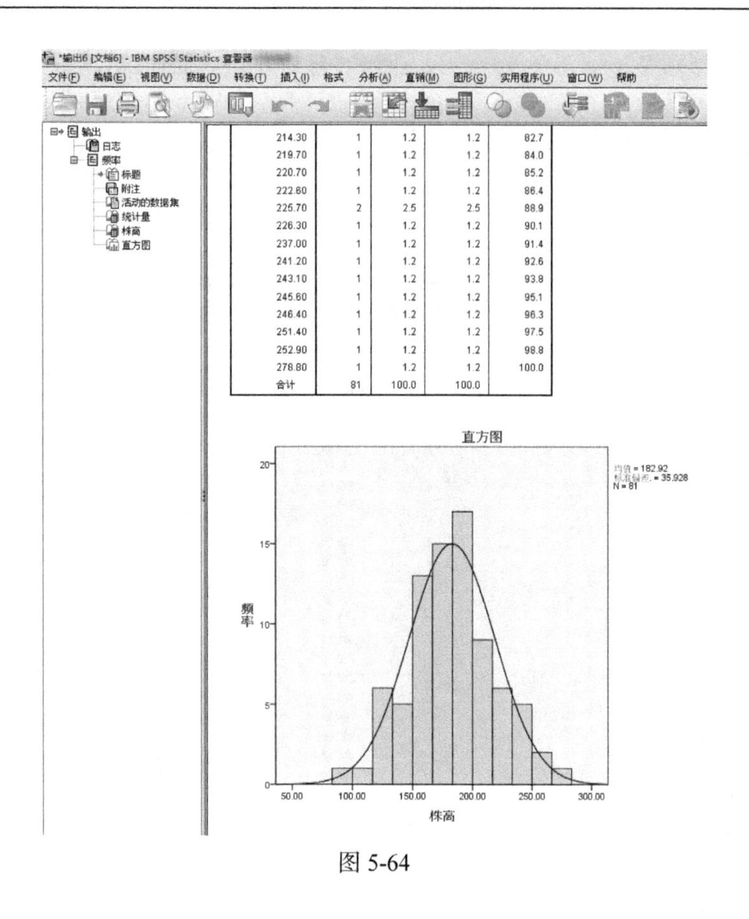

214.30	1	1.2	1.2	82.7
219.70	1	1.2	1.2	84.0
220.70	1	1.2	1.2	85.2
222.60	1	1.2	1.2	86.4
225.70	2	2.5	2.5	88.9
226.30	1	1.2	1.2	90.1
237.00	1	1.2	1.2	91.4
241.20	1	1.2	1.2	92.6
243.10	1	1.2	1.2	93.8
245.60	1	1.2	1.2	95.1
246.40	1	1.2	1.2	96.3
251.40	1	1.2	1.2	97.5
252.90	1	1.2	1.2	98.8
278.80	1	1.2	1.2	100.0
合计	81	100.0	100.0	

图 5-64

4. 直线回归

【例 5-9】 有如表 5-8 所示的一组数据。

表 5-8

	均值
1.00	0.17
2.00	0.38
3.00	0.62
4.00	0.78
5.00	1.05

设置变量，并输入数据（图 5-65）。

单击菜单“分析”→“回归”→“线性”，如图 5-66 所示。

弹出如图 5-67 所示的主对话框，分别设置“因变量”为“y”，“自变量”为“x”。

主对话框中，可以设置“统计量”、“绘制”、“保存”、“选项”、“Bootstrap”等参数，初学者也可以不去设置，待熟练后再慢慢体会这些设置的操作和用途。

点击“确定”，结果如图 5-68 所示。

图 5-65　　　　图 5-66

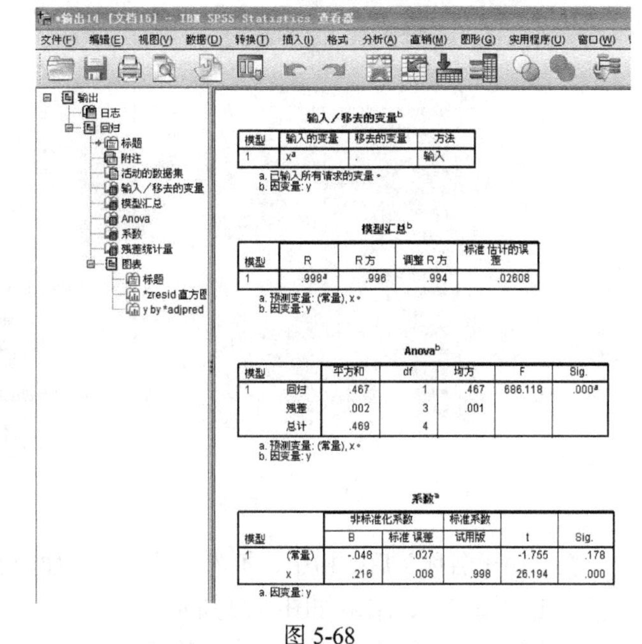

输入/移去的变量[b]

模型	输入的变量	移去的变量	方法
1	x[a]	.	输入

a. 已输入所有请求的变量。
b. 因变量: y

模型汇总[b]

模型	R	R方	调整R方	标准 估计的误差
1	.998[a]	.996	.994	.02608

a. 预测变量: (常量), x。
b. 因变量: y

Anova[b]

模型		平方和	df	均方	F	Sig.
1	回归	.467	1	.467	686.118	.000[a]
	残差	.002	3	.001		
	总计	.469	4			

a. 预测变量: (常量), x。
b. 因变量: y

系数[a]

模型		非标准化系数		标准系数	t	Sig.
		B	标准 误差	试用版		
1	(常量)	-.048	.027		-1.755	.178
	x	.216	.008	.998	26.194	.000

a. 因变量: y

图 5-67　　　　图 5-68

由以上结果可知，回归方程为：y=0.216x−0.048，r^2=0.996，P<0.001，自变量与因变量的线性关系显著。

5. 正交表的生成

【例 5-10】 有表 5-9 用于正交设计的因素水平表。

表 5-9 正交试验因素水平表

水平	因素		
	A 碳源 / (g/L)	B 氮源 / (g/L)	C 酵母粉 / (g/L)
1	1	2	0.5
2	3	3	1
3	5	4	1.5

用 SPSS 创建正交表的操作如下所示。

新建一个窗口，点击“数据”→“正交设计”→“生成”，如图 5-69 所示。

弹出对话框（图 5-70）。

图 5-69

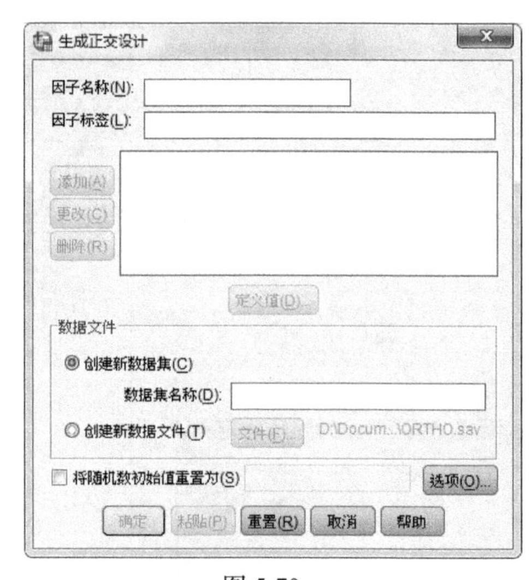

图 5-70

在“因子名称”后空格中，填入“碳源”，如图 5-71 所示。

单击“添加”，结果如图 5-72 所示。

依次添加另外两个因素，并将“数据集名称”命名为“正交设计”，如图 5-73 所示。

选择碳源，激活并点击“定义值”按钮（图 5-74）。

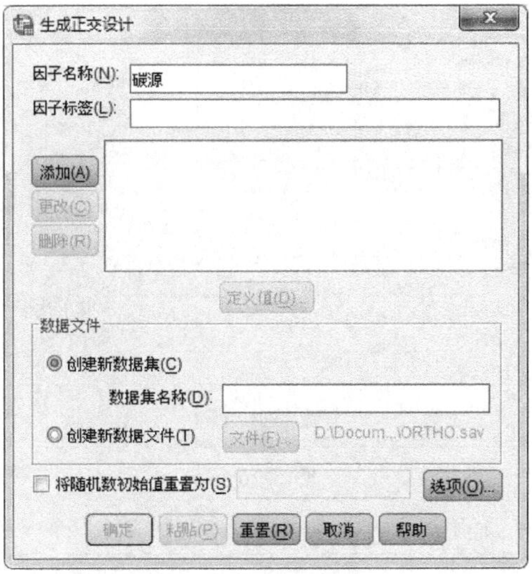

生成正交设计

因子名称(N): 碳源

因子标签(L):

添加(A)
更改(C)
删除(R)

定义值(D)...

数据文件

创建新数据集(C)

数据集名称(D):

创建新数据文件(T) 文件(F)... D:\Docum...\ORTHO.sav

将随机数初始值重置为(S)

选项(O)...

确定 粘贴(P) 重置(R) 取消 帮助

图 5-71

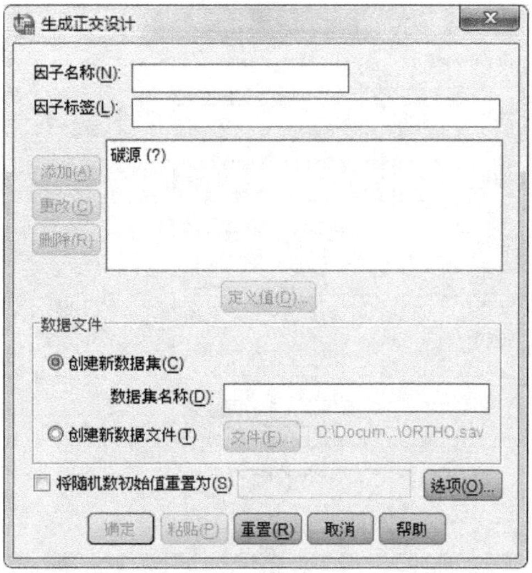

生成正交设计

因子名称(N):

因子标签(L):

添加(A)
更改(C)
删除(R)

碳源 (?)

定义值(D)...

数据文件

创建新数据集(C)

数据集名称(D):

创建新数据文件(T) 文件(F)... D:\Docum...\ORTHO.sav

将随机数初始值重置为(S)

选项(O)...

确定 粘贴(P) 重置(R) 取消 帮助

图 5-72

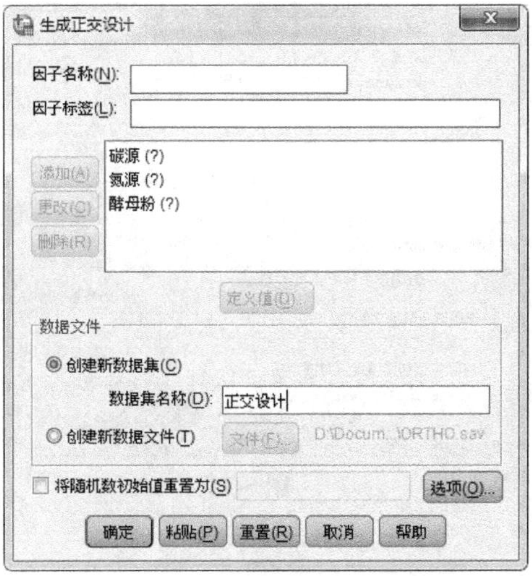

生成正交设计

因子名称(N):

因子标签(L):

添加(A)
更改(C)
删除(R)

碳源 (?)
氮源 (?)
酵母粉 (?)

定义值(D)...

数据文件

创建新数据集(C)

数据集名称(D): 正交设计

创建新数据文件(T) 文件(F)... D:\Docum...\ORTHO.sav

将随机数初始值重置为(S)

选项(O)...

确定 粘贴(P) 重置(R) 取消 帮助

图 5-73

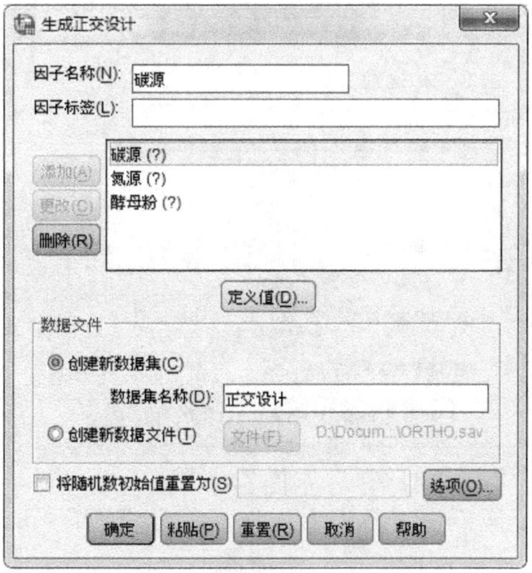

生成正交设计

因子名称(N): 碳源

因子标签(L):

添加(A)
更改(C)
删除(R)

碳源 (?)
氮源 (?)
酵母粉 (?)

定义值(D)...

数据文件

创建新数据集(C)

数据集名称(D): 正交设计

创建新数据文件(T) 文件(F)... D:\Docum...\ORTHO.sav

将随机数初始值重置为(S)

选项(O)...

确定 粘贴(P) 重置(R) 取消 帮助

图 5-74

弹出如图 5-75 所示对话框。

依次输入设定好的水平，如图 5-76 所示。

点击“继续”，回到主对话框（图 5-77）。

依次设置另外两个因素的水平（图 5-78）。

点击“确定”，则生成正交表（新窗口）（图 5-79）。

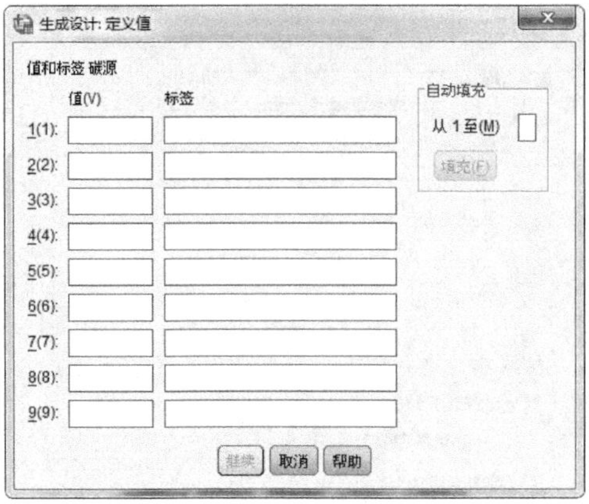

图 5-75

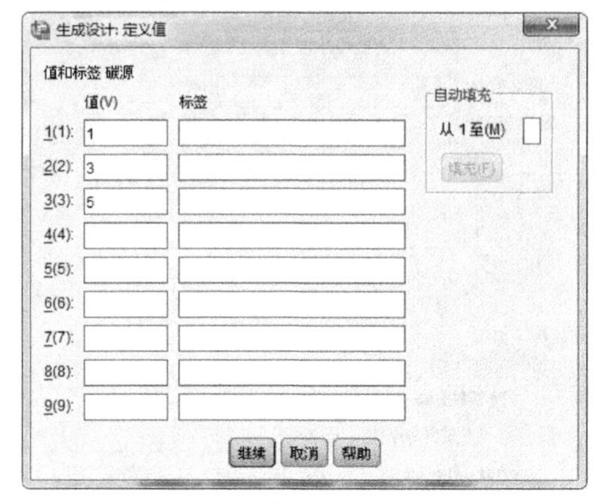

图 5-76

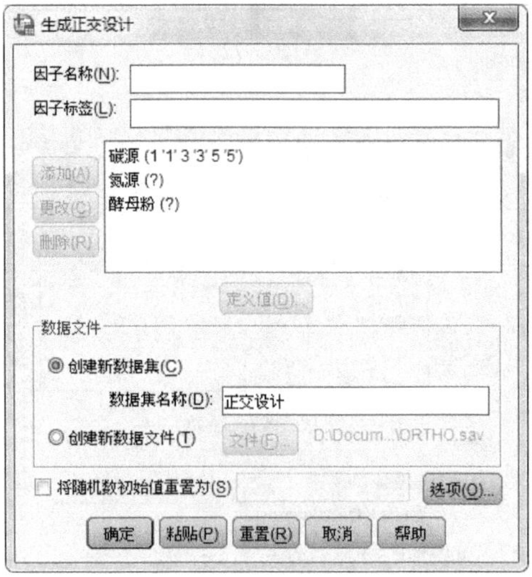

图 5-77

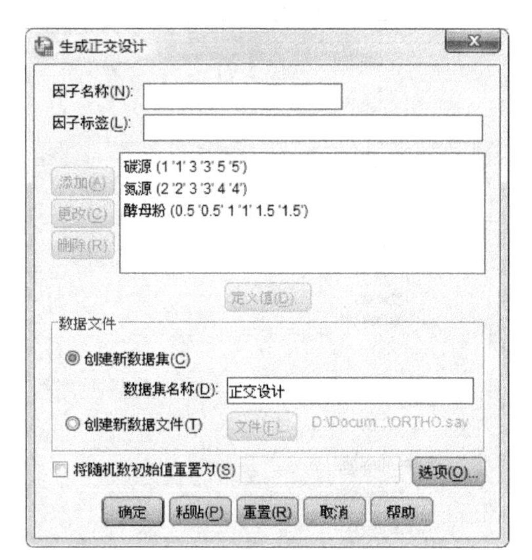

图 5-78

	碳源	氮源	酵母粉	STATUS_	CARD_	变量
1	5.00	2.00	1.00	0	1	
2	3.00	4.00	1.00	0	2	
3	1.00	4.00	1.50	0	3	
4	1.00	3.00	1.00	0	4	
5	5.00	4.00	.50	0	5	
6	1.00	2.00	.50	0	6	
7	5.00	3.00	1.50	0	7	
8	3.00	2.00	1.50	0	8	
9	3.00	3.00	.50	0	9	
10						
11						

图 5-79

根据正交表实施试验，获得试验结果后，双击“CARD”之后的“变量”，定义变量名为“结果”，如图 5-80 所示。

输入试验结果（图 5-81）。

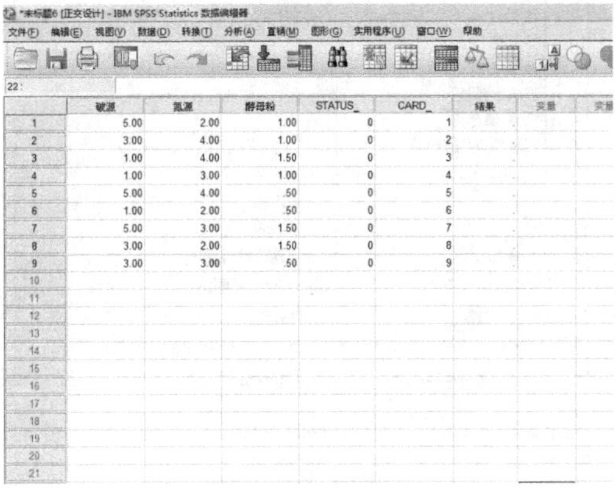

	碳源	氮源	酵母粉	STATUS_	CARD_	结果
1	5.00	2.00	1.00	0	1	
2	3.00	4.00	1.00	0	2	
3	1.00	4.00	1.50	0	3	
4	1.00	3.00	1.00	0	4	
5	5.00	4.00	.50	0	5	
6	1.00	2.00	.50	0	6	
7	5.00	3.00	1.50	0	7	
8	3.00	2.00	1.50	0	8	
9	3.00	3.00	.50	0	9	

图 5-80

	碳源	氮源	酵母粉	STATUS_	CARD_	结果
1	5.00	2.00	1.00	0	1	12.00
2	3.00	4.00	1.00	0	2	15.00
3	1.00	4.00	1.50	0	3	21.00
4	1.00	3.00	1.00	0	4	18.00
5	5.00	4.00	.50	0	5	11.00
6	1.00	2.00	.50	0	6	9.00
7	5.00	3.00	1.50	0	7	12.00
8	3.00	2.00	1.50	0	8	15.00
9	3.00	3.00	.50	0	9	18.00

图 5-81

点击菜单“分析”→“一般线性模型”→“单变量”，如图 5-82 所示。

将“结果”导入“因变量”栏中，将“碳源”、“氮源”和“酵母粉”3 个因素导入“固定因子”栏中（图 5-83）。

图 5-82

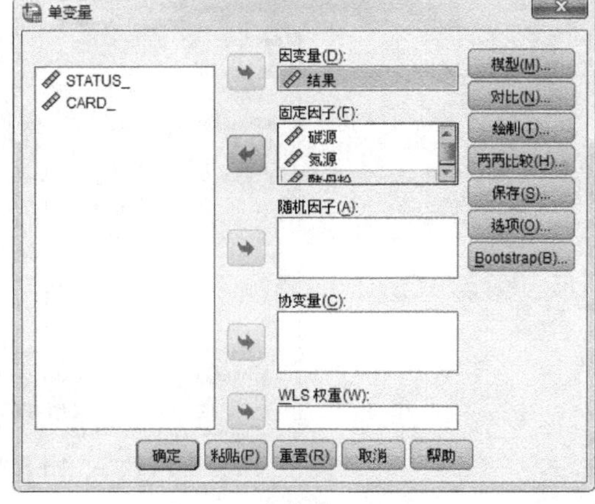

图 5-83

点击“选项”，弹出如图 5-84 所示对话框。

在“显示均值”中将“碳源”、“氮源”和“酵母粉”导入（图 5-85）。

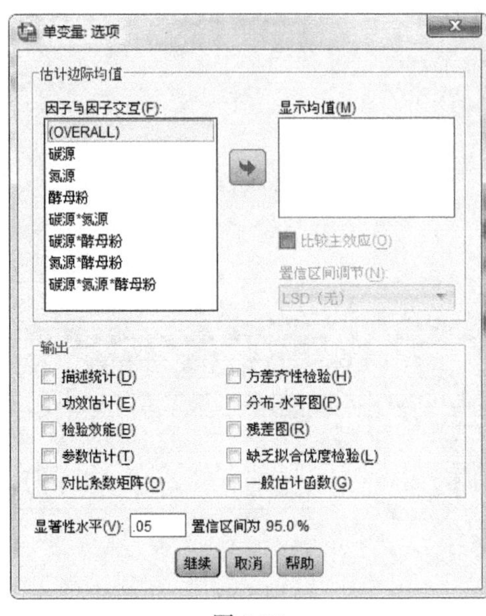

图 5-84

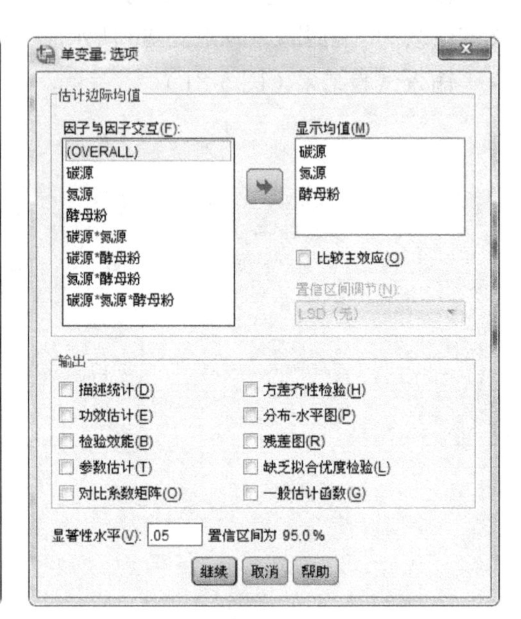

图 5-85

点击“继续”，回到原来的主对话框，继续单击“模型(M)...”。

勾选“设定”，在“模型”中将“碳源”、“氮源”和“酵母粉”导入（图 5-86）。

图 5-86

单击“继续”，回到主对话框，并单击“确定”。

得到如图 5-87 所示结果。

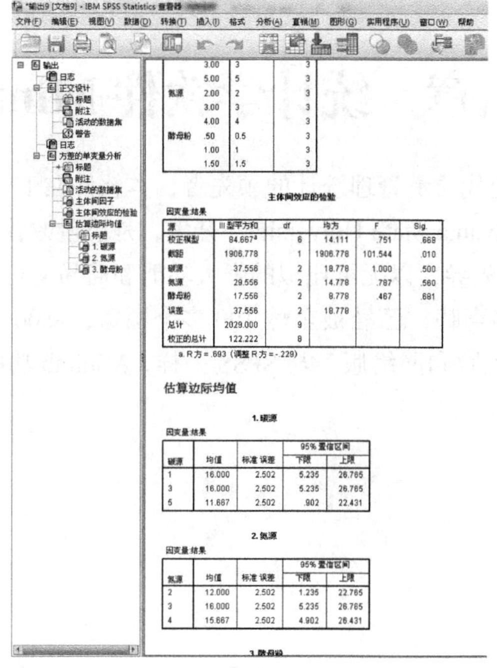

	3.00	3	3
	5.00	5	3
氮源	2.00	2	3
	3.00	3	3
	4.00	4	3
酵母粉	.50	0.5	3
	1.00	1	3
	1.50	1.5	3

主体间效应的检验

因变量:结果

源	III 型平方和	df	均方	F	Sig.
校正模型	84.667[a]	6	14.111	.751	.668
截距	1906.778	1	1906.778	101.544	.010
碳源	37.556	2	18.778	1.000	.500
氮源	29.556	2	14.778	.787	.560
酵母粉	17.556	2	8.778	.467	.681
误差	37.556	2	18.778		
总计	2029.000	9			
校正的总计	122.222	8			

a. R 方 = .693（调整 R 方 = -.229）

估算边际均值

1. 碳源

因变量:结果

碳源	均值	标准 误差	95% 置信区间	
			下限	上限
1	16.000	2.502	5.235	26.765
3	16.000	2.502	5.235	26.765
5	11.667	2.502	.902	22.431

2. 氮源

因变量:结果

氮源	均值	标准 误差	95% 置信区间	
			下限	上限
2	12.000	2.502	1.235	22.765
3	16.000	2.502	5.235	26.765
4	15.667	2.502	4.902	26.431

3. 酵母粉

图 5-87

（张祥胜、秦耀国）

第六章　统计学软件 Minitab

Minitab 软件是现代质量管理统计的领先者，本软件在 1972 年由美国宾夕法尼亚州立大学（Pennsylvania State University）开发，是质量改善、教育和研究应用领域提供统计和服务的先导，以无可比拟的强大功能和简易的可视化操作深受广大质量学者和统计专家的青睐，已经被全球 100 多个国家，4800 多所高校广泛使用。Minitab 安装分为单机版和网络版。与 SPSS 一样，Minitab 功能强大，本章主要简单介绍一些常用操作。

1. 数据操作

1.1　生成数据

【例 6-1】　生成一组随机数据，要求：平均值 150，标准偏差 5，数据个数 100。

点击菜单“计算”→“随机数据”→“正态”，如图 6-1 所示。

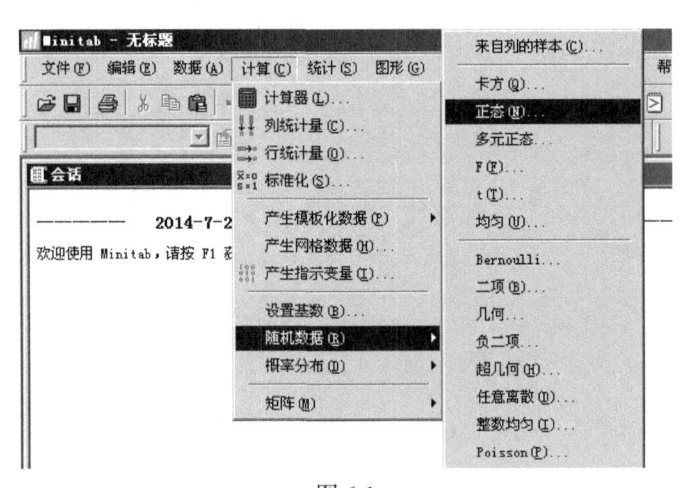

图 6-1

弹出如图 6-2 所示窗口，依次输入相关参数：“100”、“C1”、“150”和“5”。点击“确定”，得到如图 6-3 所示列表。

正态分布
要生成的数据行数(G):
100
存储于列(S):
C1
均值(M):
150
标准差(T):
5
选择
帮助
确定(O)
取消

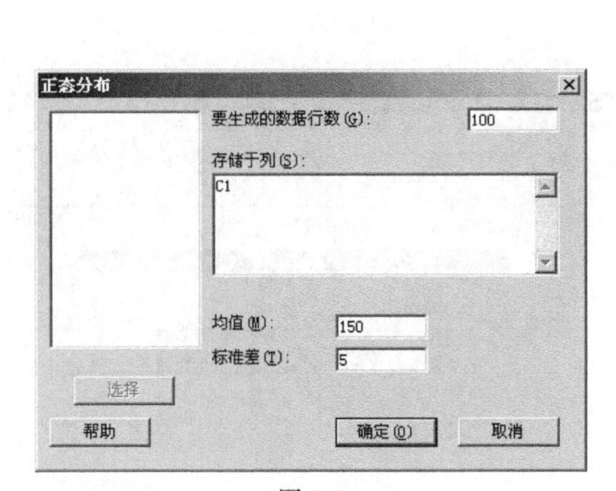

图 6-2

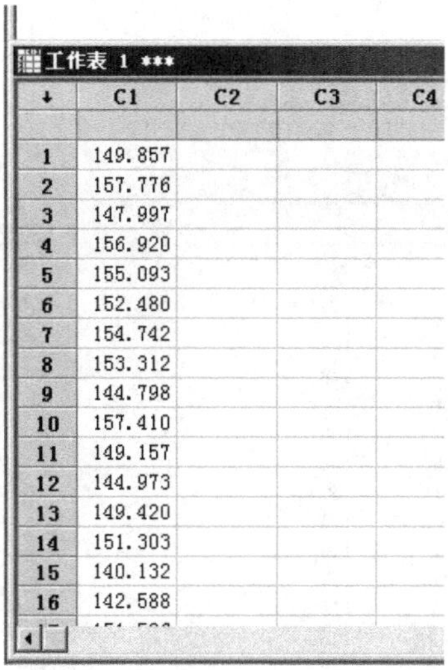

工作表 1 ***
C1
C2
C3
C4
1 149.857
2 157.776
3 147.997
4 156.920
5 155.093
6 152.480
7 154.742
8 153.312
9 144.798
10 157.410
11 149.157
12 144.973
13 149.420
14 151.303
15 140.132
16 142.588

图 6-3

如果设置小数点，则选定数据后右单击即可，如图 6-4 所示。

弹出如图 6-5 所示窗口，设置小数位即可。

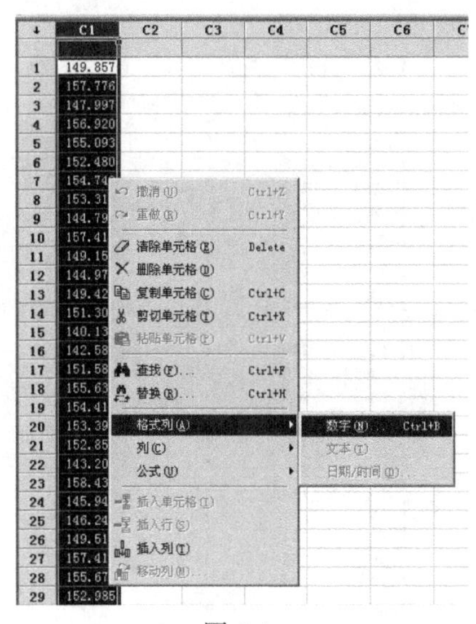

C1
C2
C3
C4
C5
C6
1 149.857
2 157.776
3 147.997
4 156.920
5 155.093
6 152.480
29 152.985
撤消(U) Ctrl+Z
重做(R) Ctrl+Y
清除单元格(E) Delete
删除单元格(D)
复制单元格(C) Ctrl+C
剪切单元格(T) Ctrl+X
粘贴单元格(P) Ctrl+V
查找(F)... Ctrl+F
替换(R)... Ctrl+H
格式列(A)
列(C)
公式(U)
插入单元格(I)
插入行(S)
插入列(T)
移动列(M)...
数字(N)... Ctrl+B
文本(T)
日期/时间(D)...

图 6-4

数字格式 C1
类别:
自动(A)
固定小数(F)
指数(E)
货币(U)
百分比(P)
样本
1234
小数位(D):
0
帮助
确定(O)
取消

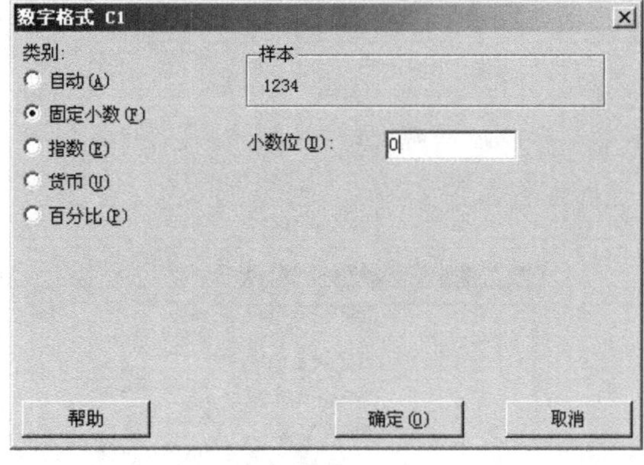

图 6-5

单击“确定”后，结果如图 6-6 所示。

【例 6-2】　生成一组有规律的数据，要求：最小值 1，最大值 10，每个数字出现 3 次，整个数列只出现 1 次。

点击菜单“计算”→“产生模板化数据”→“简单数集”（图 6-7）。

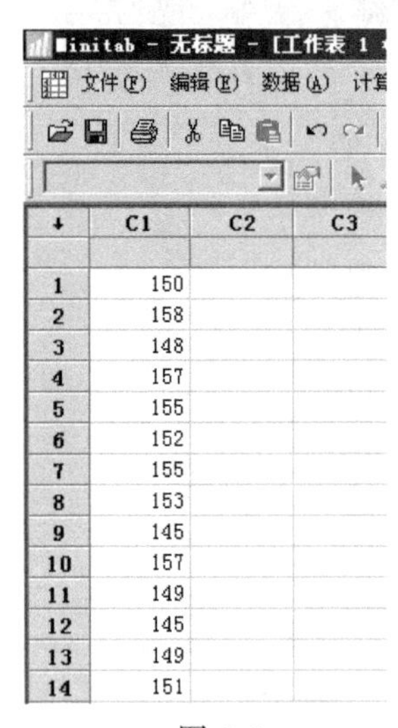

图 6-6

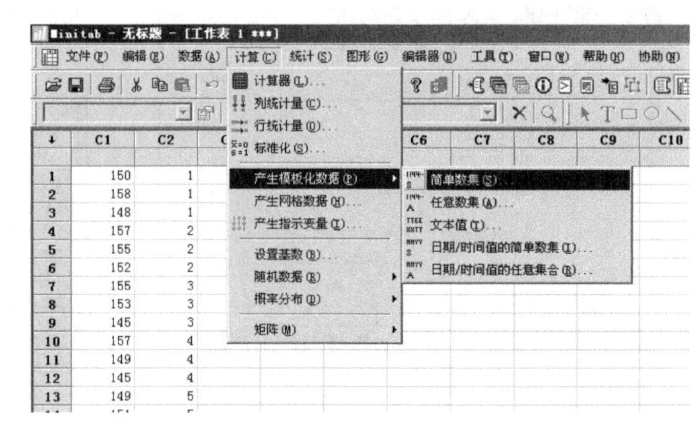

图 6-7

在打开的对话框中输入相应的参数（图 6-8）。

点击“确定”，最后生成数据如图 6-9 所示。

简单数集

C1

将模板数据存储在(S): C2

从第一个值(F): 1

至最后一个值(T): 10

步长为(I): 1

列出各项值的重复次数(V): 3

列出各序列的重复次数(Q): 1

选择 帮助 确定(O) 取消

图 6-8

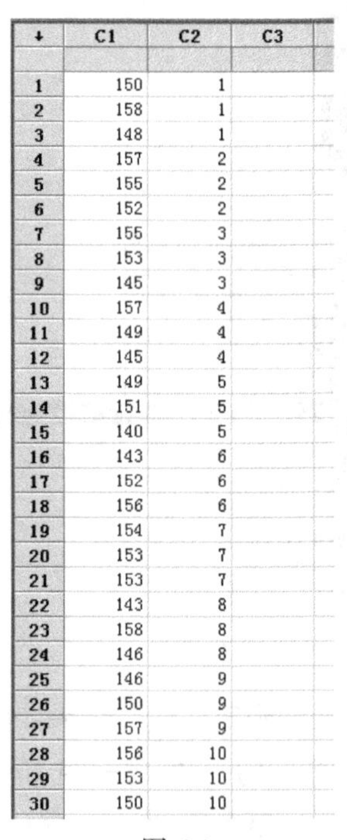

↓	C1	C2	C3
1	150	1	
2	158	1	
3	148	1	
4	157	2	
5	155	2	
6	152	2	
7	155	3	
8	153	3	
9	145	3	
10	157	4	
11	149	4	
12	145	4	
13	149	5	
14	151	5	
15	140	5	
16	143	6	
17	152	6	
18	156	6	
19	154	7	
20	153	7	
21	153	7	
22	143	8	
23	158	8	
24	146	8	
25	146	9	
26	150	9	
27	157	9	
28	156	10	
29	153	10	
30	150	10	

图 6-9

1.2 数据的合并

【例 6-3】　将表 6-1 中的 A ～ D 4 列数据合并成一列。

表 6-1

	A	B	C	D
1	Y	C	T	U
2	Y	C	T	U
3	Y	C	T	U
4	Y	C	T	U

点击菜单“数据”→“合并”（图 6-10）。

在打开的对话框中进行设置（图 6-11）。

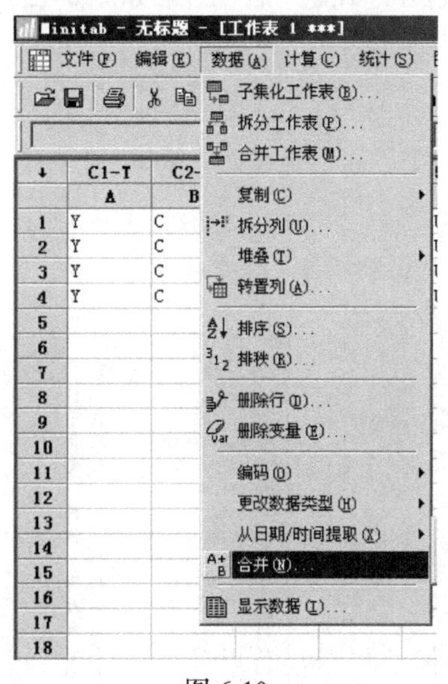

图 6-10

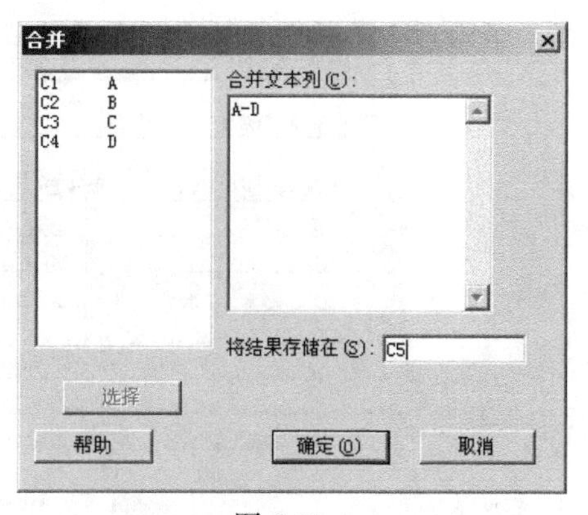

图 6-11

点击“确定”后，结果如图 6-12 所示，在 C5 列生成了 4 列合并后的数据。

C1-T	C2-T	C3-T	C4-T	C5-T
A	B	C	D	
Y	C	T	U	YCTU
Y	C	T	U	YCTU
Y	C	T	U	YCTU
Y	C	T	U	YCTU

图 6-12

1.3 数据转换为代码

【例 6-4】 某课程期末成绩如下（略），将成绩转换成优、良、中、差，其中 90～100 为优，80～89 为良，60～79 为中，60 以下为差。

点击菜单“数据”→“编码”→“数字到文本”（图 6-13）。

在生成的对话框中设置参数，如图 6-14 所示。

点击“确定”后，结果如图 6-15 所示。

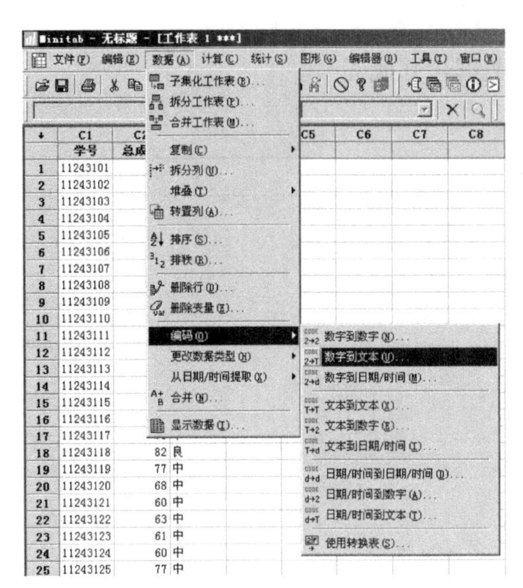

图 6-13

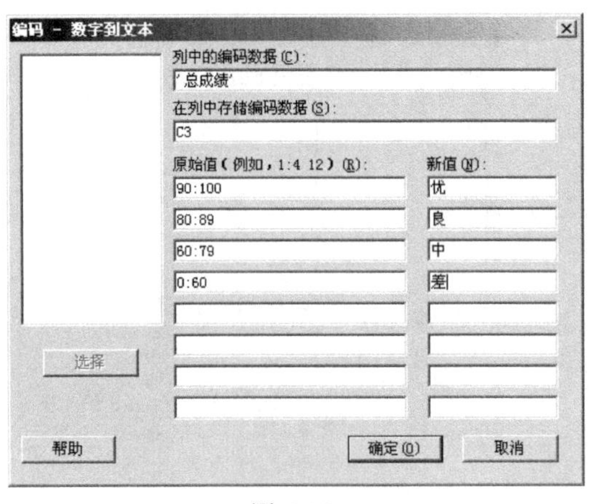

图 6-14

↓	C1	C2	C3-T
	学号	总成绩	
1	11243101	83	良
2	11243102	70	中
3	11243103	91	优
4	11243104	56	差
5	11243105	78	中
6	11243106	82	良
7	11243107	91	优
8	11243108	79	中
9	11243109	60	中
10	11243110	54	差
11	11243111	81	良
12	11243112	63	中
13	11243113	74	中
14	11243114	63	中

图 6-15

2. 常用图形的操作

2.1 柏拉图

【例 6-5】 调研发酵企业发酵产量下降的原因如表 6-2 所示，试作柏拉图。

表 6-2

项次	发酵产量降低原因	数量
1	菌种退化	52
2	噬菌体污染	31
3	发酵工艺未优化	15
4	控温不良	7
5	其他	1

选定数据，点击菜单“统计”→“质量工具”→“Pareto 图”（图 6-16）。

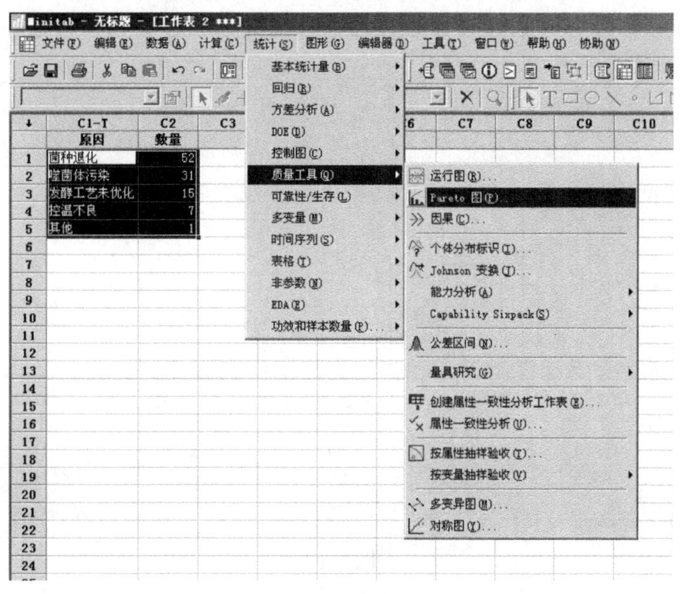

图 6-16

打开对话框后，将原因和数量分别选入相应的数据框中，勾选“超过此百分比后将剩余缺陷合并为一个类别”，并设置参数为“95”（图 6-17）。

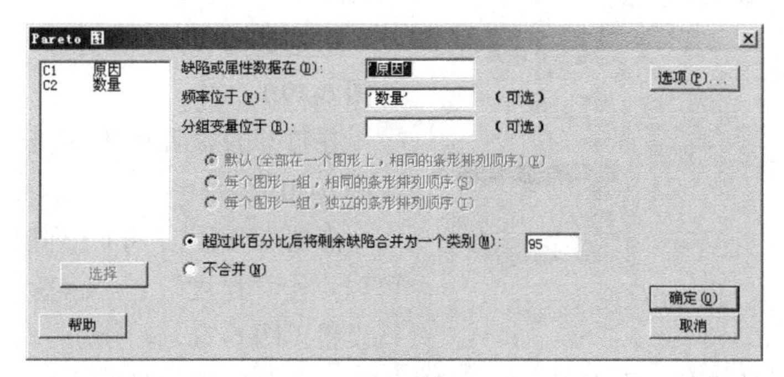

图 6-17

点击“确定”，得如图 6-18 所示结果。

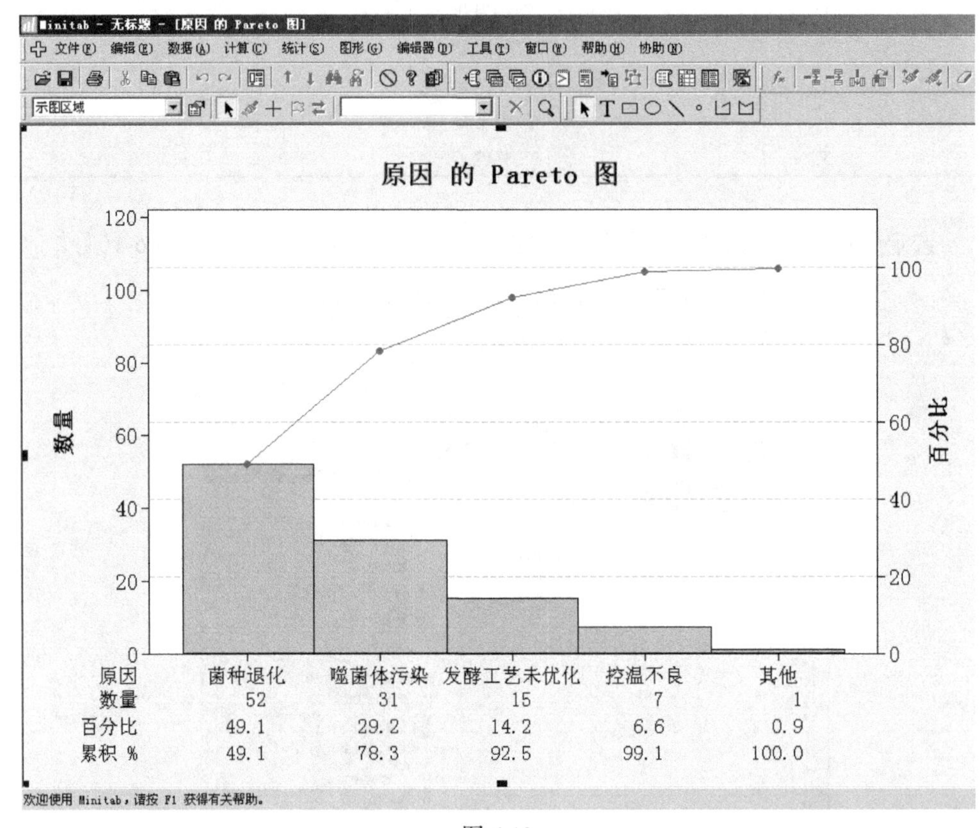

图 6-18

2.2 频率直方图

利用第五章 3.3 数据。

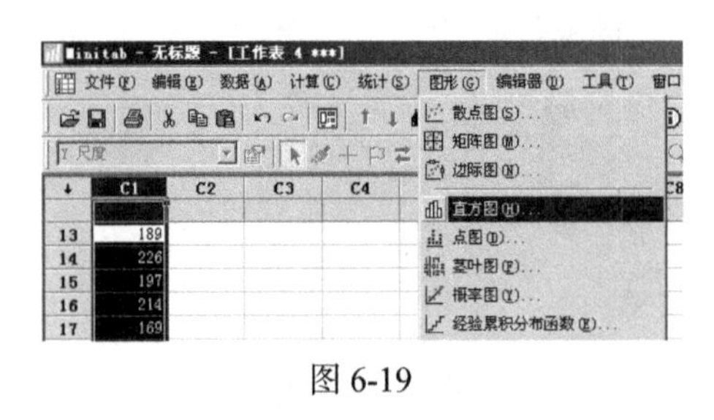

图 6-19

选定数据后，点击“图形”→“直方图”（图 6-19）。

在打开的对话框中，点击“包含拟合”（图 6-20）。

点击“确定”，将 C1 列选为图形变量，可以点击“尺度”、“标签”等按钮，进行设置（图 6-21）。

如果取默认参数，则直接点击“确定”，获得频率直方图（图 6-22）。

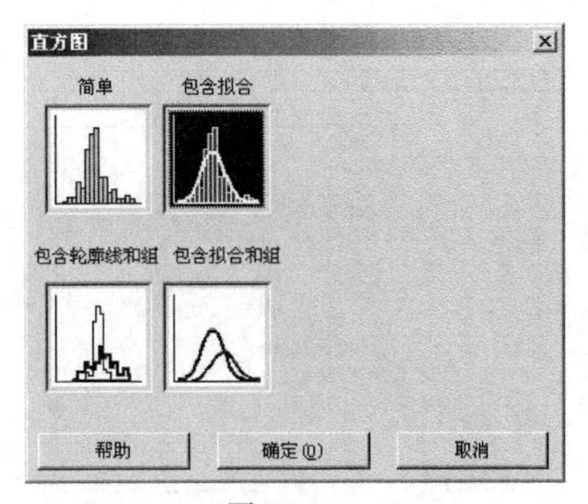

图 6-20

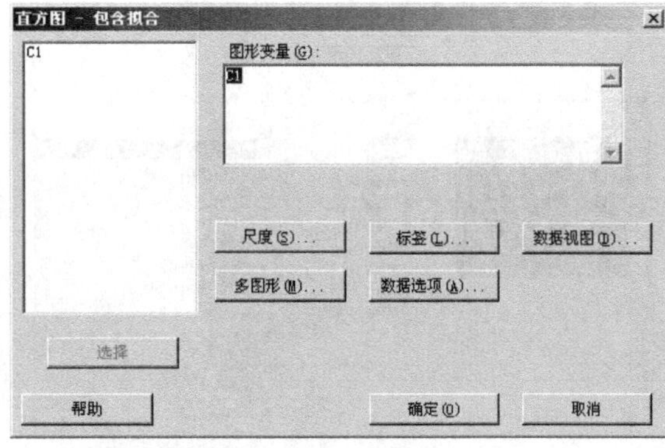

图 6-21

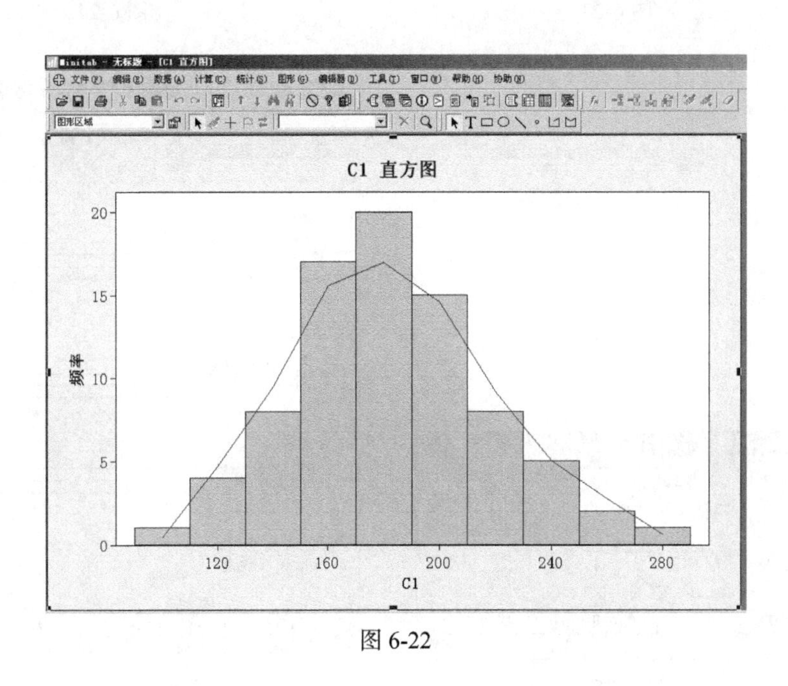

图 6-22

3. *t* 检验

以第五章 1.1 中的数据为例。

点击菜单“统计”→“基本统计量”→“单样本 t”（图 6-23）。

打开对话框后，将 ABC 三列选入“样本所在列”中，点击“进行假设检验”，并输入 73（检验值）（图 6-24）。

点击“选项”，设置“置信水平”为 95.0，即 P = 0.95（图 6-25）。

点击“确定”，返回图 6-24 所示对话框，再点击“确定”，得到检验结果如图 6-26 所示。

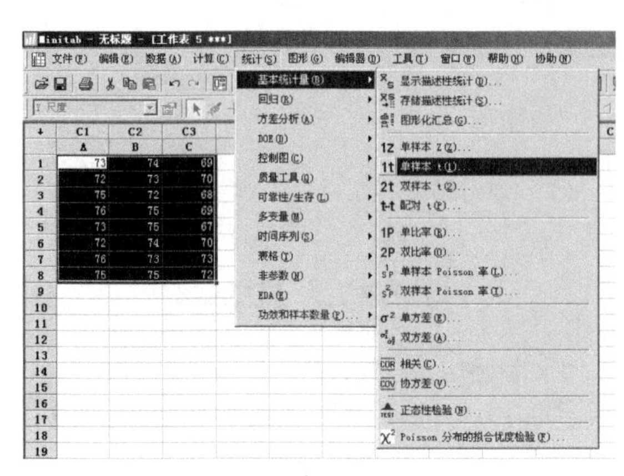

图 6-23

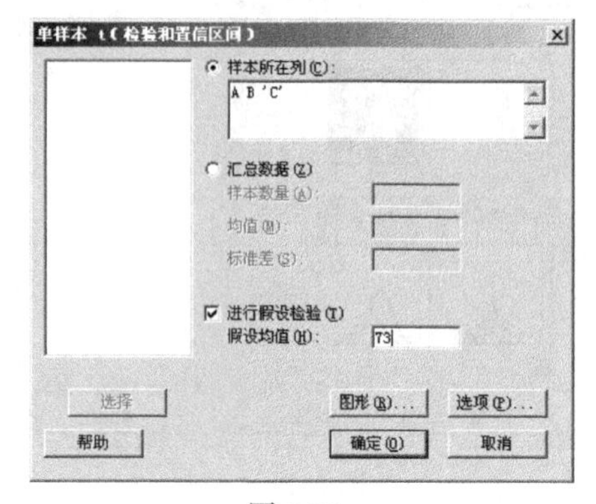

图 6-24

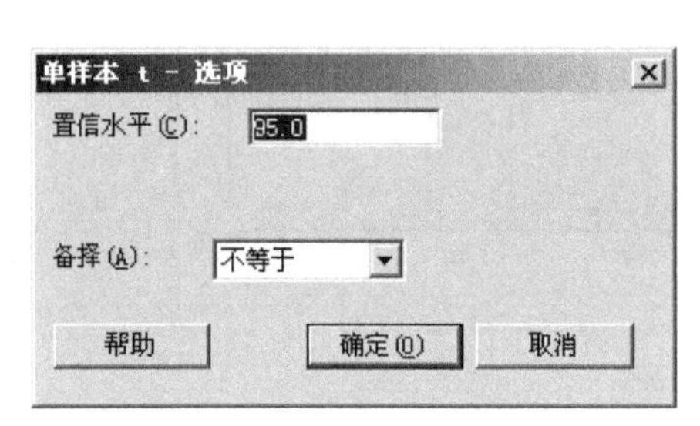

图 6-25

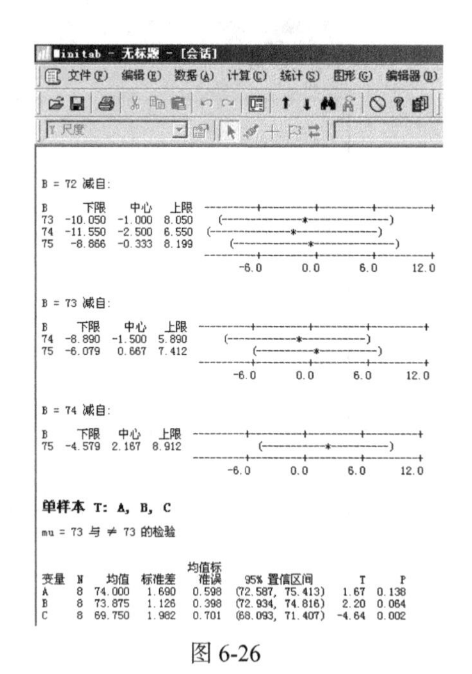

图 6-26

由上可知，A、B 列与标准值无显著性差异，C 列与标准值有显著性差异（P=0.002），与 SPSS 操作的结果相同（详见第五章 1.1）。

与 SPSS 一样，应用 Minitab 还可以进行两独立样本 t 检验、配对样本 t 检验、方差分析、直线回归、非线性回归等，操作与上述大同小异，相关命令均在“统计”菜单中，限于篇幅，不再赘述。

4. 响应面设计

以第二章“BBD”部分的数据为例进行设计和分析。

点击“统计”→“DOE”→“响应曲面”→“创建响应曲面设计”（图 6-27）。

打开如图 6-28 所示对话框，勾选“Box-Behnken”，“因子数”设为“3”（图 6-28）。

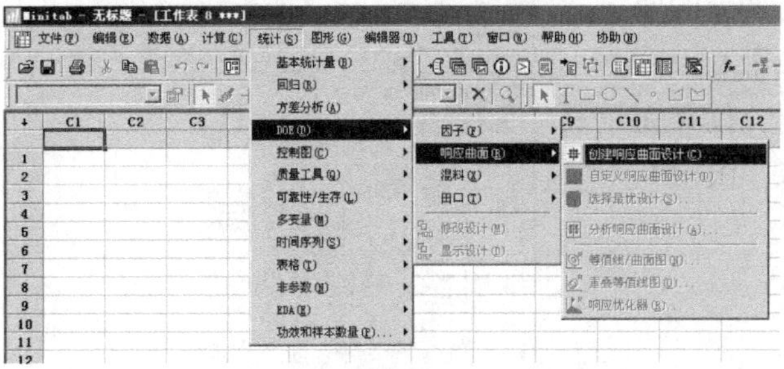

图 6-27

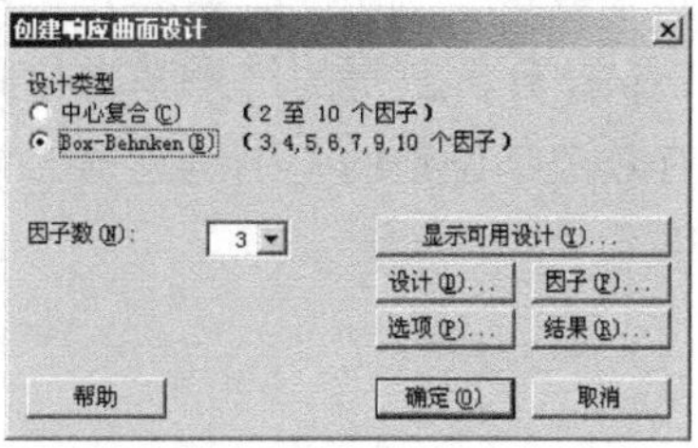

图 6-28

点击“设计”，“中心点数”设为“5”，如图 6-29 所示。

点击“确定”返回“创建响应曲面设计”对话框后，点击“确定”，在会话窗口会出现如图 6-30 所示结果。

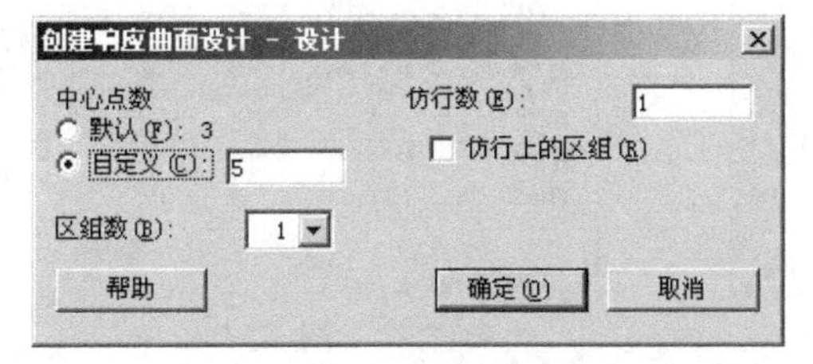

图 6-29

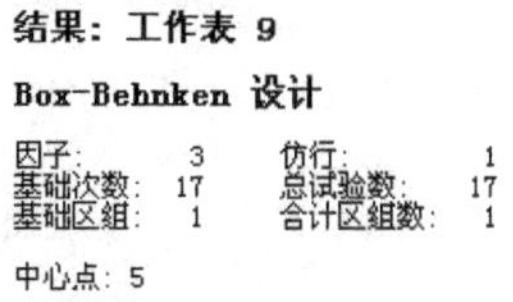

结果：工作表 9

Box-Behnken 设计

因子：	3	仿行：	1
基础次数：	17	总试验数：	17
基础区组：	1	合计区组数：	1

中心点：5

图 6-30

打开工作表 9 窗口（图 6-30 结果中提示的工作表），将最后一列 C8 命名为“D”，将试验结果拷贝至“D”列（图 6-31）。

点击“统计”→“DOE”→“响应曲面”→“分析响应曲面设计”（图 6-32）。

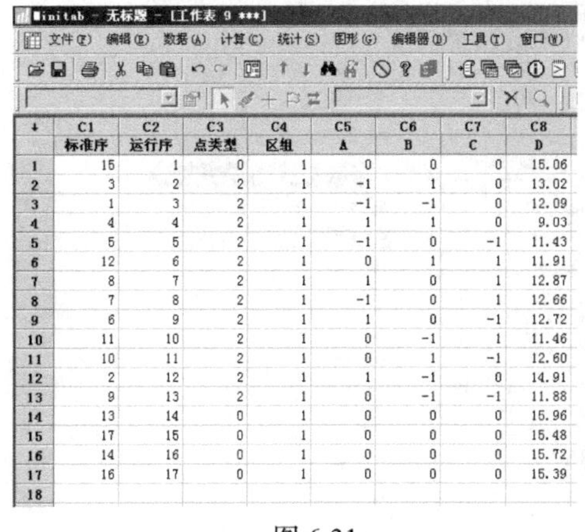

↓	C1 标准序	C2 运行序	C3 点类型	C4 区组	C5 A	C6 B	C7 C	C8 D
1	15	1	0	1	0	0	0	15.06
2	3	2	2	1	-1	1	0	13.02
3	1	3	2	1	-1	-1	0	12.09
4	4	4	2	1	1	1	0	9.03
5	5	5	2	1	-1	0	-1	11.43
6	12	6	2	1	0	1	1	11.91
7	8	7	2	1	1	0	1	12.87
8	7	8	2	1	-1	0	1	12.66
9	6	9	2	1	1	0	-1	12.72
10	11	10	2	1	0	-1	1	11.46
11	10	11	2	1	0	1	-1	12.60
12	2	12	2	1	1	-1	0	14.91
13	9	13	2	1	0	-1	-1	11.88
14	13	14	0	1	0	0	0	15.96
15	17	15	0	1	0	0	0	15.48
16	14	16	0	1	0	0	0	15.72
17	16	17	0	1	0	0	0	15.39
18								

图 6-31

图 6-32

打开如图 6-33 所示窗口，将“D”列选入“响应”框，勾选“已编码单位”（即变量标准化，只有 −1、0、1 三个值）。

点击“确定”，得到响应面回归结果（图 6-34），由图 6-34 可以看出，各变量的回归系数、r^2、预测 r^2 等参数与采用 Design Expert 分析获得的结果基本相同，仅存在有效数字位数的差别（见第二章“BBD”部分）。

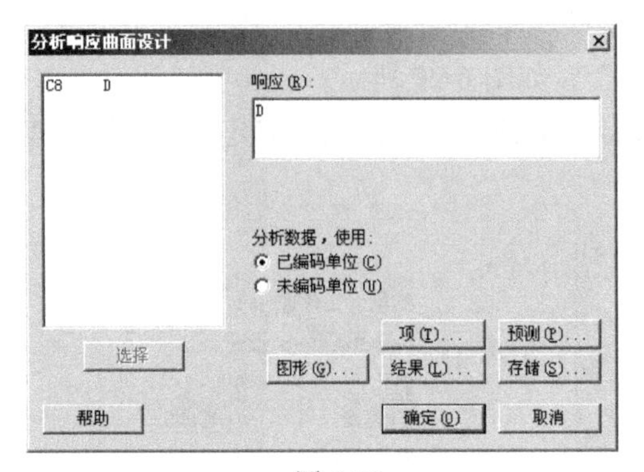

图 6-33

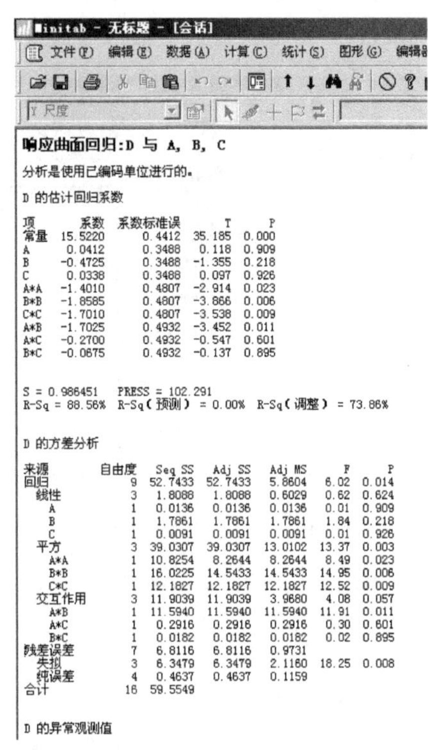

Minitab - 无标题 - [会话]

响应曲面回归:D 与 A, B, C

分析是使用已编码单位进行的。

D 的估计回归系数

项	系数	系数标准误	T	P
常量	15.5220	0.4412	35.185	0.000
A	0.0412	0.3488	0.118	0.909
B	-0.4725	0.3488	-1.355	0.218
C	0.0338	0.3488	0.097	0.926
A*A	-1.4010	0.4807	-2.914	0.023
B*B	-1.8585	0.4807	-3.866	0.006
C*C	-1.7010	0.4807	-3.538	0.009
A*B	-1.7025	0.4932	-3.452	0.011
A*C	-0.2700	0.4932	-0.547	0.601
B*C	-0.0675	0.4932	-0.137	0.895

S = 0.986451　PRESS = 102.291
R-Sq = 88.56%　R-Sq（预测）= 0.00%　R-Sq（调整）= 73.86%

D 的方差分析

来源	自由度	Seq SS	Adj SS	Adj MS	F	P
回归	9	52.7433	52.7433	5.8604	6.02	0.014
线性	3	1.8088	1.8088	0.6029	0.62	0.624
A	1	0.0136	0.0136	0.0136	0.01	0.909
B	1	1.7861	1.7861	1.7861	1.84	0.218
C	1	0.0091	0.0091	0.0091	0.01	0.926
平方	3	39.0307	39.0307	13.0102	13.37	0.003
A*A	1	10.8254	8.2644	8.2644	8.49	0.023
B*B	1	16.0225	14.5433	14.5433	14.95	0.006
C*C	1	12.1827	12.1827	12.1827	12.52	0.009
交互作用	3	11.9039	11.9039	3.9680	4.08	0.057
A*B	1	11.5940	11.5940	11.5940	11.91	0.011
A*C	1	0.2916	0.2916	0.2916	0.30	0.601
B*C	1	0.0182	0.0182	0.0182	0.02	0.895
残差误差	7	6.8116	6.8116	0.9731		
失拟	3	6.3479	6.3479	2.1160	18.25	0.008
纯误差	4	0.4637	0.4637	0.1159		
合计	16	59.5549				

D 的异常观测值

图 6-34

点击“统计”→“DOE”→“响应曲面”→“等值线 / 曲面图”（图 6-35）。

图 6-35

打开如图 6-36 所示对话框。

勾选“等值线图”，点击“设置”，打开窗口，勾选“为所有因子对生成图”、“在同一图表的单独组块中”和“已编码单位”（图 6-37）。

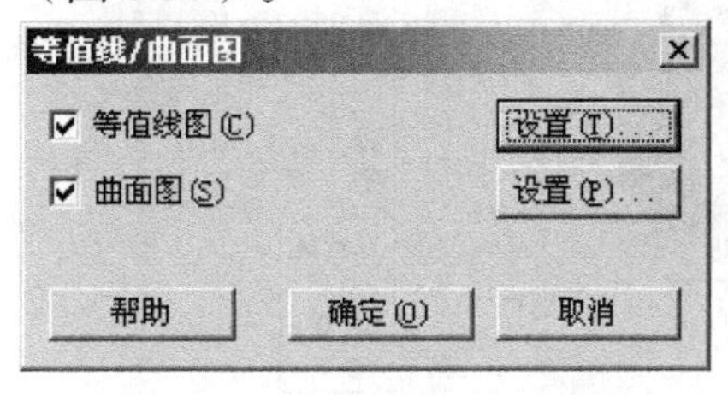

图 6-36

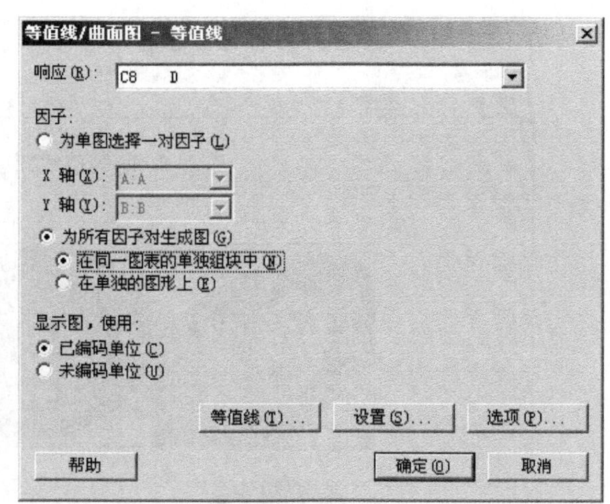

图 6-37

点击“确定”，返回“等值线 / 曲面图”窗口。同样，在此窗口中勾选“曲面图”，点击“设置”，完成曲面图的设置。

点击“确定”，得到曲面图如图 6-38 所示。

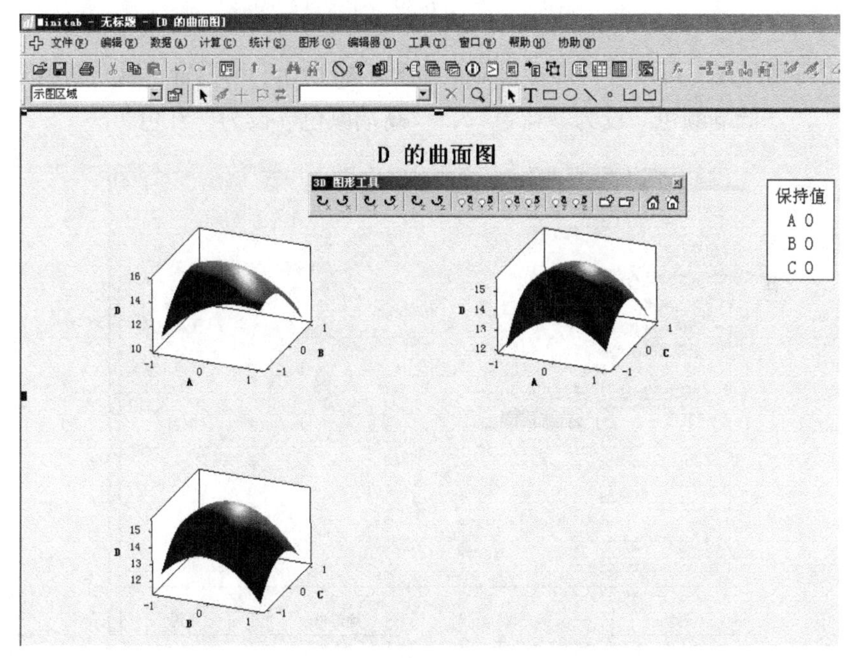

图 6-38

同时得到等值线图（图 6-39）。

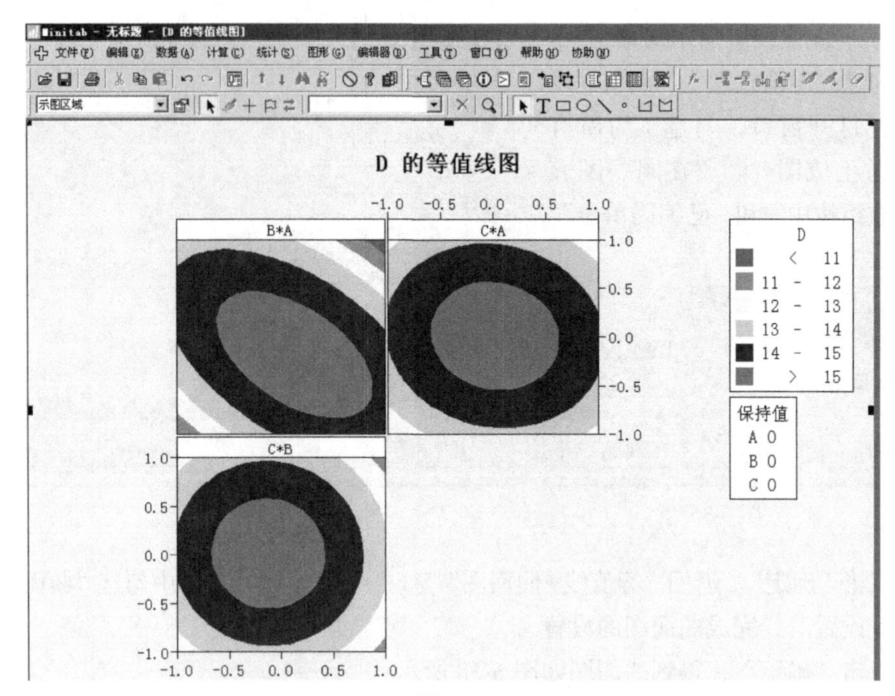

图 6-39

双击等值线图，可以进行属性设置，如图 6-40 所示，可设置“填充颜色”为“双色条带”，“低端颜色”设为“蓝色”，“高端颜色”设为“红色”。

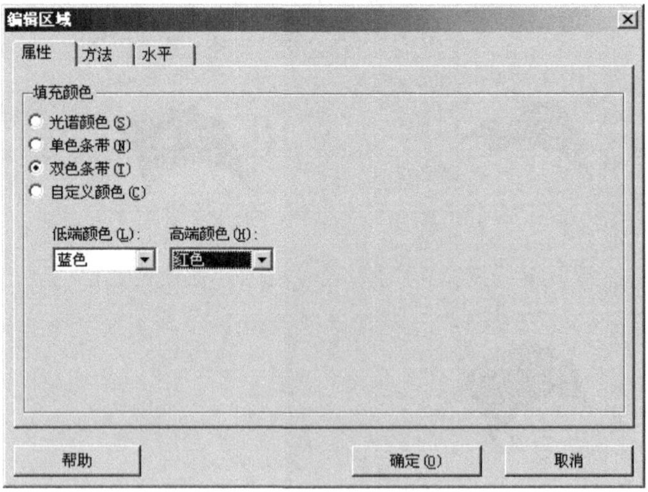

编辑区域
属性 方法 水平
填充颜色
光谱颜色(S)
单色条带(N)
双色条带(T)
自定义颜色(C)
低端颜色(L): 蓝色
高端颜色(H): 红色
帮助 确定(O) 取消

图 6-40

得到的结果如图 6-41 所示。

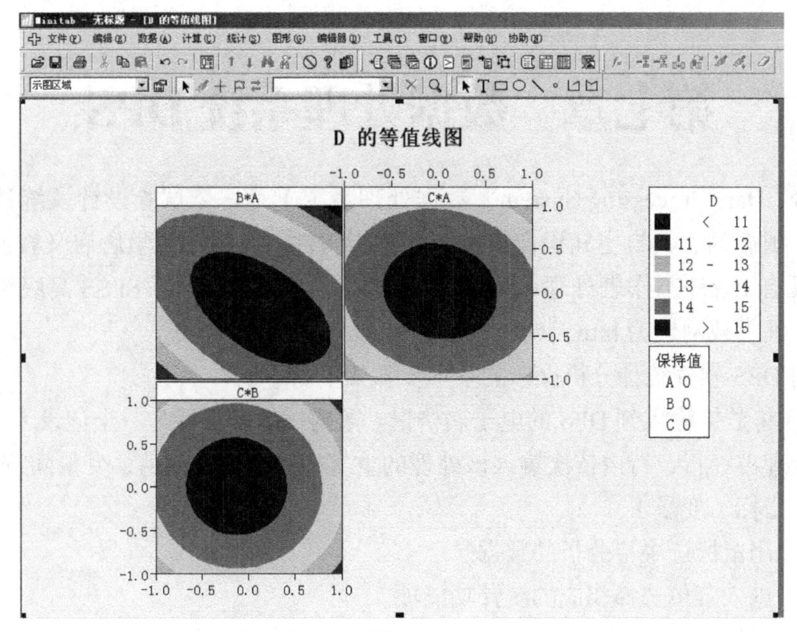
Minitab - 无标题 - [D 的等值线图]
文件(F) 编辑(E) 数据(A) 计算(C) 统计(S) 图形(G) 编辑器(D) 工具(T) 窗口(W) 帮助(H) 协助(N)
示图区域
D 的等值线图
B*A
C*A
C*B
D
< 11
11 - 12
12 - 13
13 - 14
14 - 15
> 15
保持值
A 0
B 0
C 0
-1.0 -0.5 0.0 0.5 1.0

图 6-41

（张祥胜）

第七章　数据处理系统 DPS

DPS（Data Processing System，数据处理系统）是一款试验设计及统计分析功能齐全、国产的、具自主知识产权的统计分析软件，由浙江大学唐启义教授研发。该软件既有 Excel 工作表处理基础统计分析的功能，又实现了 SPSS 高级统计分析的计算。其下载网址为 http://www.chinadps.net/ 。

利用 DPS 软件统计分析操作的基本步骤如下。

（1）将数据输入到 DPS 的电子表格里。数据一般是一行为一个记录（样本），即一个处理占一行，行内依次输入该处理的重复或区组的观测值；变量间按列区分，一列一个指标（变量）。

（2）用鼠标选中待分析的数据。

（3）进入菜单选择相应的统计功能项。

（4）系统对选中的数据进行分析，并将分析结果返回到另一电子表格。

1. 两个样本平均数的差异显著性检验

1.1　成组资料（非配对设计试验资料）

原题见第三章例 3-3。

（1）输入数据（图 7-1）。

	A	B	C	D	E	F	G
1	鲁引1号	18.68	20.67	18.42	18	17.44	15.95
2	大西洋	18.68	23.22	21.42	19	18.92	

图 7-1

（2）选中待分析的数据（图 7-2）。

	A	B	C	D	E	F	G
1	鲁引1号	18.68	20.67	18.42	18	17.44	15.95
2	大西洋	18.68	23.22	21.42	19	18.92	

图 7-2

（3）单击菜单“试验统计”→“两样本比较”→“两组平均数 Student t 检验”（图 7-3）。

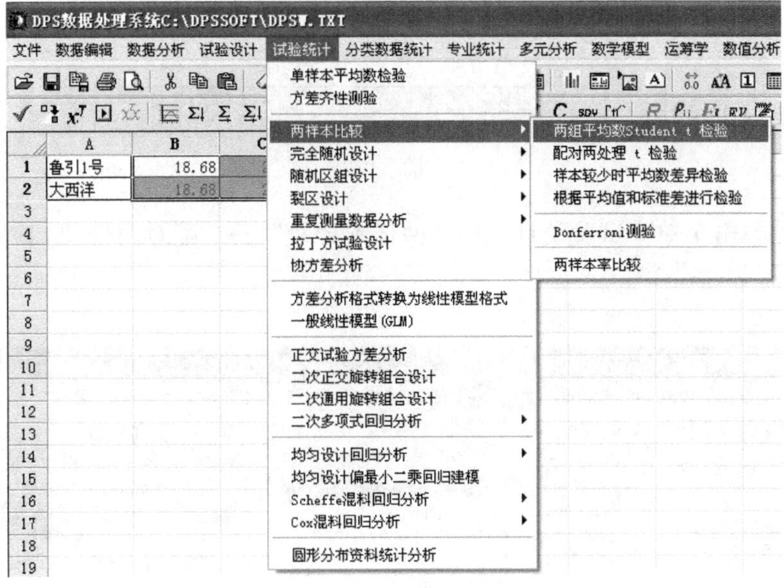

图 7-3

（4）得出结果（图 7-4）。

3	两组均数t检验						
4	处理	样本个数	均值	标准差	标准误	95%置信区间	
5	处理1	6	18.1933	1.5530	0.6340	16.5635	19.8231
6	处理2	5	20.2480	1.9991	0.8940	17.7658	22.7302
7	差值		-2.0547	1.7653	1.0689	-4.4727	0.3634
8	两处理方差齐性检验结果	F=1.6570		p=0.5880			
9	两处理方差齐性,均值差异检验	t=1.9222			df=9	p=0.0868	

图 7-4

两处理方差齐性检验结果 $P(0.588) > 0.05$，表明两处理所属总体的方差相等。均值差异检验结果 $P(0.0868) > 0.05$，表明两个品种马铃薯的块茎干物质含量差异不显著。

1.2　成对资料（配对设计试验资料）

数据见第三章例 3-4。

（1）输入数据（图 7-5）。

	A	B	C	D	E	F	G
1	绿色有机栽培	2722.2	2866.7	2675.9	3469.2	3653.9	3815.1
2	标准化栽培	951.4	1417	1275.3	2228.5	2462.6	2715.4

图 7-5

（2）选中待分析的数据（图 7-6）。

	A	B	C	D	E	F	G
1	绿色有机栽培	2722.2	2866.7	2675.9	3469.2	3653.9	3815.1
2	标准化栽培	951.4	1417	1275.3	2228.5	2462.6	2715.4

图 7-6

（3）单击菜单“试验统计”→“两样本比较”→“配对两处理 t 检验”（图 7-7）。

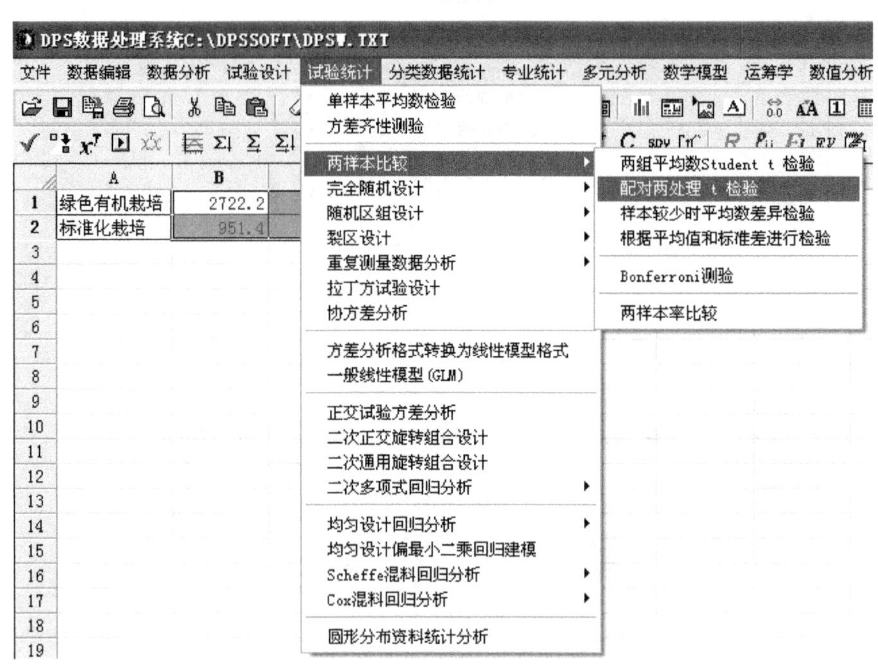

图 7-7

（4）得出结果（图 7-8）。

2	配对t检验						
3	观察值对数6	均值	1358.8000	标准差	240.3708	标准误	98.1310
4	95%CI的置信区间	1106.5464	~	1611.0537			
5	配对样本相关系数	0.9846					
6	两处理各样本配对，其均值差异检验			t=13.8468	df=5	p=0.0001	

图 7-8

检验结果 $P(0.0001) < 0.01$，差异极显著，表明绿色有机栽培的地瓜平均产量极显著高于标准化栽培的地瓜平均产量。

2. 方差分析

2.1　单因素完全随机设计试验资料的方差分析

数据见第三章例 3-5。

（1）输入数据（图 7-9）。

	A	B	C	D	E	F	G
1	04-1	12	10	14	16	12	18
2	04-2	8	10	12	14	12	16
3	04-3	14	16	13	16	10	15
4	04-4	16	18	20	16	14	16

图 7-9

（2）选中待分析的数据（图 7-10）。

	A	B	C	D	E	F	G
1	04-1	12	10	14	16	12	18
2	04-2	8	10	12	14	12	16
3	04-3	14	16	13	16	10	15
4	04-4	16	18	20	16	14	16

图 7-10

（3）单击菜单“试验统计”→“完全随机设计”→“单因素试验统计分析”（图 7-11）。

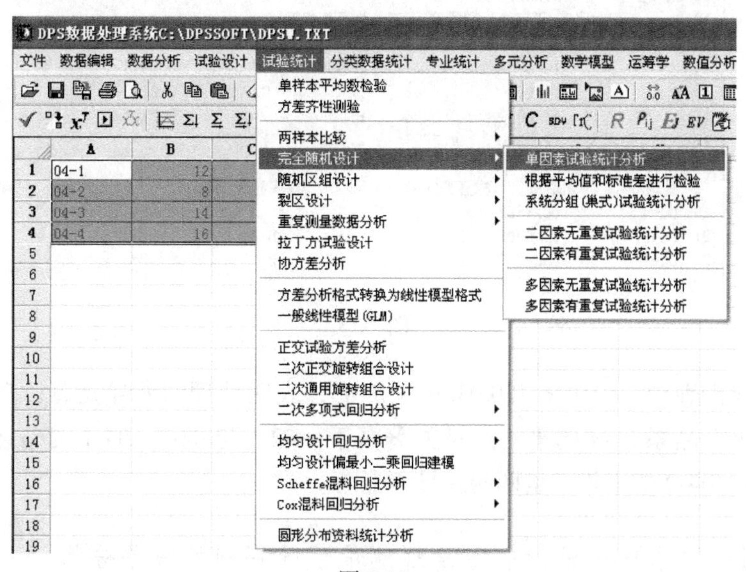

图 7-11

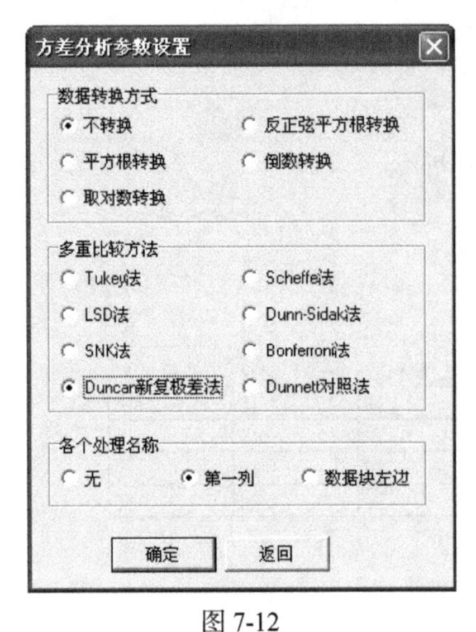

图 7-12

（4）弹出“方差分析参数设置”对话框，“数据转换方式”默认“不转换”，“多重比较方法”单击选择“Duncan新复极差法”，“各个处理名称”单击选择“第一列”（如果前面选中待分析的数据时，只选中了数据，未将处理名称选入，则此时单击选择“数据块左边”），单击“确定”（图 7-12）。

（5）得出结果（图 7-13）。

	A	B	C	D	E	F	G
1	计算结果	当前日期 2014-7-7					
2	处理	样本数	均值	标准差	标准误	95%置信区间	
3	04-1	6	13.6667	2.9439	1.2019	10.5772	16.7561
4	04-2	6	12.0000	2.8284	1.1547	9.0317	14.9683
5	04-3	6	14.0000	2.2804	0.9309	11.6069	16.3931
6	04-4	6	16.6667	2.0656	0.8433	14.4990	18.8344
7		方差分析表					
8	变异来源	平方和	自由度	均　方	F 值	p值	
9	处理间	67.1667	3	22.3889	3.4270	0.0369	
10	处理内	130.6667	20	6.5333			
11	总变异	197.8333	23				
12	Duncan多重比较(下三角为均值差,上三角为显著水平)						
13	No.	均值	4	3	1	2	
14	4	16.6667		0.0858	0.0674	0.0078	
15	3	14.0000	2.6667		0.8236	0.2142	
16	1	13.6667	3.0000	0.3333		0.2721	
17	2	12.0000	4.6667	2.0000	1.6667		
18	字母标记表示结果						
19	处理	均值	5%显著水平		1%极显著水平		
20	04-4	16.6667	a		A		
21	04-3	14.0000	ab		AB		
22	04-1	13.6667	ab		AB		
23	04-2	12.0000	b		B		

图 7-13

方差分析表中，$0.01 < P(0.0369) < 0.05$，表明处理间差异显著；多重比较结果表明，小麦品系 04-4 的平均产量显著高于 04-2，与 04-3、04-1 的差异不显著；04-3、04-1、04-2 的平均产量两两差异不显著。

2.2　两因素完全随机设计有重复观测值试验资料的方差分析

数据见第三章例 3-6。

（1）输入数据（图 7-14）。

	A	B	C	D	E	F
1	A1	B1	27	29	26	26
2		B2	26	25	24	29
3		B3	31	30	30	31
4		B4	30	30	31	30
5		B5	25	25	26	24
6	A2	B1	30	30	28	29
7		B2	28	27	26	25
8		B3	31	31	30	32
9		B4	32	34	33	32
10		B5	28	29	28	27
11	A3	B1	33	33	34	32
12		B2	33	34	34	35
13		B3	35	33	37	35
14		B4	35	34	33	35
15		B5	30	29	31	30

图 7-14

（2）选中待分析的数据（图 7-15）。

	A	B	C	D	E	F
1	A1	B1	27	29	26	26
2		B2	26	25	24	29
3		B3	31	30	30	31
4		B4	30	30	31	30
5		B5	25	25	26	24
6	A2	B1	30	30	28	29
7		B2	28	27	26	25
8		B3	31	31	30	32
9		B4	32	34	33	32
10		B5	28	29	28	27
11	A3	B1	33	33	34	32
12		B2	33	34	34	35
13		B3	35	33	37	35
14		B4	35	34	33	35
15		B5	30	29	31	30

图 7-15

（3）单击菜单“试验统计”→“完全随机设计”→“二因素有重复试验统计分析”（图 7-16）。

（4）弹出对话框，分别输入 A 因素与 B 因素的水平数，单击“确认”（图 7-17）。

（5）弹出对话框，数据默认“不转换”，单击“OK”（图 7-18）。

（6）弹出对话框“多重比较方法”，单击选择“Duncan 新复极差法”，单击“确定”（图 7-19）。

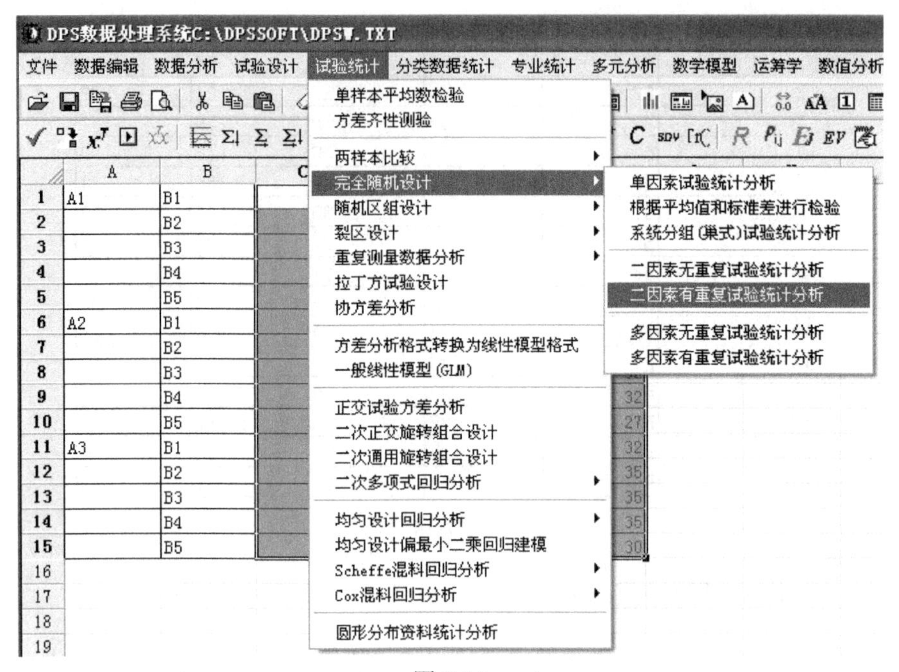

图 7-16

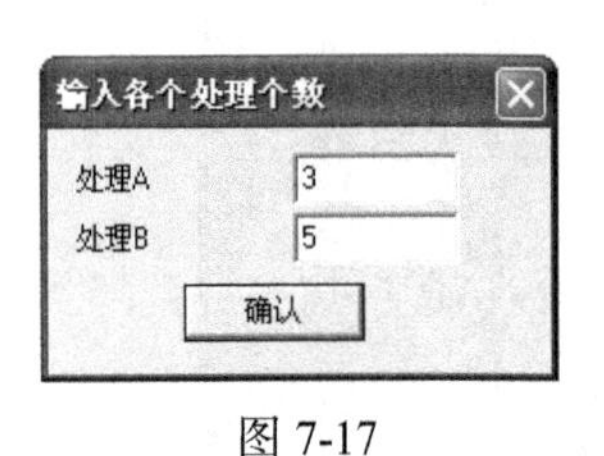

图 7-17

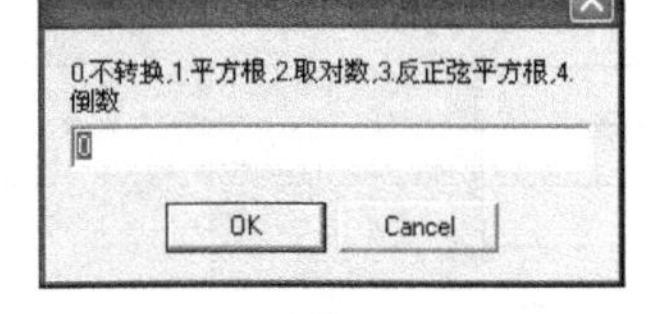

图 7-18

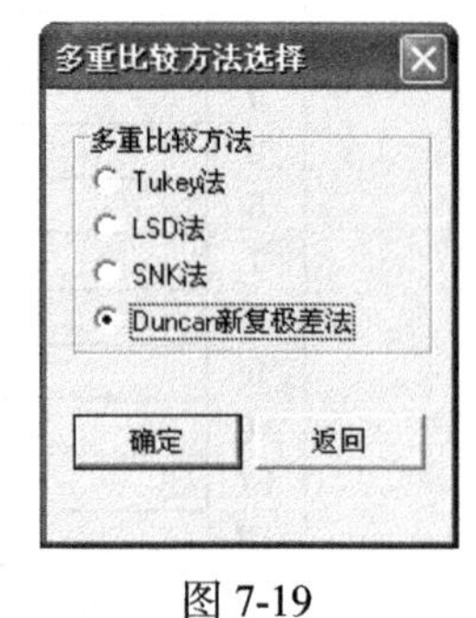

图 7-19

（7）得出结果（图 7-20）。

方差分析表(固定模型)

变异来源	平方和	自由度	均 方	F 值	p值
A因素间	315.8333	2	157.9167	129.2050	0.0001
B因素间	207.1667	4	51.7917	42.3750	0.0001
AxB	50.3333	8	6.2917	5.1480	0.0001
误 差	55.0000	45	1.2222		
总变异	628.3333	59			

A因素间多重比较				
Duncan多重比较(下三角为均值差,上三角为显著水平)				
No.	均值	3	2	1
3	33.2500		0.0000	0.0000
2	29.5000	3.7500		0.0000
1	27.7500	5.5000	1.7500	
字母标记表示结果				
处理	均值	5%显著水平		1%极显著水平
A3	33.2500	a		A
A2	29.5000	b		B
A1	27.7500	c		C

B因素间多重比较						
Duncan多重比较(下三角为均值差,上三角为显著水平)						
No.	均值	4	3	1	2	5
4	32.4167		0.5824	0.0000	0.0000	0.0000
3	32.1667	0.2500		0.0000	0.0000	0.0000
1	29.7500	2.6667	2.4167		0.0482	0.0000
2	28.8333	3.5833	3.3333	0.9167		0.0131
5	27.6667	4.7500	4.5000	2.0833	1.1667	
字母标记表示结果						
处理	均值	5%显著水平		1%极显著水平		
B4	32.4167	a		A		
B3	32.1667	a		A		
B1	29.7500	b		B		
B2	28.8333	c		BC		
B5	27.6667	d		C		

字母标记表示结果				
处理	均值	5%显著水平		1%极显著水平
13	35.0000	a		A
14	34.2500	ab		A
12	34.0000	ab		A
11	33.0000	b		AB
9	32.7500	b		AB
8	31.0000	c		BC
3	30.5000	cd		C
4	30.2500	cd		CD
15	30.0000	cd		CD
6	29.2500	de		CD
10	28.0000	ef		DE
1	27.0000	fg		EF
7	26.5000	fgh		EF
2	26.0000	gh		EF
5	25.0000	h		F

图 7-20

结果中包括方差分析表、A 因素间多重比较、B 因素间多重比较、同 A 异 B 间的多重比较、同 B 异 A 间的多重比较、AB 各个组合间的多重比较。

2.3 两因素随机区组设计试验资料的方差分析

【例 7-1】 玉米品种（A 因素）与施肥（B 因素）两因素试验，A 因素有 A1、A2、A3、A4 4 个水平（a=4），B 因素有 B1、B2 2 个水平（b=2），共有 $a \times b$=4×2=8 个水平组合（即处理），重复 3 次（r=3），随机区组设计，小区计产面积 20m^2，产量（kg/20m^2）如图 7-21 所示，试作方差分析。

（1）按图示格式输入数据（图 7-21）。

（2）选中待分析的数据（图 7-22）。

	A	B	C	D	E
1			I	II	II
2	A1	B1	12	13	13
3		B2	11	10	13
4	A2	B1	19	16	12
5		B2	20	19	17
6	A3	B1	19	18	16
7		B2	10	8	7
8	A4	B1	17	16	15
9		B2	11	9	8

图 7-21

	A	B	C	D	E
1			I	II	II
2	A1	B1	12	13	13
3		B2	11	10	13
4	A2	B1	19	16	12
5		B2	20	19	17
6	A3	B1	19	18	16
7		B2	10	8	7
8	A4	B1	17	16	15
9		B2	11	9	8

图 7-22

（3）单击菜单“试验统计”→“随机区组设计”→“二因素试验统计分析”（图 7-23）。

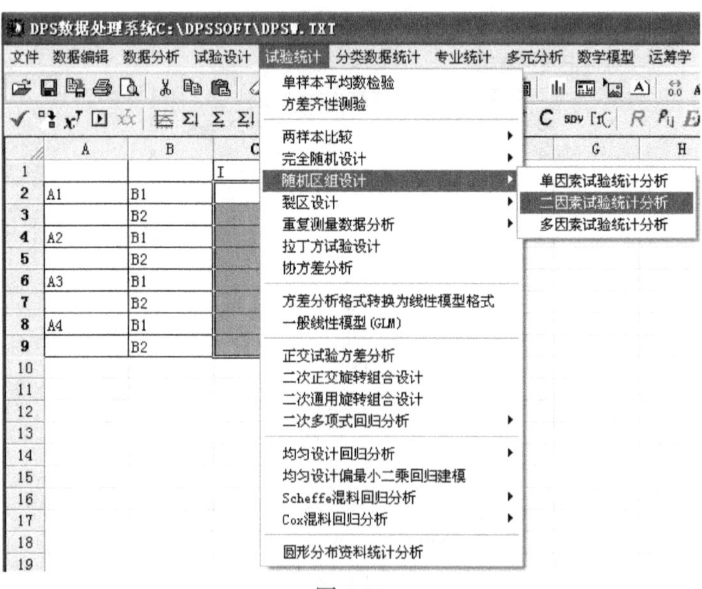

图 7-23

（4）弹出对话框，分别输入A因素与B因素的水平数；请选择“数据转换方法”默认“不转换”，单击“确认”（图7-24）。

（5）弹出对话框“多重比较方法”，单击选择“Duncan新复极差法”，单击“确定”（图7-25）。

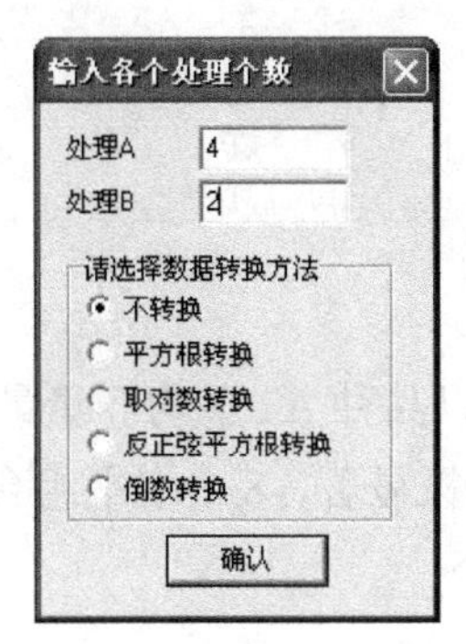

图7-24

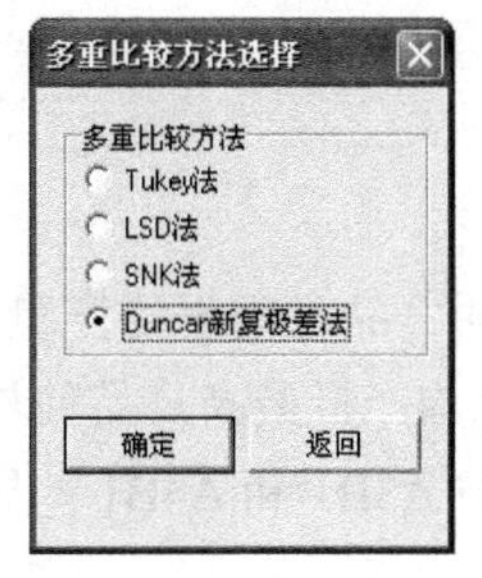

图7-25

（6）得出结果（图7-26）。

表　方差分析表(固定模型)

变异来源	平方和	自由度	均　方	F 值	p值
区组间	20.3333	2	10.1667	4.6923	0.0276
A因素间	98.7917	3	32.9306	15.1987	0.0001
B因素间	77.0417	1	77.0417	35.5577	0.0001
AxB	136.4583	3	45.4861	20.9936	0.0001
误　差	30.3333	14	2.1667		
总变异	362.9583	23			

A因素间多重比较

Duncan多重比较(下三角为均值差,上三角为显著水平)

No.	均值	2	3	4	1
2	17.1667		0.0002	0.0002	0.0000
3	13.0000	4.1667		0.7008	0.2827
4	12.6667	4.5000	0.3333		0.4458
1	12.0000	5.1667	1.0000	0.6667	

字母标记表示结果

处理	均值	5%显著水平	1%极显著水平
A2	17.1667	a	A
A3	13.0000	b	B
A4	12.6667	b	B
A1	12.0000	b	B

B因素间多重比较

Duncan多重比较(下三角为均值差,上三角为显著水平)

No.	均值	1	2
1	15.5000		0.0000
2	11.9167	3.5833	

字母标记表示结果

处理	均值	5%显著水平	1%极显著水平
B1	15.5000	a	A
B2	11.9167	b	B

字母标记表示结果

处理	均值	5%显著水平	1%极显著水平
4	18.6667	a	A
5	17.6667	ab	A
7	16.0000	ab	AB
3	15.6667	b	AB
1	12.6667	c	BC
2	11.3333	cd	CD
8	9.3333	de	CD
6	8.3333	e	D

图 7-26

结果表明，品种间平均产量有极显著差异，以品种 A2 平均产量最高，施肥量水平以 B1 平均产量最高，品种与施肥量交互作用极显著，8 个水平组合以 A2B2 表现最优，但与 A3B1 和 A4B1 差异不显著。

2.4 正交设计资料方差分析

【例 7-2】 研究 3 种生长素（Ⅰ、Ⅱ、Ⅲ）、3 种不同光照（自然光、自然光加人工光照、人工光照）、3 个小麦品种（早熟、中熟、晚熟）对小麦产量的影响，利用正交设计表 $L_9(3^4)$ 安排试验方案，对 9 个处理的产量试验资料进行方差分析。

（1）单击菜单“试验设计”→“正交设计表”（图 7-27）。

（2）单击选择“9 处理 3 水平 4 因素”（图 7-28）。

图 7-27

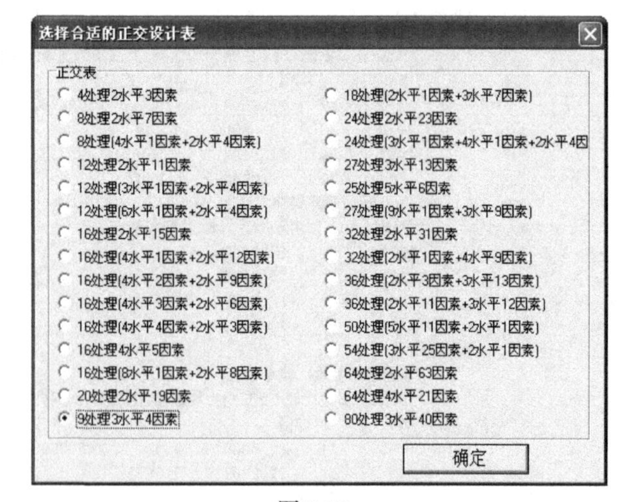

图 7-28

（3）显示正交设计表（图 7-29）。

计算结果	当前日期 2014-7-7			
9处理3水平4因素				
处理号	第1列	第2列	第3列	第4列
1	1	1	1	1
2	1	2	2	2
3	1	3	3	3
4	2	1	2	3
5	2	2	3	1
6	2	3	1	2
7	3	1	3	2
8	3	2	1	3
9	3	3	2	1

图 7-29

（4）在正交设计表的右侧一列，输入各处理的数据（图 7-30）。

9处理3水平4因素					
处理号	第1列	第2列	第3列	第4列	
1	1	1	1	1	299
2	1	2	2	2	259
3	1	3	3	3	376.5
4	2	1	2	3	261.5
5	2	2	3	1	249
6	2	3	1	2	364
7	3	1	3	2	261.5
8	3	2	1	3	196.5
9	3	3	2	1	326.5

图 7-30

（5）选中待分析的数据（图 7-31）。

9处理3水平4因素					
处理号	第1列	第2列	第3列	第4列	
1	1	1	1	1	299
2	1	2	2	2	259
3	1	3	3	3	376.5
4	2	1	2	3	261.5
5	2	2	3	1	249
6	2	3	1	2	364
7	3	1	3	2	261.5
8	3	2	1	3	196.5
9	3	3	2	1	326.5

图 7-31

（6）单击菜单“试验统计”→“正交试验方差分析”（图 7-32）。

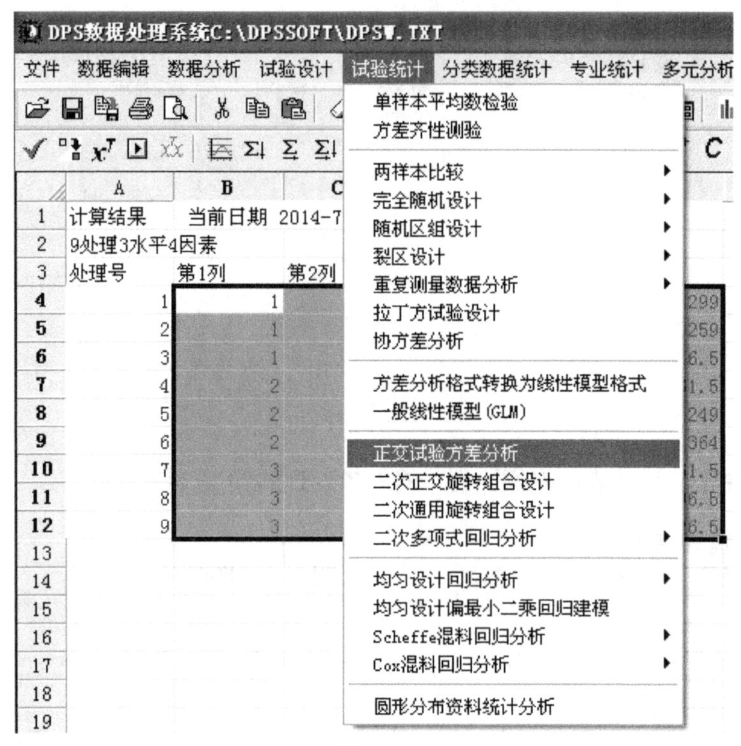

图 7-32

（7）弹出对话框，输入总列数（包括空列），单击“OK”（图 7-33）。

（8）弹出对话框，输入空列号，单击“OK”（图 7-34）。

（9）弹出对话框，“多重比较方法”单击选择“Duncan 新复极差法”，单击“确定”（图 7-35）。

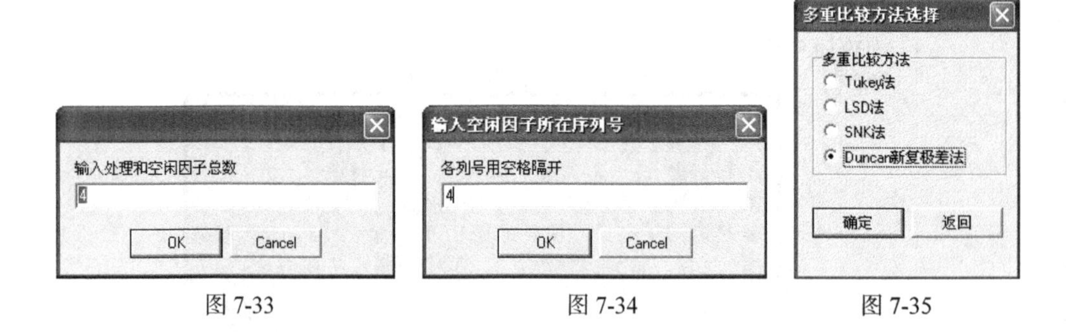

图 7-33　　图 7-34　　图 7-35

（10）得出结果（图 7-36）。

结果表明，光照各水平平均产量差异显著，而生长素与品种各水平间差异不显著，处理 3 为较优的水平组合。

方差分析结果

正交设计方差分析表(完全随机模型)

变异来源	平方和	自由度	均方	F值	p值
第1列	3800.0000	2	1900.0000	8.1429	0.1094
第2列	22804.1667	2	11402.0833	48.8661	0.0201
第3列	279.1667	2	139.5833	0.5982	0.6257
第4列 *	466.6667	2	233.3333		
误差	466.6667	2	233.3333		
总和	27350.0000				

试验处理因子 2 各水平间差异显著性检验：

Duncan多重比较(下三角为均值差,上三角为显著水平)

No.	均值	3	1	2
3	355.6667		0.0225	0.0105
1	274.0000	81.6667		0.0882
2	234.8333	120.8333	39.1667	

字母标记表示结果

处理	均值	5%显著水平	1%极显著水平
3	355.6667	a	A
1	274.0000	b	A
2	234.8333	b	A

字母标记表示结果

处理	均值	5%显著水平	1%极显著水平
3	376.5000	a	A
6	364.0000	a	A
9	326.5000	ab	A
1	299.0000	ab	A
7	261.5000	bc	A
4	261.5000	bc	A
2	259.0000	bc	A
5	249.0000	bc	A
8	196.5000	c	A

图 7-36

3. 卡方检验

卡方检验包括适合性检验和独立性检验，其中独立性检验较常用，本书以独立性检验介绍其操作步骤。

【例 7-3】 为防治小麦散黑穗病，播种前用某种药剂对小麦种子进行灭菌处理，以未经灭菌处理的小麦种子为对照。观察结果为：种子灭菌的 76 株中有 26 株发病，50 株未发病；种子未灭菌的 384 株中有 184 株发病，200 株未发病。试分析种子灭菌对防止小麦散黑穗病是否有效。

（1）输入数据（图 7-37）。

（2）选中待分析的数据（图 7-38）。

	A	B	C
1		发病	未发病
2	种子灭菌	26	50
3	种子未灭菌	184	200

图 7-37

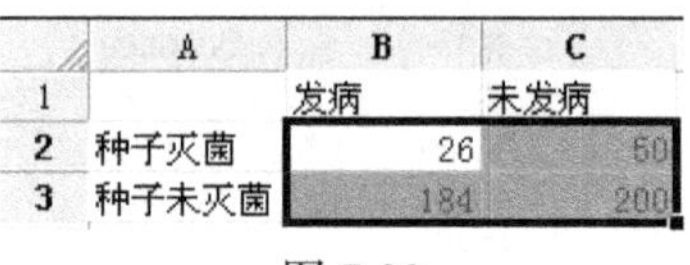

	A	B	C
1		发病	未发病
2	种子灭菌	26	50
3	种子未灭菌	184	200

图 7-38

（3）单击菜单“分类数据统计”→“双向无序列联表”→“R × C 列联表卡方检验”（图 7-39）。本例也可单击“分类数据统计”→“四格表（2 × 2 表）分析”。

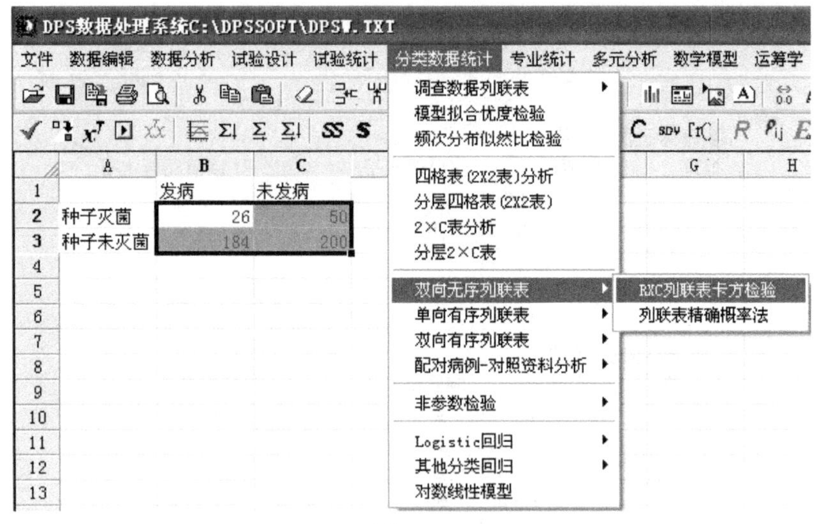

图 7-39

（4）得出结果（图 7-40）。

	A	B	C	D	E	F	G	H
1	计算结果		当前日期 2014-7-7					
2	类别		1	2	合计			
3		1	26	50	76			
4		2	184	200	384			
5	合计		210	250	460			
6	卡方=		4.2671		df=1	p值=	0.0389	
7								
8	似然比统计量G=			4.8944		df=1	p值=	0.0269
9	Williams校正G=			4.8611		df=1	p值=	0.0275
10	列联系数 9.58703328391169E-0002							

图 7-40

结果表明，χ^2=4.2671，0.01 < P(0.0389) < 0.05，表明发病与种子灭菌有关，即种子灭菌对防治该病害有效。

4. 回归分析与相关分析

数据编辑格式：一行为一个样本，一列为一个变量，依变量位于最右边。

4.1 直线回归分析

数据见第三章例 3-7。

（1）输入数据（图 7-41）。

（2）选中待分析的数据（图 7-42）。

	A	B
1	积温x	盛发期y
2	35.5	12
3	34.1	16
4	31.7	9
5	40.3	2
6	36.8	7
7	40.2	3
8	31.7	13
9	39.2	9
10	44.2	-1

图 7-41

	A	B
1	积温x	盛发期y
2	35.5	12
3	34.1	16
4	31.7	9
5	40.3	2
6	36.8	7
7	40.2	3
8	31.7	13
9	39.2	9
10	44.2	-1

图 7-42

（3）单击菜单“多元分析”→“回归分析”→“线性回归”（图 7-43）。或者单击菜单“数学模型”→“一元非线性回归模型”查看拟合情况，单击“输出结果”。

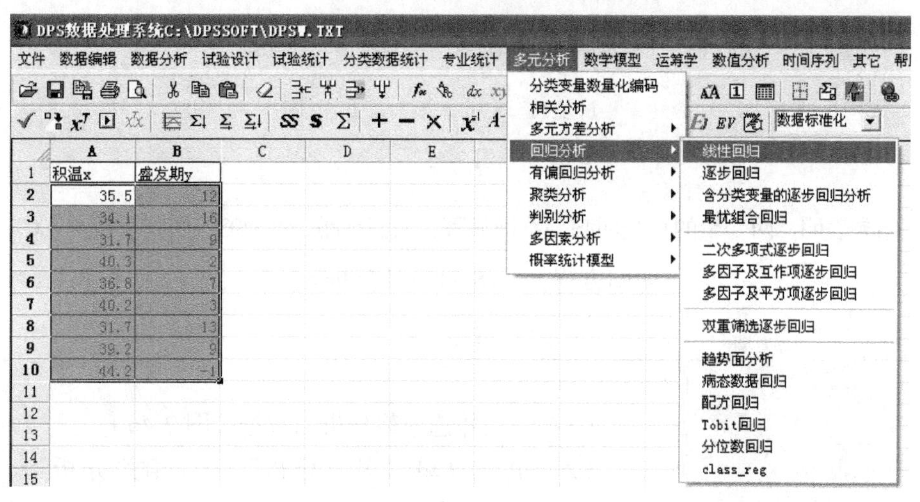

图 7-43

（4）弹出对话框，纵坐标选择“观察值 Y”，横坐标选择“X1”，单击“返回编辑”（图 7-44）。

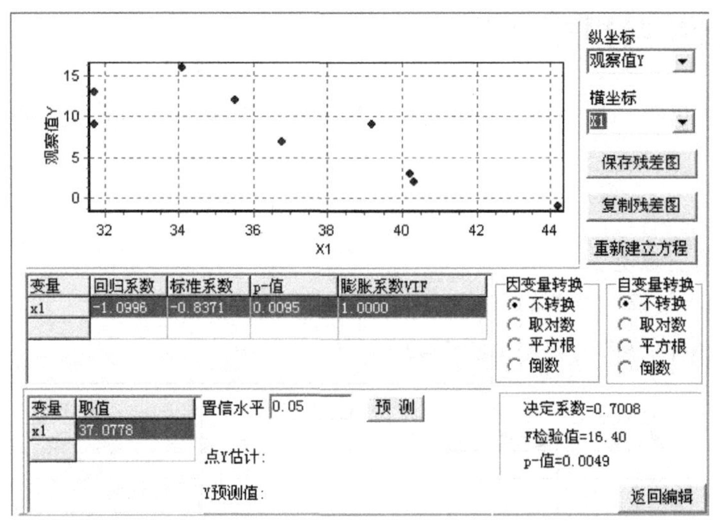

图 7-44

（5）得出结果（图 7-45）。

方差分析表

方差来源	平方和	df	均方	F值	p值
回　归	174.8888	1	174.8888	16.3958	0.0049
剩　余	74.6668	7	10.6667		
总　的	249.5556	8	31.1944		

相关系数R=0.837139　决定系数RR=0.700801　调整相关R'=0.811208

变量	回归系数	标准系数	偏相关	标准误	t值	p值
b0	48.5493			10.9393	4.4381	0.0044
b1	-1.0996	-0.8371	-0.8371	0.2933	-3.7488	0.0095

图 7-45

结果表明，两变量的直线回归关系极显著，回归截距 =48.5493，回归系数 =−1.0996，回归方程 $\hat{y}$ =48.5493−1.0996x。

	A	B
1	积温x	盛发期y
2	35.5	12
3	34.1	16
4	31.7	9
5	40.3	2
6	36.8	7
7	40.2	3
8	31.7	13
9	39.2	9
10	44.2	-1

图 7-46

4.2 直线相关分析

（1）输入并选中待分析的数据（图 7-46）。

（2）单击菜单“多元分析”→“相关分析”（图 7-47）。

（3）得出结果（图 7-48）。

结果表明，相关系数 r=−0.84，“**”表示两变量的相关系数极显著。

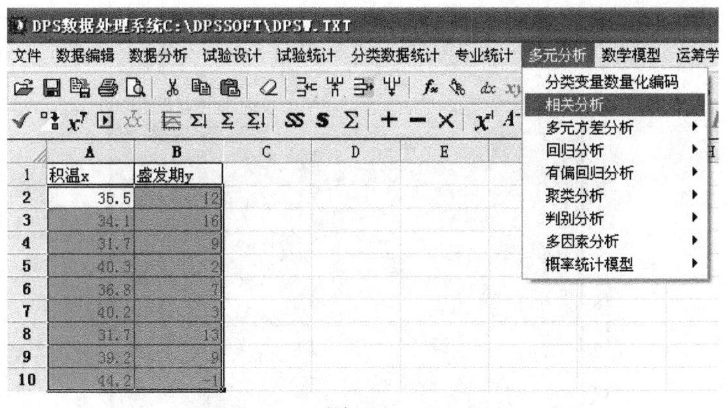

图 7-47

1	计算结果	当前日期 2014-7-7	
2	相关系数	x1	x2
3	x1	1.0000	-0.84**
4	x2	-0.84**	1.0000
5		* p<0.05	** p<0.01

图 7-48

4.3 多元线性回归与相关分析

数据见第三章例 3-8。

（1）输入数据（图 7-49）。

	A	B	C	D	E
1	穗数（x1）	每穗粒数（x2）	千粒重（x3）	株高（x4）	产量（y）
2	30.8	33	50	90	520.8
3	23.6	33.6	28	64	195
4	31.5	34	36.6	82	424
5	19.8	32	36	70	213.5
6	27.7	26	47.2	74	403.3
7	27.7	39	41.8	83	461.7
8	16.2	43.7	44.1	83	248
9	31.2	33.7	47.5	80	410
10	23.9	34	45.3	75	378.3
11	30.3	38.9	36.5	78	400.8
12	35	32.5	36	90	395
13	33.3	37.2	35.9	85	400
14	27	32.8	35.4	70	267.5
15	25.2	36.2	42.9	70	361.3
16	23.6	34	33.5	82	233.8
17	21.3	32.9	38.6	80	210
18	21.1	42	23.1	81	168.3
19	19.6	50	40.3	77	400
20	21.6	45.1	39.3	80	319.4
21	32.3	25.6	39.8	71	376.2

图 7-49

（2）选中待分析的数据（图 7-50）。

	A	B	C	D	E
1	穗数（x1）	每穗粒数（x2）	千粒重（x3）	株高（x4）	产量（y）
2	30.8	33	50	90	520.8
3	23.6	33.6	28	64	195
4	31.5	34	36.6	82	424
5	19.8	32	36	70	213.5
6	27.7	26	47.2	74	403.3
7	27.7	39	41.8	83	461.7
8	16.2	43.7	44.1	83	248
9	31.2	33.7	47.5	80	410
10	23.9	34	45.3	75	378.3
11	30.3	38.9	36.5	78	400.8
12	35	32.5	36	90	395
13	33.3	37.2	35.9	85	400
14	27	32.8	35.4	70	267.5
15	25.2	36.2	42.9	70	361.3
16	23.6	34	33.5	82	233.8
17	21.3	32.9	38.6	80	210
18	21.1	42	23.1	81	168.3
19	19.6	50	40.3	77	400
20	21.6	45.1	39.3	80	319.4
21	32.3	25.6	39.8	71	376.2

图 7-50

（3）单击菜单“多元分析”→“回归分析”→“逐步回归”（图 7-51）。

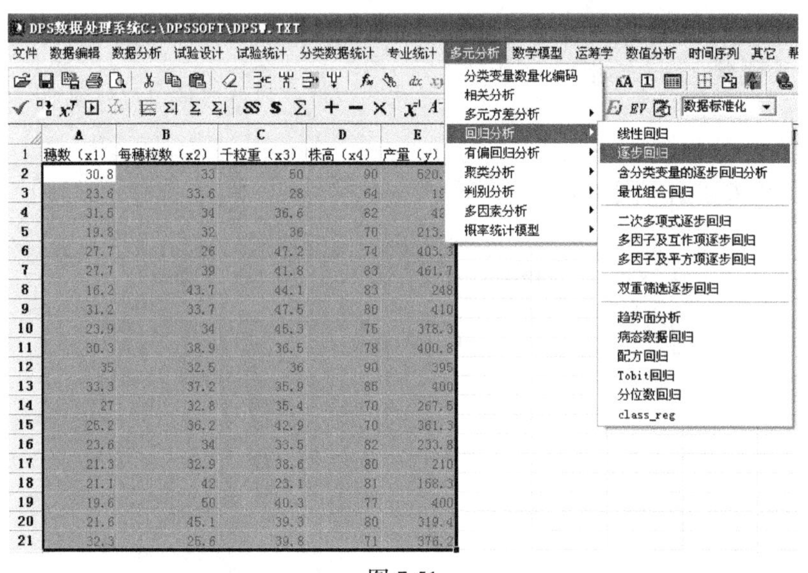

图 7-51

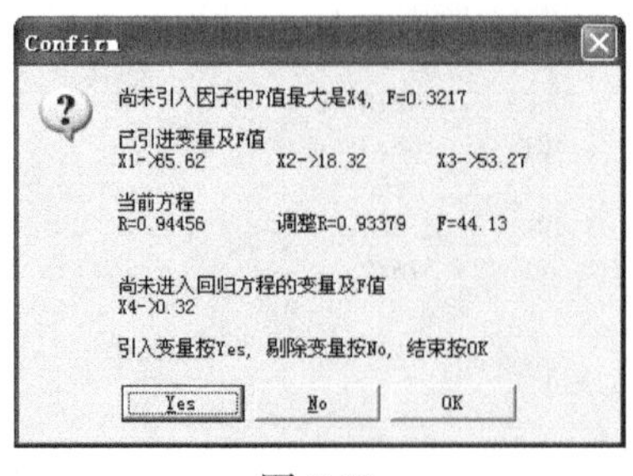

图 7-52

（4）弹出“Confirm”对话框，选择“Yes”引入变量到当前方程中，选择“No”可以继续剔除当前方程中的变量，选择“OK”可以确定当前的逐步回归方程。本例中变量 x4 不引入到当前方程中，单击“OK”（图 7-52）。

（5）得出结果（图 7-53）。

1	计算结果	当前日期	2014-7-16				
2	变量	平均值	标准差				
3	X 1	26.1350	5.3148				
4	X 2	35.8100	5.9850				
5	X 3	38.8900	6.5221				
6	X 4	78.2500	6.8892				
7	Y	339.3450	99.8519				
8	协方差阵	X1	X2	X3	X4	Y	
9	X1	536.6855	-308.2670	105.8770	208.8250	6710.3885	
10	X2	-308.2670	680.5780	-115.4180	188.6500	-919.4490	
11	X3	105.8770	-115.4180	808.2180	168.8500	8295.1490	
12	X4	208.8250	188.6500	168.8500	901.7500	5406.3750	
13	Y	6710.3885	-919.4490	8295.1490	5406.3750	39437.6895	
14	相关系数	X1	X2	X3	X4	Y	显著水平P
15	X1	1.0000	-0.5101	0.1608	0.3002	0.6655	0.0014
16	X2	-0.5101	1.0000	-0.1556	0.2408	-0.0810	0.7343
17	X3	0.1608	-0.1556	1.0000	0.1978	0.6704	0.0012
18	X4	0.3002	0.2408	0.1978	1.0000	0.4136	0.0698
19	Y	0.6655	-0.0810	0.6704	0.4136	1.0000	0.0001

21	Y=			
22	-649.779427+14.592174716X 1+6.840579150X 2+9.328794065X 3			
23				
24				
25		偏相关	t检验值	p值
26	r(y,X1)=	0.8966	8.1008	0.0001
27	r(y,X2)=	0.7306	4.2800	0.0005
28	r(y,X3)=	0.8769	7.2988	0.0001
29				
30	相关系数R=		0.9446	
31	F值=	44.1338	Df=(3,16)	
32	p值=	0.0001		
33	剩余标准差 S=		35.7285	
34	调整后的相关系数Ra=			0.9338

58	通径系数				
59	因子	直接	→X1	→X2	→X3
60	X1	0.7767		-0.2091	0.0980
61	X2	0.4100	-0.3962		-0.0948
62	X3	0.6093	0.1249	-0.0638	
63					
64	决定系数=0.89218				
65	剩余通径系数=0.32835				

图 7-53

结果中列出了回归方程、偏相关系数及显著性检验、通径系数等。

（秦耀国、严泽生）

第二篇 常用生物信息学软件和工具

生物信息学（bioinformatics）是研究生物信息的采集、处理、存储、传播、分析和解释等各方面的学科，是生命科学和计算机科学相结合形成的一门新学科。而生物信息学软件和工具则是进行生物信息学研究的手段，可分3类：单机分析软件、在线分析软件和生物学数据库。

生物信息学软件种类繁多，网上可查的多达数百种，本书主要介绍以下几个方面：① NCBI数据库的利用；② DNA序列比对与系统发育树构建；③实时定量PCR目的基因保守区的查找；④引物设计软件Primer Premier；⑤多用生物信息学软件DNAMAN。以DNA序列分析为主，复杂的RNA序列分析、蛋白质序列分析和结构预测等软件一般只有在做专门研究课题时才需要学习，在本书中不涉及。

第八章　NCBI 数据库的利用

美国国家生物技术信息中心（National Center for Biotechnology Information，NCBI）成立于 1988 年，属于国家医学图书馆 (NLM)，管理着许多著名数据库，如 GenBank、Medline、dbSNP、COG、OMIM 等，提供 Entrez、Blast 等服务，是目前最大的基于 Internet 用于分子生物学研究的生物医学中心，在本科阶段，学会使用 NCBI 数据库即足以满足学习需要。

1. 进入 NCBI 主页

在浏览器地址栏键入：http://www.ncbi.nlm.nih.gov，或者用百度搜索 NCBI 主页地址，再点击回车键即可打开 NCBI 的主页（图 8-1）。

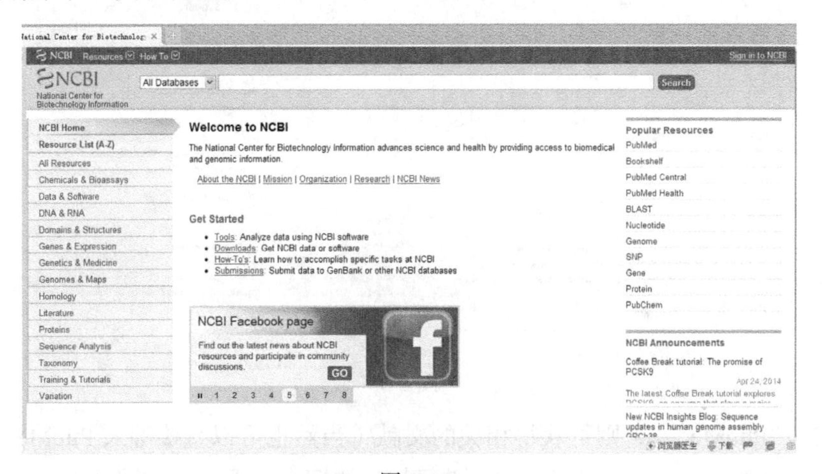

图 8-1

2. 使用 Entrez 搜索

Entrez 是个全局的生物医学搜索引擎，可以检索的数据库主要包括 3 类：①文献数据库，如 PubMed；②序列数据库，如 Nucleotide；③其他数据库，如 Taxonomy、Gene 等。

例如，搜索漆酶（laccase）的相关信息，具体操作如下。

打开 Entrez 网址：www.ncbi.nlm.nih.gov/sites/gquery 或百度 Entrez，再打开网址，则进入检索页面（图 8-2）。

在搜索框中输入“laccase”，再点击“search”或回车键，得到如图 8-3 所示结果。

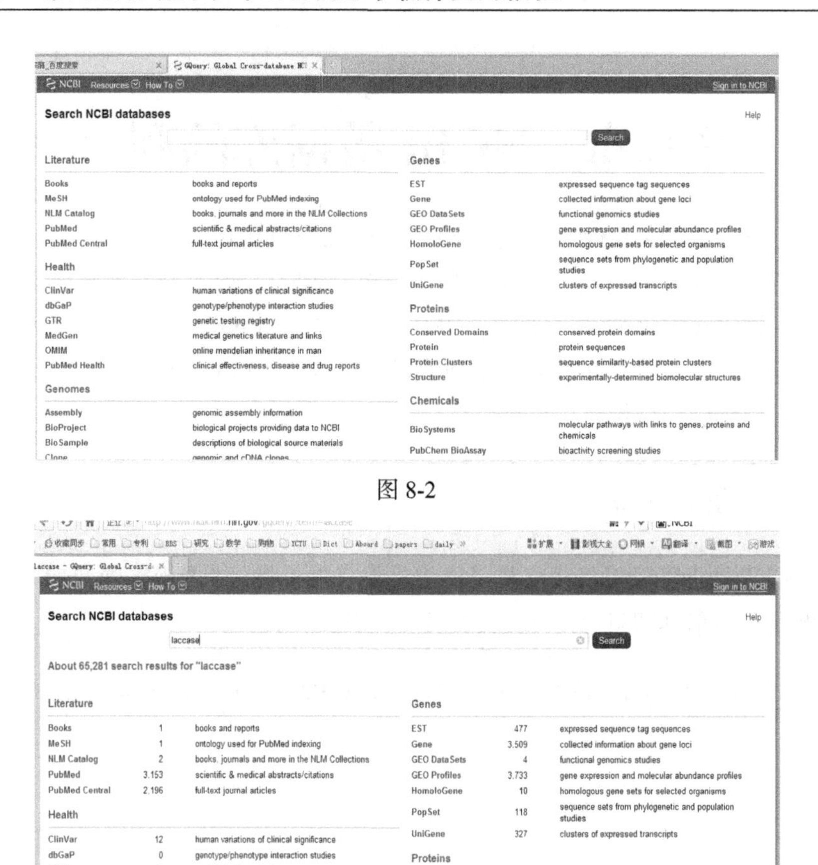

图 8-2

图 8-3

点击“PubMed”，则可获得相关的文献（当然也可以直接键入 PubMed 网址：http://www.ncbi.nlm.nih.gov/pubmed，进行相应的搜索，下同）（图 8-4）。

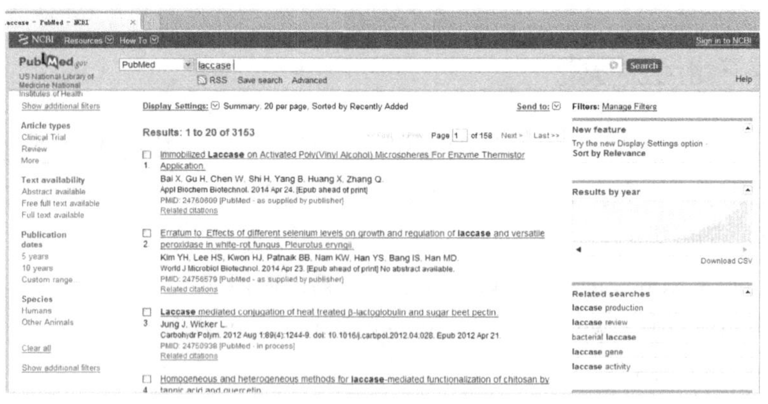

图 8-4

点击左上角的对话框，选择“PMC”，如图 8-5 所示。

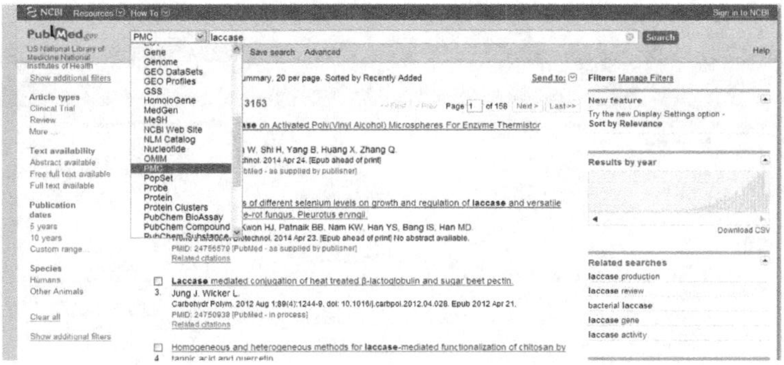

图 8-5

点击回车键，则可以获得带免费全文的文献资料，如图 8-6 所示。

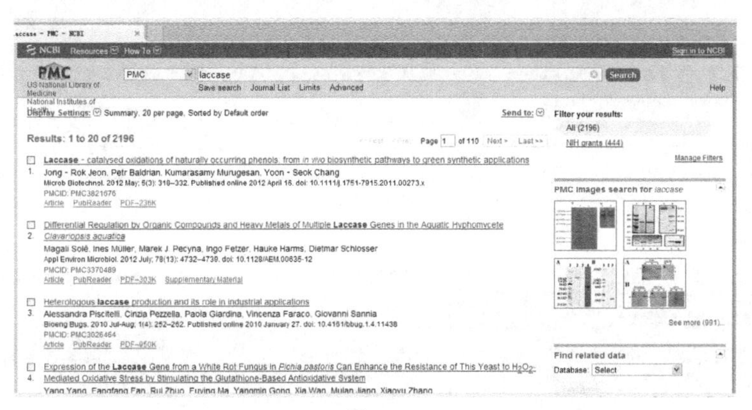

图 8-6

在 PubMed 搜索页，选择“Nucleotide”，点击回车键，则可以获得该基因相关的核苷酸序列，如图 8-7 所示。

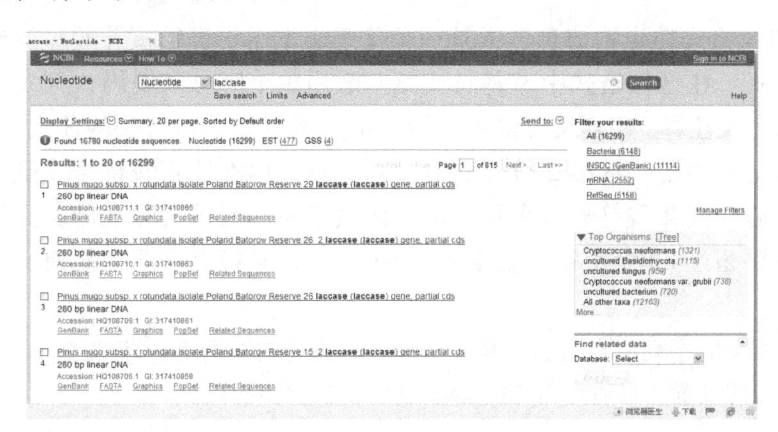

图 8-7

点击“Display Settings”，设置显示格式为“FASTA”（图 8-8），则如图 8-9 所示。

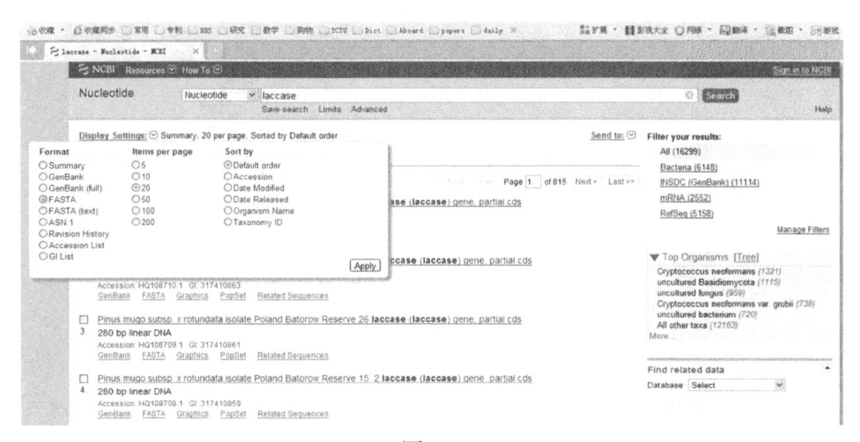

图 8-8

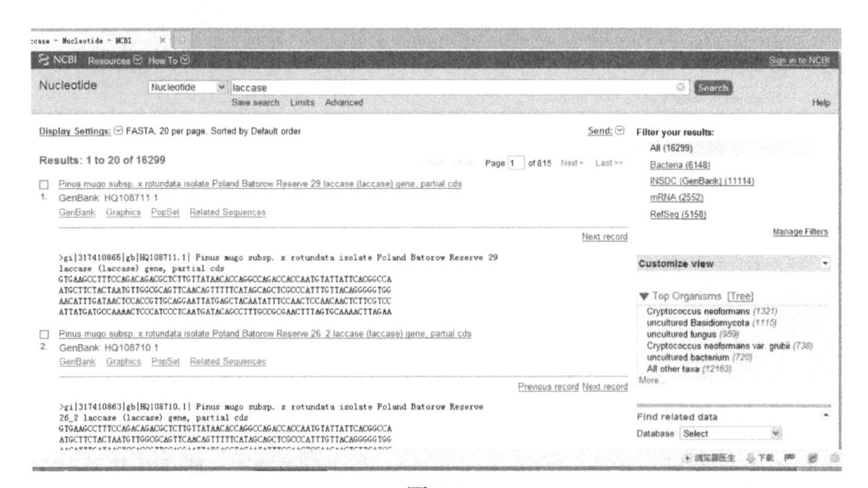

图 8-9

FASTA 格式在生物信息学中是一种基于文本用于表示核苷酸序列或氨基酸序列的格式。在这种格式中碱基对或氨基酸用单个字母来编码，且允许序列前添加序列名及注释。序列文件的第一行是由大于符号（>）打头的任意文字说明，主要为标记序列用。从第二行开始是序列本身，标准核苷酸符号或氨基酸单字母符号。通常核苷酸符号大小写均可，而氨基酸一般用大写字母。文件中和每一行都不要超过 80 个字符（通常 60 个字符），其特点是非常简便，因此使用最多。

勾选相关的序列，点击右上角“Send”右边的向下箭头，即“Send: ”，并进行适当的设置，最后点击“Create File”，如图 8-10 所示。

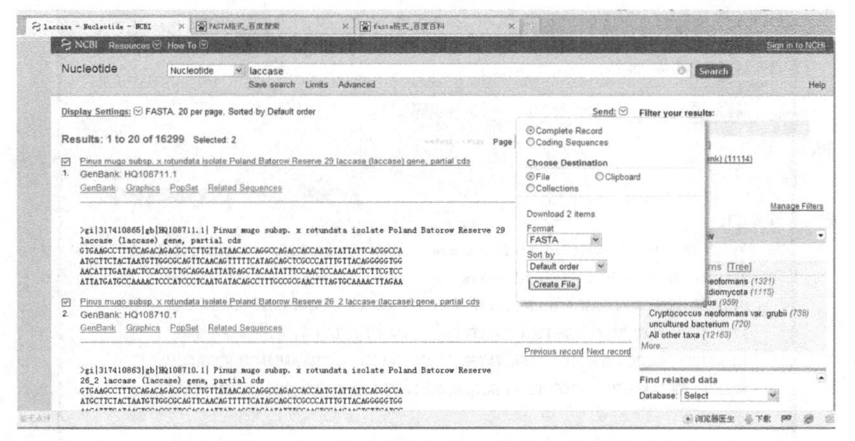

图 8-10

打开对话框，点击“下载”，则可以将选中的序列下载，并以 FASTA 格式保存到文件中，如图 8-11 所示。

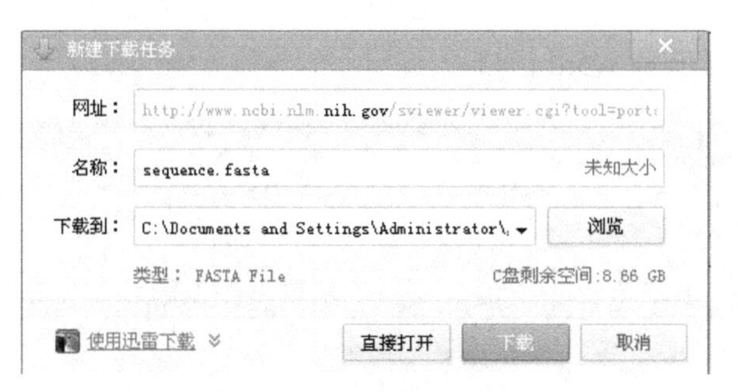

图 8-11

用记事本打开下载的序列文件，如图 8-12 所示。

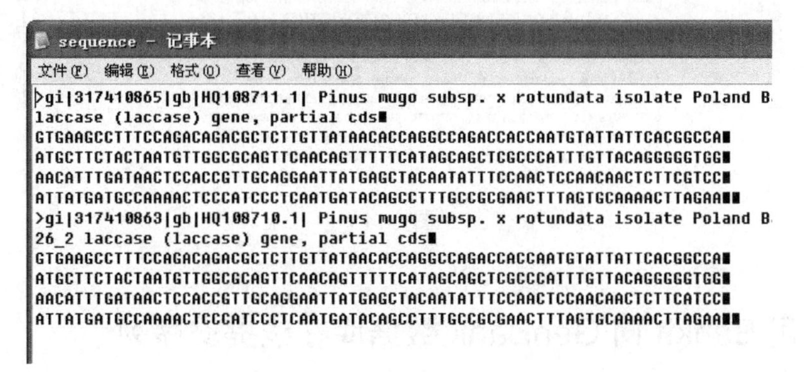

图 8-12

如果用 Word 打开，则出现如图 8-13 所示对话框，点击“确定”即可。

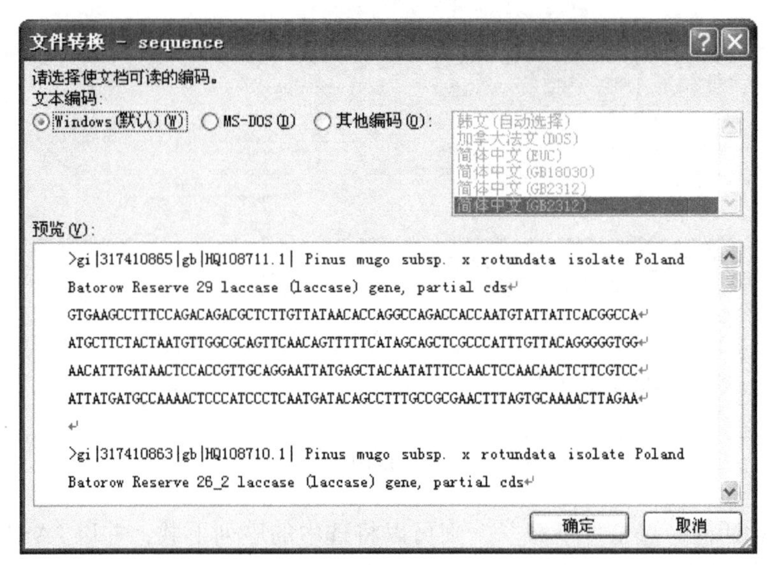

图 8-13

获得如图 8-14 所示 Word 窗口。

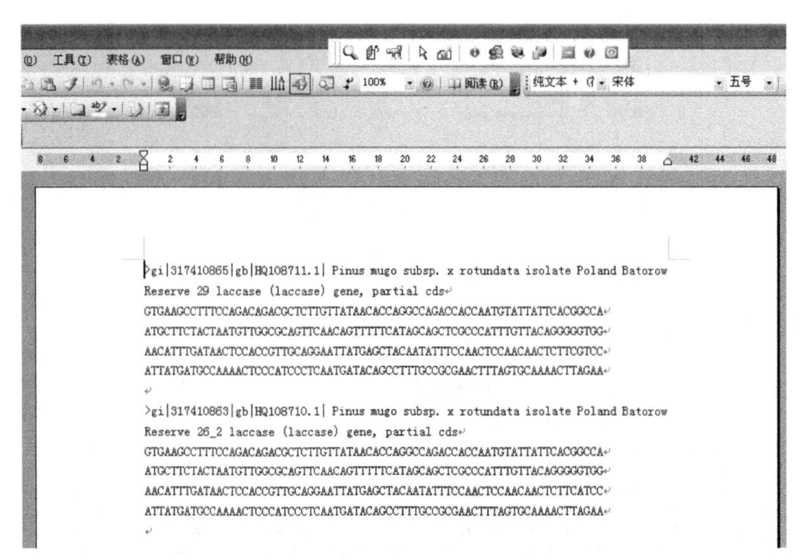

图 8-14

3. 利用 BankIt 向 GenBank 数据库在线提交序列

打开 NCBI 主页（http://www.ncbi.nlm.nih.gov），点击“Submissions”（图 8-15）。

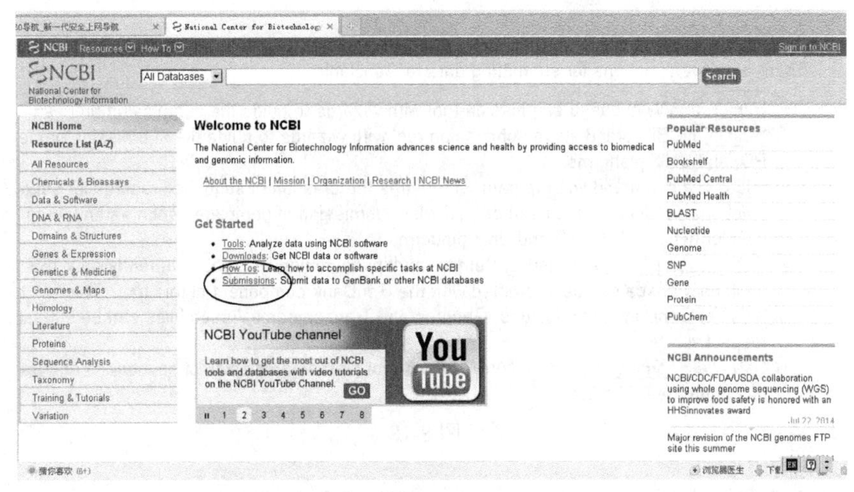

图 8-15

页面如图 8-16 所示，点击“GenBank”。

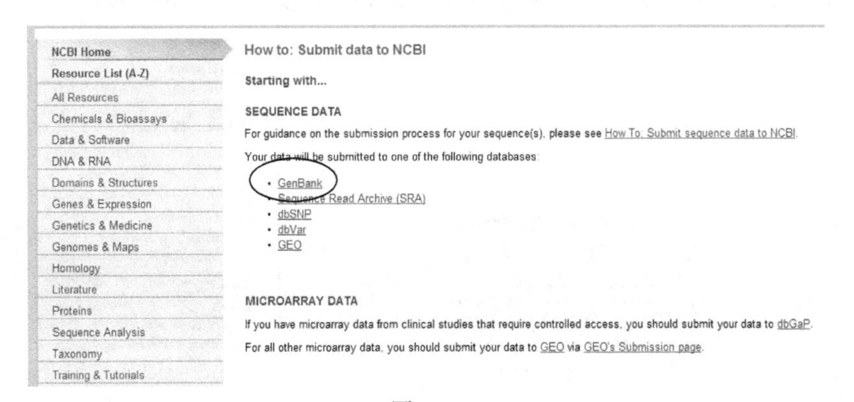

图 8-16

点击页面右上角的“Submission Tools”（图 8-17）。

GenBank Resources

GenBank Home

Submission Types

Submission Tools

Search GenBank

Update GenBank Records

图 8-17

点击页面中的“BankIt”（图 8-18）。

Submissions to GenBank

There are several options for submitting data to GenBank:

- BankIt, a WWW-based submission tool with wizards to guide the submission process
- Sequin, NCBI's stand-alone submission tool with wizards to guide the submission proce PC, and UNIX platforms.
- tbl2asn, a command-line program, automates the creation of sequence records for subm functions as Sequin. It is used primarily for submission of complete genomes and large FTP for use on MAC, PC and Unix platforms.
- Submission Portal, a unified system for multiple submission types. Currently only 16S bacteria/archaea can be submitted with the GenBank component of this tool. This will b types of GenBank submissions. Genome and Transcriptome Assemblies can be submit respectively.
- Barcode Submission Tool, a WWW-based tool for the submission of sequences and tra based on the COI gene.

图 8-18

点击页面右上角的“Sign in to use BankIt”（图 8-19）。

在左侧的登录栏中填写相应信息（需要先通过“Register for an NCBI account”进行注册，然后使用用户名和密码登录），点击“Sign in”（图 8-20）。

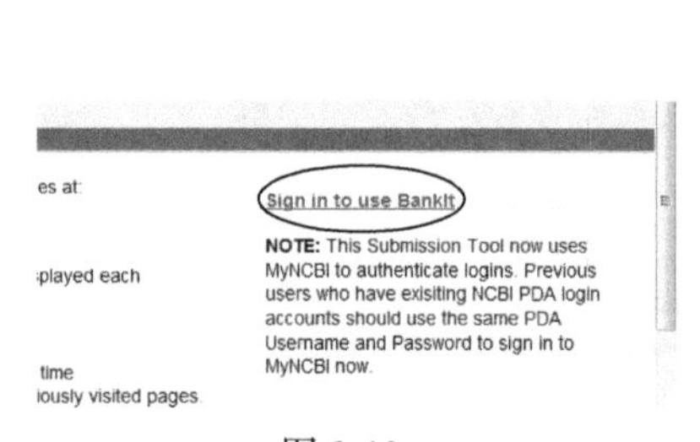

图 8-19

图 8-20

Bankit - Windows Internet Explorer

http://www.ncbi.nlm.nih.gov/WebSub/?form=

NCBI **BankIt**

Submissions

New Submission

Complete Submissions

ID	Date	Submitted Record	Title
1729470	24 May 2014 03:34:30	Download File (*.gz)	
1552144	13 Jul 2012 22:16:38	Download File (*.gz)	
1526891	02 Apr 2012 20:49:06	Download File (*.gz)	
1526888	02 Apr 2012 20:44:57	Download File (*.gz)	
1445739	07 Apr 2011 04:34:28	Download File (*.gz)	

图 8-21

点击页面左上角的“New Submission”（图 8-21）。

填写“Contact”信息，点击页面左下角的“Continue”；填写“Reference”信息，点击“Continue”；填写“Sequencing Technology”信息，点击“Continue”；填写“Nucleotide”信息，点击“Continue”；填写“Organism”信息，点击“Continue”；填写“Submission Category”信息，点击“Continue”；填写“Source Modifiers”信息，点击“Continue”；填写“Features”信息，点击“Continue”，如图 8-22 所示。

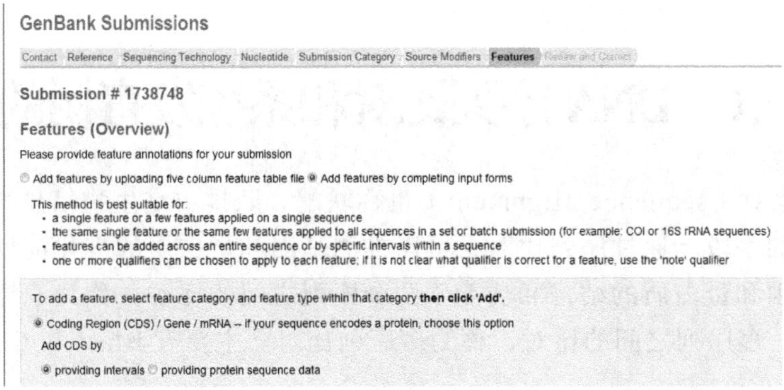

GenBank Submissions

Contact Reference Sequencing Technology Nucleotide Submission Category Source Modifiers **Features** Review and Correct

Submission # 1738748

Features (Overview)

Please provide feature annotations for your submission

Add features by uploading five column feature table file Add features by completing input forms

This method is best suitable for:
- a single feature or a few features applied on a single sequence
- the same single feature or the same few features applied to all sequences in a set or batch submission (for example: COI or 16S rRNA sequences)
- features can be added across an entire sequence or by specific intervals within a sequence
- one or more qualifiers can be chosen to apply to each feature; if it is not clear what qualifier is correct for a feature, use the 'note' qualifier

To add a feature, select feature category and feature type within that category **then click 'Add'.**

Coding Region (CDS) / Gene / mRNA -- if your sequence encodes a protein, choose this option

Add CDS by

providing intervals providing protein sequence data

图 8-22

最后一步是“Review and Correct”，校对信息，确认无误后，点击页面左下角的“Finish Submission”（图片未显示），完成序列提交（图 8-23）。

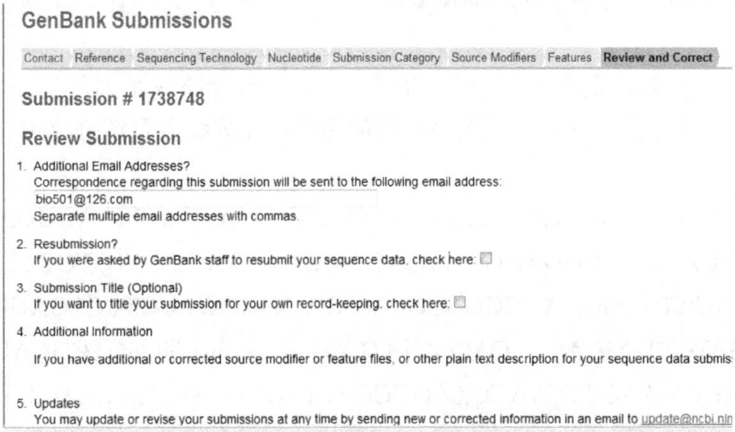

GenBank Submissions

Contact Reference Sequencing Technology Nucleotide Submission Category Source Modifiers Features **Review and Correct**

Submission # 1738748

Review Submission

1. Additional Email Addresses?
   Correspondence regarding this submission will be sent to the following email address:
   bio501@126.com
   Separate multiple email addresses with commas.
2. Resubmission?
   If you were asked by GenBank staff to resubmit your sequence data, check here:
3. Submission Title (Optional)
   If you want to title your submission for your own record-keeping, check here:
4. Additional Information
   If you have additional or corrected source modifier or feature files, or other plain text description for your sequence data submis
5. Updates
   You may update or revise your submissions at any time by sending new or corrected information in an email to update@ncbi.nlm

图 8-23

（序列在线提交：耿荣庆；其他部分：张祥胜）

第九章　DNA 序列比对和系统发育树的构建

序列比对（sequence alignment）也称联配、队排，是生物信息学中最常用和最经典的手段。通过序列比对，可以推测基因和蛋白质的进化演变规律，或者推测基因和蛋白质的结构和功能。两个序列之间的比对，称为双序列比对或成对比对。多序列之间的比对，称为多序列比对。主要有 Blast 和 Clustal X 两种工具。

在系统学分类的研究中，最常用的可视化表示进化关系的方法就是绘制系统发育进化树（phylogenetic tree），用一种类似树状分枝的图形来概括各种（类）生物之间的亲缘关系。通过比较生物大分子序列差异的数值构建的系统树称为分子系统树（molecular phylogenetic tree）。可用 Mega 软件作为系统发育树构建的工具。

例如，有未知细菌菌株 Z1（非大肠杆菌属）16S rRNA 基因部分序列如下，试对该菌进行种属鉴定，并与亲缘关系较近的菌株的序列绘制系统进化树。

>Z1

GGGGCCAGCTGACGGTCGGATGCTAGTCGAGCGGATGAAGGAGCTTGCT
CCTGGATTCAGCGGCGGACGGGTGAGTAATGCCTAGGAATCTGCCTGGTAGTG
GGGGATAACGTCCGGAAACGGGCGCTAATACCGCATACGTCCTGAGGGAGAAA
GTGGGGGATCTTCGGACCTCACGCTATCAGATGAGCCTAGGTCGGATTAGCTAG
TTGGTGGGGTAAAGGCCTACCAAGGCGACGATCCGTAACTGGTCTGAGAGGAT
GATCAGTCACACTGGAACTGAGACACGGTCCAGACTCCTACGGGAGGCAGCA
GTGGGGAATATTGGACAATGGGCGAAAGCCTGATCCAGCCATGCCGCGTGTGT
GAAGAAGGTCTTCGGATTGTAAAGCACTTTAAGTTGGGAGGAAGGGCAGTAAG
TTAATACCTTGCTGTTTTGACGTTACCAACAGAATAAGCACCGGCTAACTTCGT
GCCAGCAGCCGCGGTAATACGAAGGGTGCAGCGTTATCGGAATTACTGGGCGT
AAAGCGCGCGTAGGTGGTTCAGCAAGTTGGATGTGAAATCCCCGGGCTCAACC
TGGGAACTGCATCCAAAACTACTGAGCTAGAGTACGGTAGAGGGTGGTGGAAT
TTCCTGTGTAGCGGTGAAATGCGTAGATATAGGAAGGAACACCAGTGGCGAAG
GCGACCACCTGGACTGATACTGACACTGAGGTGCGAAAGCGTGGGGAGCAAA
CAGGATTAGATACCCTGGTAGTCCACGCCGTAAACGATGTCGACTAGCCGTTGG
GATCCTTGAGATCTTAGTGGCGCAGCTAACGCGATAAGTCGACCGCCTGGGGA
GTACGGCCGCAAGGTTAAAACTCAAATGAATTGACGGGGGCCCGCACAAGCG

GTGGAGCATGTGGTTTAATTCGAAGCAACGCGAAGAACCTTACCTGGCCTTGA
CATGCTGAGAACTTTCCAGAGATGGATTGGTGCCTTCGGGAACTCAGACACAG
GTGCTGCATGGCTGTCGTCAGCTCGTGTCGTGAGATGTTGGGTTAAGTCCCGTA
ACGAGCGCAACCCTTGTCCTTAGTTACCAGCACCTCGGGTGGGCACTCTAAGG
AGACTGCCGGTGACAAACCGGAGGAAGGTGGGGATGACGTCAAGTCATCATG
GCCCTTACGGCCAGGGCTACACACGTGCTACAATGGTCGGTACAAAGGGTTGC
CAAGCCGCGAGGTGGAGCTAATCCCATAAAACCGATCGTAGTCCGGATCGCAG
TCTGCAACTCGACTGCGTGAAGTCGGAATCGCTAGTAATCGTGAATCAGAATGT
CACGGTGAATACGTTCCCGGGCCTTGTACACACCGCCCGTCACACCATGGGAG
TGGTTTTTCCAGAAGTAGCTAGTCTAACCGCAAGGAGGACGGCTCCTCTCGA
GAGGAAAC

操作步骤如下。

在浏览器地址栏中输入：http://blast.ncbi.nlm.nih.gov/Blast.cgi，或者在百度搜索NCBI Blast，找到网址，再点击进入在线 Blast 网页（图 9-1）。

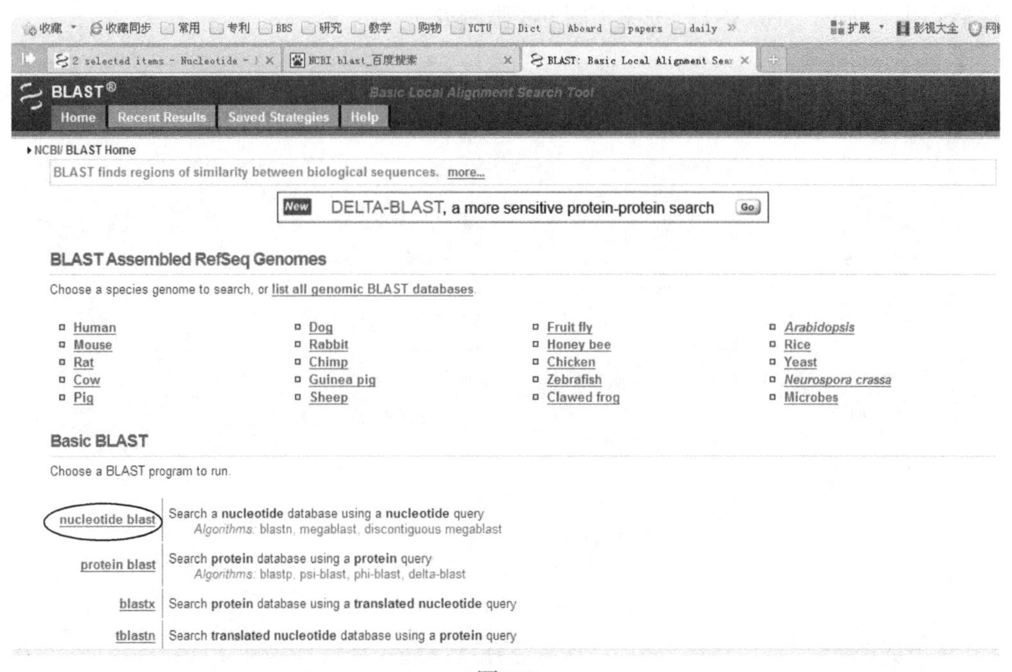

图 9-1

点击“nucleotide blast”，即图 9-1 画圈处，则得到如图 9-2 所示窗口，并将序列直接拷贝到序列框中。

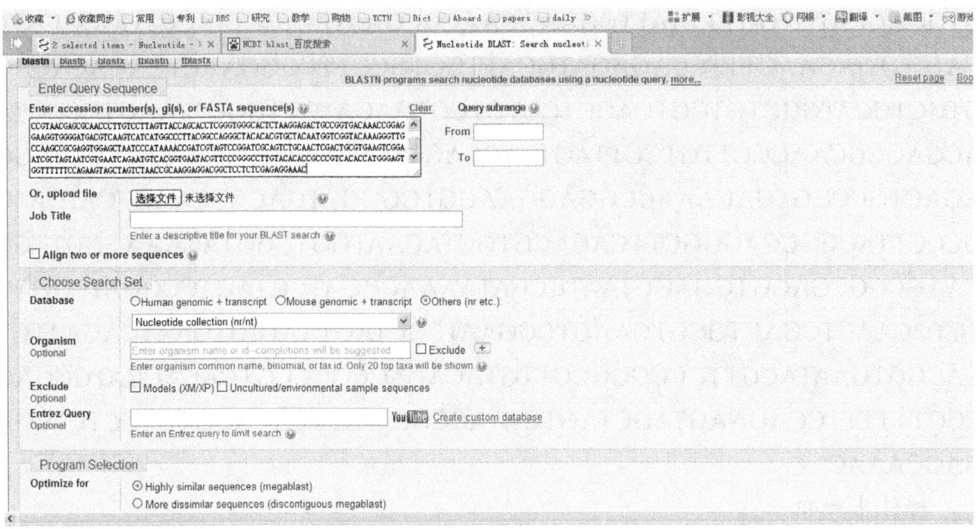

2 selected items - Nucleotide | NCBI blast_百度搜索 | Nucleotide BLAST: Search nucleoti

blastn | blastp | blastx | tblastn | tblastx

BLASTN programs search nucleotide databases using a nucleotide query. more... Reset page

Enter Query Sequence

Enter accession number(s), gi(s), or FASTA sequence(s) Clear Query subrange

CCGTAACGAGCGCAACCCTTGTCCTTAGTTACCAGCACCTCGGGTGGGCACTCTAAGGAGACTGCCGGTGACAAACCGGAG
GAAGGTGGGGATGACGTCAAGTCATCATGGCCCTTACGGCCAGGGCTACACACGTGCTACAATGGTCGGTACAAAGGGTTG
CCAAGCCGCGAGGTGGAGCTAATCCCATAAAACCGATCGTAGTCCGGATCGCAGTCTGCAACTCGACTGCGTGAAGTCGGA
ATCGCTAGTAATCGTGAATCAGAATGTCACGGTGAATACGTTCCCGGGCCTTGTACACACCGCCCGTCACACCATGGGAGT
GGTTTTTCCAGAAGTAGCTAGTCTAACCGCAAGGAGGACGGCTCCTCTCGAGAGGAAAC

From To

Or, upload file 选择文件 未选择文件

Job Title

Enter a descriptive title for your BLAST search

Align two or more sequences

Choose Search Set

Database Human genomic + transcript Mouse genomic + transcript Others (nr etc.):

Nucleotide collection (nr/nt)

Organism Optional Enter organism name or id--completions will be suggested Exclude

Enter organism common name, binomial, or tax id. Only 20 top taxa will be shown

Exclude Optional Models (XM/XP) Uncultured/environmental sample sequences

Entrez Query Optional Create custom database

Enter an Entrez query to limit search

Program Selection

Optimize for Highly similar sequences (megablast)

More dissimilar sequences (discontiguous megablast)

图 9-2

数据库选“Others(nr etc.)”，程序选“Somewhat similar sequences (blastn)”，最后点击下面的“BLAST”按钮（图 9-3 画圈处）。

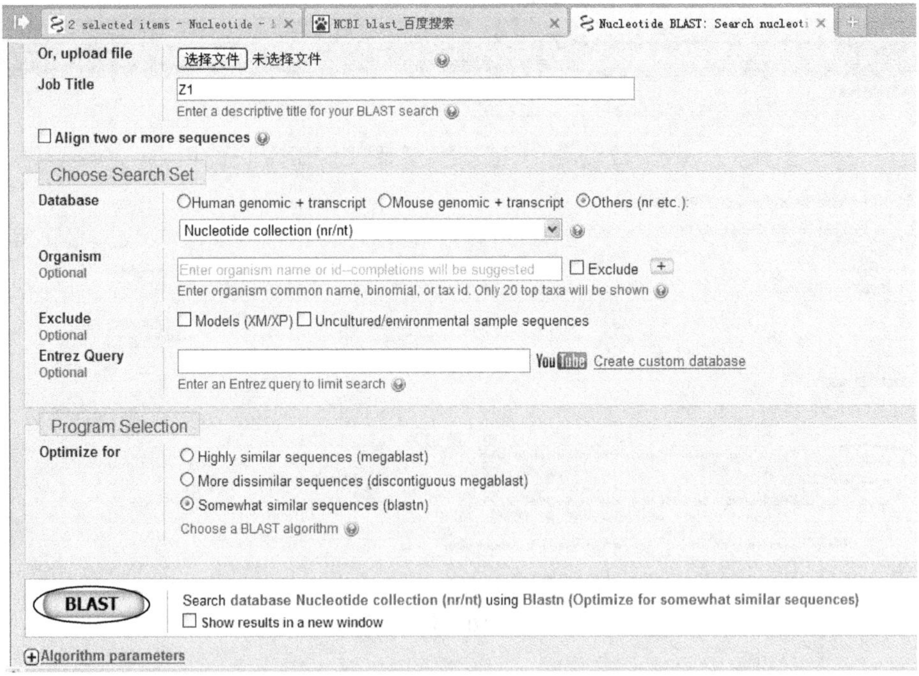

2 selected items - Nucleotide | NCBI blast_百度搜索 | Nucleotide BLAST: Search nucleoti

Or, upload file 选择文件 未选择文件

Job Title Z1

Enter a descriptive title for your BLAST search

Align two or more sequences

Choose Search Set

Database Human genomic + transcript Mouse genomic + transcript Others (nr etc.):

Nucleotide collection (nr/nt)

Organism Optional Enter organism name or id--completions will be suggested Exclude

Enter organism common name, binomial, or tax id. Only 20 top taxa will be shown

Exclude Optional Models (XM/XP) Uncultured/environmental sample sequences

Entrez Query Optional Create custom database

Enter an Entrez query to limit search

Program Selection

Optimize for Highly similar sequences (megablast)

More dissimilar sequences (discontiguous megablast)

Somewhat similar sequences (blastn)

Choose a BLAST algorithm

BLAST Search database Nucleotide collection (nr/nt) using Blastn (Optimize for somewhat similar sequences)

Show results in a new window

Algorithm parameters

图 9-3

得到如图 9-4 所示结果。

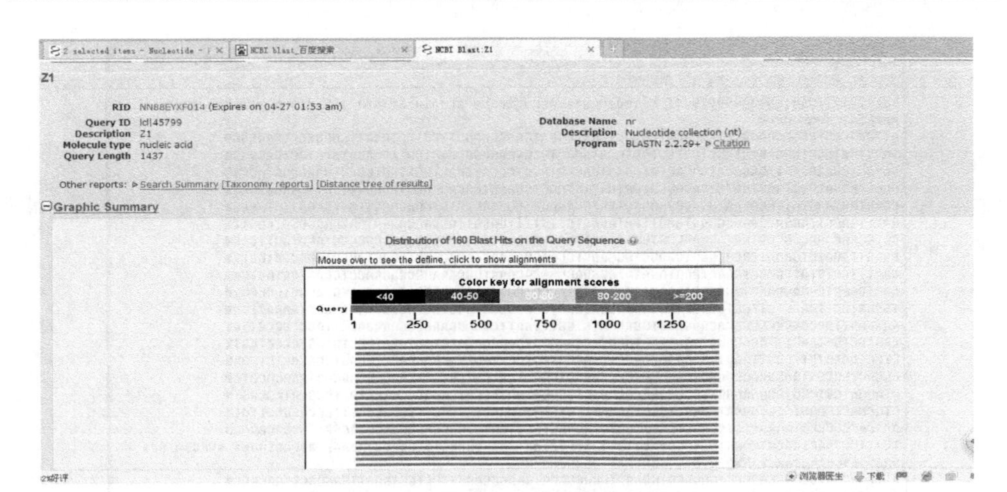

图 9-4

向下翻看网页，并勾选几个菌株序列，最后点击“Download”（图 9-5 画圈处），由此可初步判断该菌株最有可能是铜绿假单胞菌（*Pseudomonas aeruginose*）。

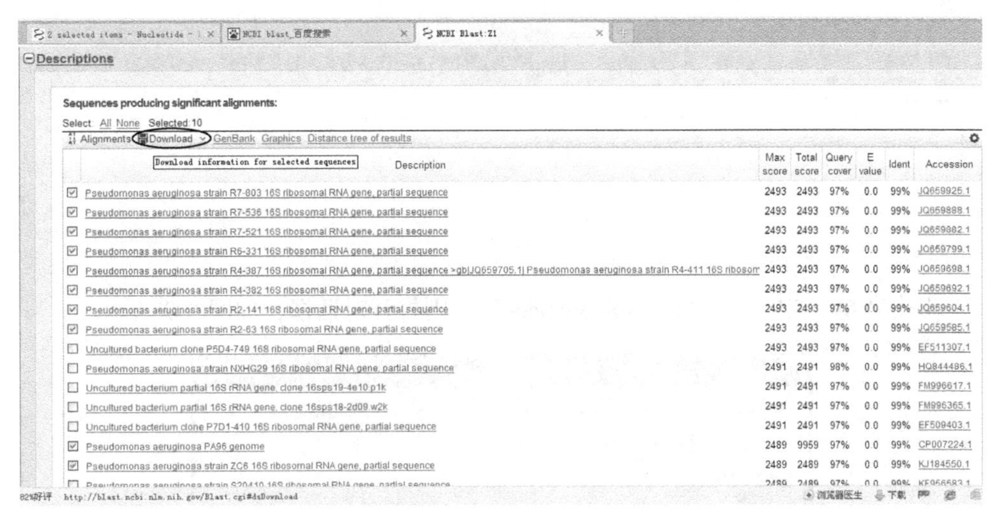

图 9-5

弹出对话框，勾选第二个选项，点击“Continue”将文件保存即可（图 9-6）。

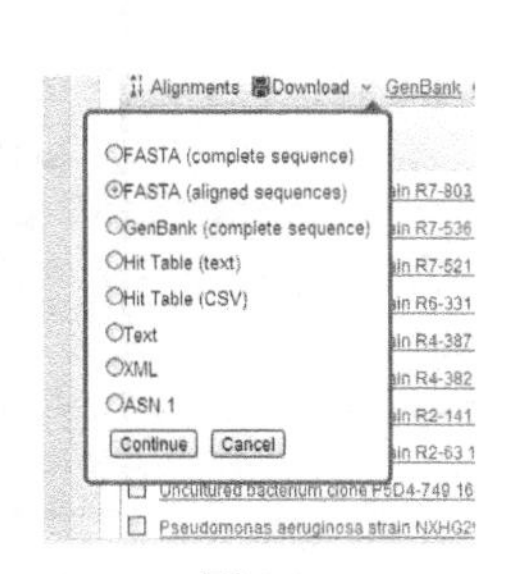

图 9-6

打开序列文件，窗口如图 9-7 所示。

将“>”后面的序列名修改，只保留属种缩写和菌株号（为方便编辑，可用 Word 打开），将未知菌的序列加入，再加入一个大肠菌株的序列。保存文件，格式仍为文本格式（.txt）。

打开 Clustal X 软件，窗口如图 9-8 所示。

图 9-7

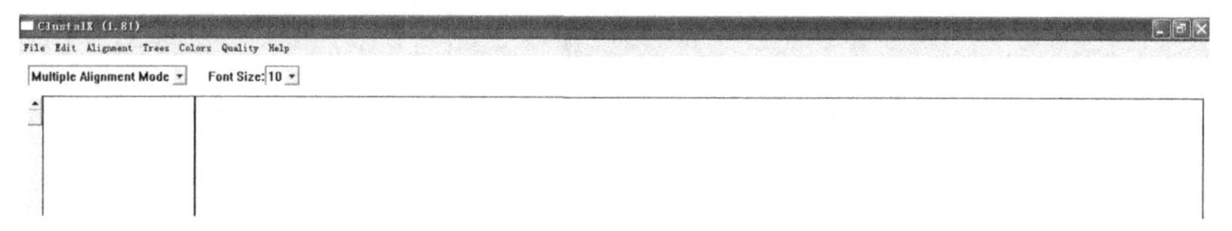

图 9-8

点击菜单“File”→“Load Sequences”，则打开对话框，如图 9-9 所示。

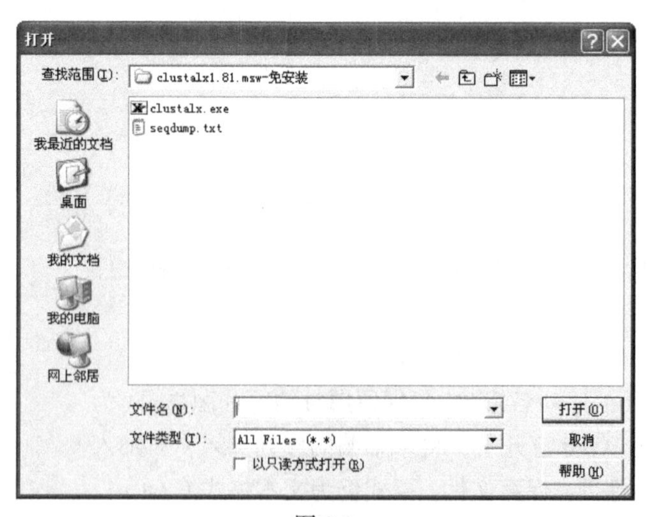

图 9-9

载入序列，如图 9-10 所示。

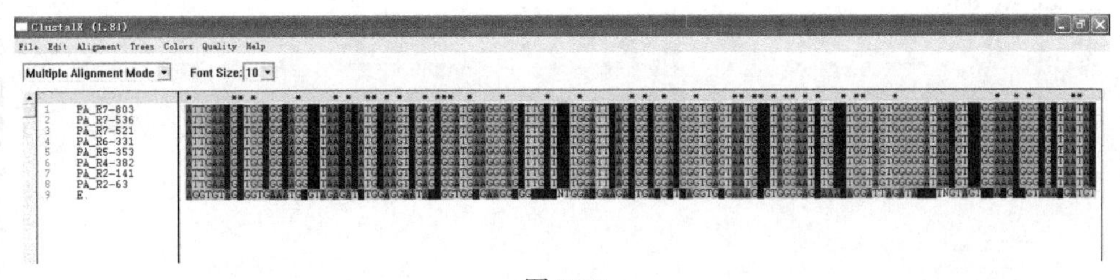

图 9-10

点击菜单“Alignment”→“Do Complete Alignment”，如图 9-11 所示。

获得如图 9-12 所示对话框，点击“ALIGN”。

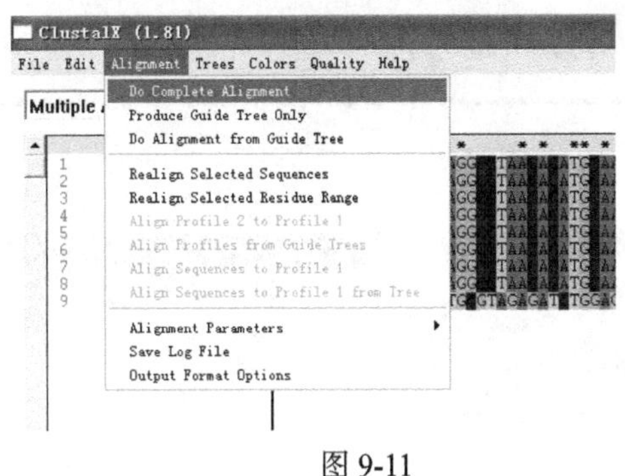

图 9-11

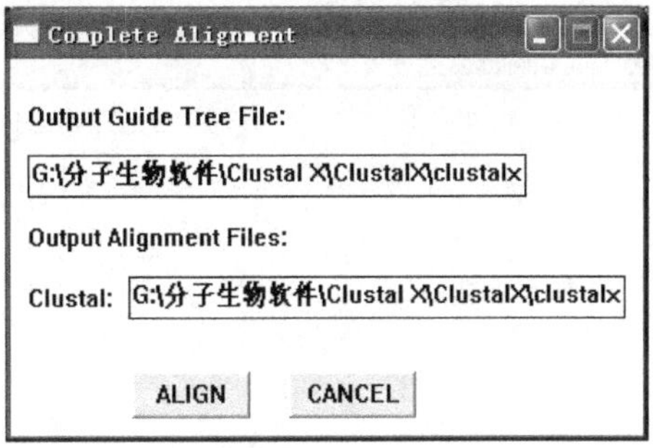

Complete Alignment

Output Guide Tree File:

G:\分子生物软件\Clustal X\ClustalX\clustalx

Output Alignment Files:

Clustal: G:\分子生物软件\Clustal X\ClustalX\clustalx

ALIGN　CANCEL

图 9-12

开始比对，如序列数据多，则所需时间较长，最终获得如图 9-13 所示结果。

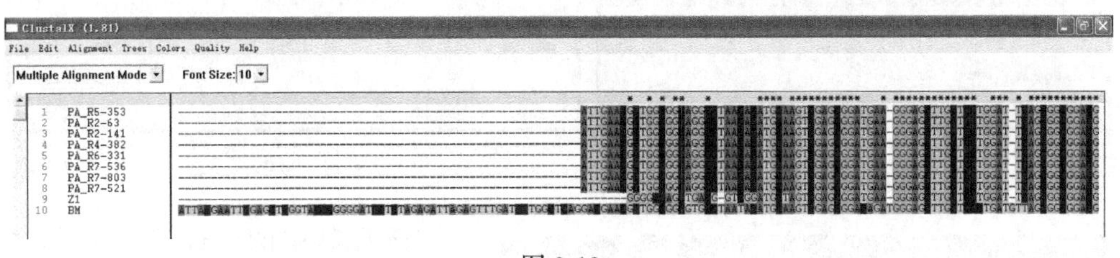

图 9-13

Clustal X 也可以构建系统进化树（通过菜单“Trees”），但不够美观精确，推荐用 Mega 进行操作。

打开 Mega 软件（图 9-14）。

点击菜单“File”→“Convert File To Mega”，则得到如图 9-15 所示窗口。

在“Data file to convert”对话框中，点击右边的打开文件按钮，打开对话框（图 9-16）。

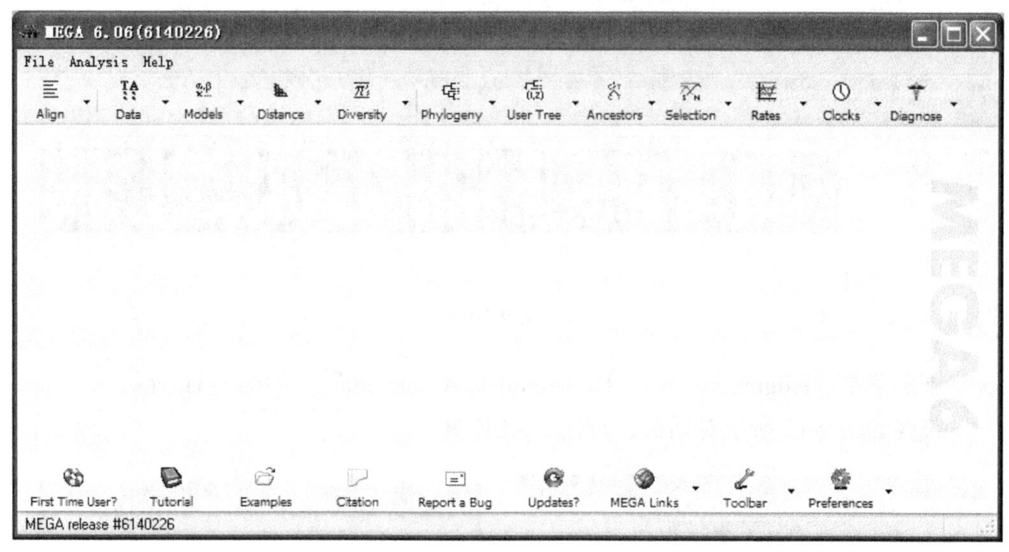

图 9-14

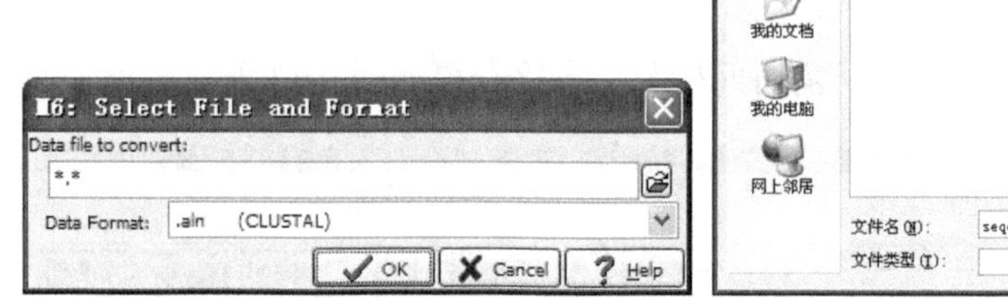

图 9-15

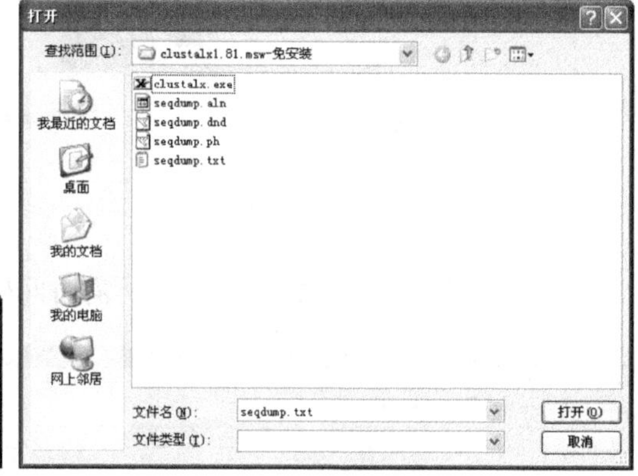

图 9-16

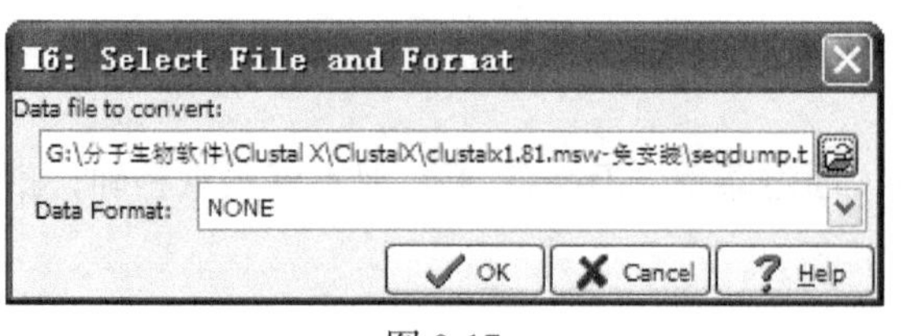

图 9-17

选择其中的“.aln”为后缀的文件，再点击“打开”，得到如图 9-17 所示对话框。

点击“OK”，得到如图 9-18 所示对话框。

将文件命名，并点击“保存”。

回到 Mega 主窗口，通过快捷命令选择“Phylogeny”→“Construct/Test Neighbor-Joining Tree”，如图 9-19 所示，或通过菜单操作。

出现如图 9-20 所示对话框，选择前面保存的“.meg”后缀的序列文件，并点击“打开”。

图 9-18

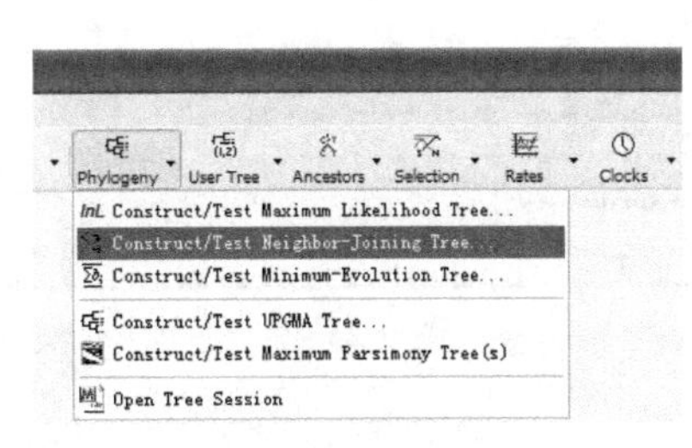

图 9-19

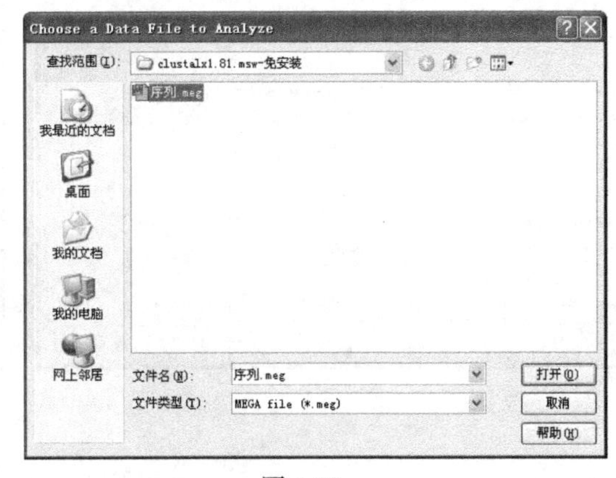

图 9-20

出现如图 9-21 所示对话框。

选择“Nucleotide Sequences”，并点击“OK”，则出现如图 9-22 所示对话框。

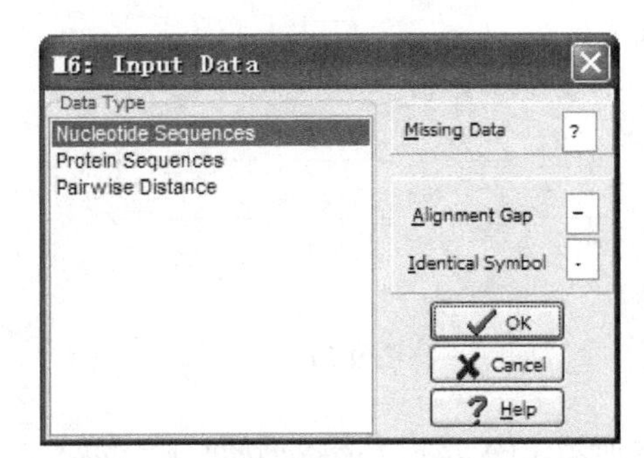

图 9-21

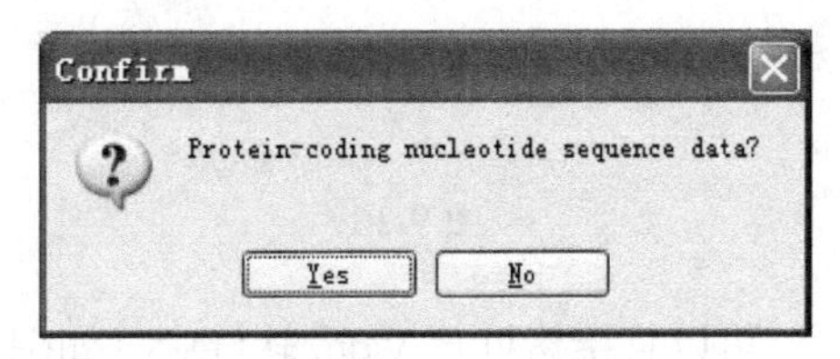

图 9-22

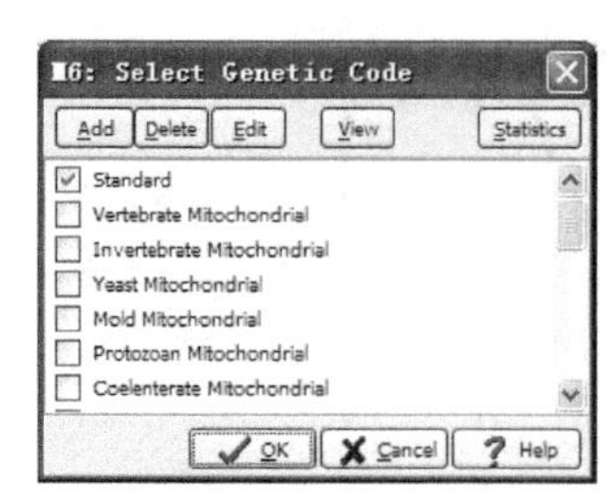

图 9-23

点击“Yes”，则有如图 9-23 所示对话框。

点击“OK”，则有如图 9-24 所示对话框，可按图 9-24 所示进行设置。

点击“Compute”，则出现如图 9-25 所示窗口，并很快出现结果（图 9-26）。

进行格式设置，则有如图 9-27 所示结果。

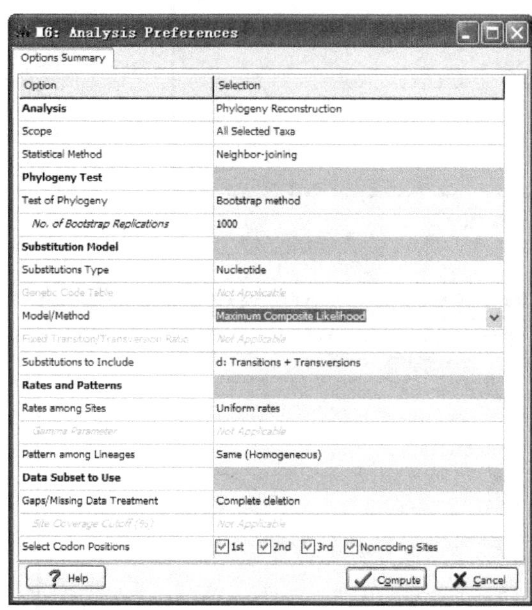

图 9-24

图 9-25

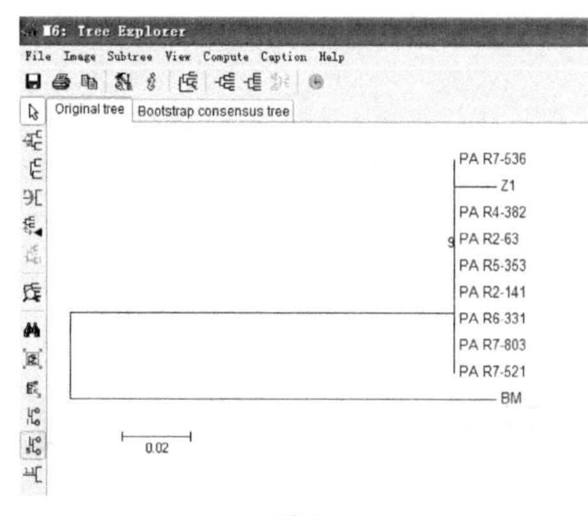

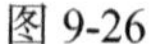

图 9-26

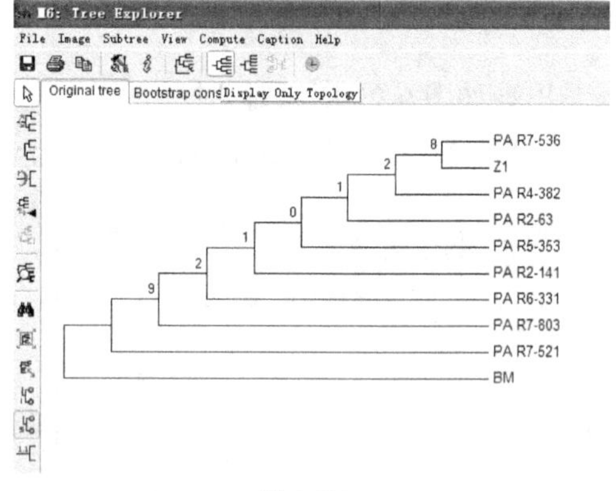

图 9-27

可以直接拷贝至 Word 软件中，如图 9-28 所示（PA 是指 *Pseudomonas aeruginose*，

BM 是人为添加的一种亲缘关系较远的菌株）。

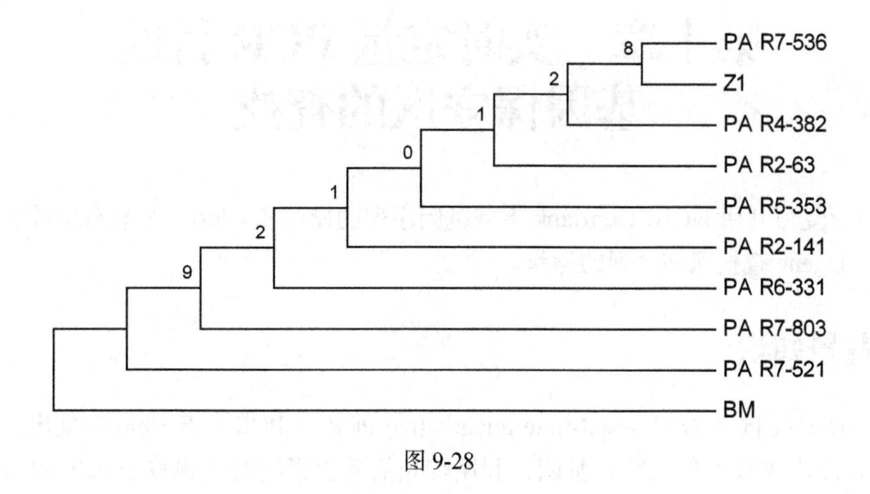

图 9-28

右单击图片，选择“编辑图片”，则可以编辑图片，如菌株名称、设置字体等，使系统发育树更加美观。

（张祥胜）

第十章　实时定量 PCR 目的基因保守区的查找

本章复习利用 NCBI GenBank 下载基因序列的操作和 Clustal X 软件的操作，学习利用 Ugene 查找保守序列的操作。

1. 背景知识

实时定量 PCR 技术（real-time quantitative PCR，qPCR）于 1996 年推出，是指在 PCR 反应体系中加入荧光基团，利用荧光信号积累实时监测整个 PCR 进程，最后通过标准曲线对未知模板进行定量分析的方法。

在 PCR 实验尤其是实时定量 PCR 实验中，目的基因保守序列的查找是关键的一步。DNA 序列的保守区是通过物种间相似序列的比较确定的。在 NCBI 上搜索某一群体的同一基因，通过序列分析软件比对，各基因相同的序列就是该基因的保守区。

实时定量 PCR 按检测方式至少可分为 5 种，最常用的有 2 种，一种是 SYBR Green I，另一种是 TaqMan 探针。SYBR Green I 作荧光染料的原理较为简单，SYBR Green I 是一种只与双链 DNA 小沟结合的染料，当它与 DNA 双链结合时，发出荧光；从 DNA 双链上释放出来时，荧光信号急剧减弱。因此，在一个体系内，其信号强度代表了双链 DNA 分子的数量，这时进行实时定量 PCR 只需要设计 2 个引物，即找出 2 个保守序列即可。而 TaqMan 探针的原理是利用 *Taq* 酶的 5′ → 3′ 外切核酸酶活性并在 PCR 反应体系加入一个荧光标记探针，TaqMan 探针 5′ 端标以荧光发射基团，3′ 端标以荧光猝灭基团。由于扩增产物较短时效率较高，故扩增长度一般为 50 ～ 150bp。这种实时定量 PCR 除需要设计上下游引物外，还需要设计探针引物，即 3 个引物，这样就需要在要定量群体中的序列中找到 3 个连续的特异性保守序列（允许出现 3 个以下的非保守碱基对，如图 10-1 所示），并且这 3 个保守序列的距离要尽量短。

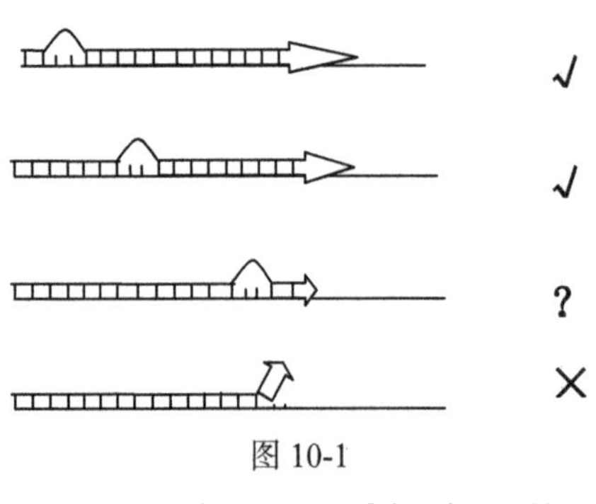

图 10-1

√表示可取；×表示不可取；?表示存疑，尽量不取

到目前为止，还没有能够对某一群体的序列直接找出设计引物所需保守序列的软件，需要综合运用多个软件和工具。主要方法有：① Blast-Clustal-Ugene 法；② Blast-

DNAMAN 法；③ Blast-Homogene 法。下面以第一种方法为例，介绍寻找 qPCR 引物设计所需保守序列的方法。

2. 操作举例

要对厌氧生物反应器中地杆菌（*Geobacter*）进行定量分析，如果拟用 *Pit-1*，需要先从 GenBank 中下载序列，然后进行序列比对，再查找保守序列。具体操作步骤如下。

首先，通过文献检索或自行在 GenBank 中检索到某个代表性菌株的基因序列，如下所示：

>Gm-1_gi78221228230732-231895 *Geobacter metallireducens* GS-15 chromosome, complete genome

ATGGAACTCAATGATATTCTTGCCATAGCGGTCAAGGCTAAAGCGTCTGATA
TCCACATCAAGACGGGGCTCCCCCCGGTTGTCCGGATCGATGGACGGCTGCGG
CCCATTCCCAATGCACAGCGTCTTGCCCCGGACCAGGTTCGCGCCATGGCCTTT
GCCATCATGAATGAGCGACAAAAGGGGATCTTCGAGGAGCACTACGAGTGCGA
CGTGGCCTACGGGGTGCCGGGACTCGGCCGCTTCCGGGTGAGTATCTATTCCCA
GCGGGGGACCGTGGCCATGGTCTTCCGGTCCATCCCCTTCGGCATCCCCTCCAT
TGAGAACCTGACCCTTCCGCCGGTCATCAAGAAGCTTGCACTGGAGGAACGTG
GGCTCATCCTCGTCACCGGCACCACGGGAAGCGGCAAGTCCACGACCCTGGCC
GCCATGATCGACTACATCAACGAGCACCGGACCTGCAACATCATCACCGTCGAA
GACCCGGTGGAGTTCCTGCATCGGGACAAGAAGAGCATCCTCTCCCAGCGGGA
GGTGGGGTTCGATACCCTTTCCTTCTCCACTGCCCTGAAGGGAGCCCTACGCCA
GGACCCGGACGTGGTTCTCGTGGGGGAGATGCGGGACCTGGAAACCATCGAG
ACCGCCATGCACGCCGCCGAGACCGGGCACCTGGTCATGTCCACCCTCCATACC
CTGGACGCCGCCGAAACCATCAACCGGATCATCTCCGTCTTCCCTCCCTTCCAC
CAGCGCCAGGTCAGGCTCCAACTCTCCGGGGTCATCAAGGGGGTCATATCCCA
GCGGCTGGTCCCCCGGGCCGACGGCAAGGGGCGGGTTCCGGCCGTGGAGGTC
ATGATCGGCACCGCCCGCATCAAGGAATATATCGACGACAAGGACAAGACGAA
GCTCCTCCCCGAGGCCATCGCCCAAGGGTTCACCACCTACGGGATGCAGACATT
TGACCAGTCCCTCATGCAGCTCTACACCGGCAAGCTCATCACCTACGAGGAAG
CGCTCCGGCAGTCCACCAACCCGGATGATTTCGCCCTCAAGGTGTCGGGCATCT
CTTCCACGTCCGACAGCACGTGGGACAACTTTGTCCACGACGAAGCCCCCCCC
GCGGCTGCTGGAGATACGCCCACCGAGGGGATCGAGAAGTTTTAG。

打开 NCBI-BLAST 界面，输入上述序列，在“Database”选“Others(nr etc.)”（图 10-2）。

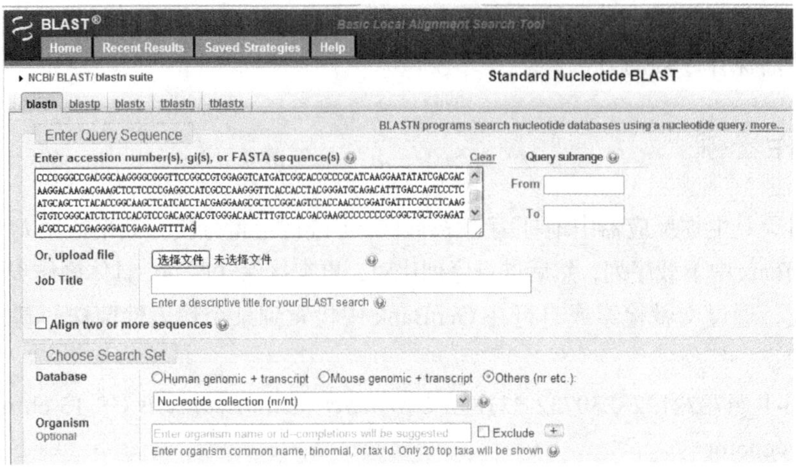

图 10-2

点击“Blast”，得到在线比对结果，选择 E value（期望值）小于或等于 10^{-50} 的序列，然后点击“Download”，下载格式为 FASTA(aligned sequences)，如图 10-3 所示。

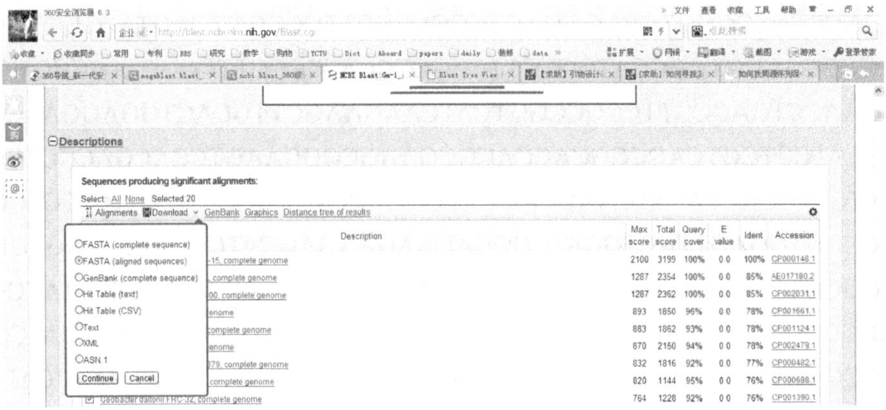

Description	Max score	Total score	Query cover	E value	Ident	Accession
-15, complete genome	2100	3199	100%	0.0	100%	CP000148.1
, complete genome	1287	2354	100%	0.0	85%	AE017180.2
00, complete genome	1287	2362	100%	0.0	85%	CP002031.1
enome	893	1850	96%	0.0	78%	CP001661.1
complete genome	883	1862	93%	0.0	78%	CP001124.1
enome	870	2150	94%	0.0	78%	CP002479.1
379, complete genome	832	1816	92%	0.0	77%	CP000482.1
complete genome	820	1144	95%	0.0	76%	CP000698.1
Geobacter daltonii FRC-32, complete genome	764	1228	92%	0.0	76%	CP001390.1

图 10-3

可以将下载的序列文件用 Word 打开，则得到如下序列（含原来的序列）：

>Gm-1_gi78221228230732-231895 *Geobacter metallireducens* GS-15 chromosome, complete genome

ATGGAACTCAATGATATTCTTGCCATAGCGGTCAAGGCTAAAGCGTCTGATA
TCCACATCAAGACGGGGCTCCCCCGGTTGTCCGGATCGATGGACGGCTGCGG
CCCATTCCCAATGCACAGCGTCTTGCCCCGGACCAGGTTCGCGCCATGGCCTTT
GCCATCATGAATGAGCGACAAAAGGGGATCTTCGAGGAGCACTACGAGTGCGA
CGTGGCCTACGGGGTGCCGGGACTCGGCCGCTTCCGGGTGAGTATCTATTCCCA
GCGGGGGACCGTGGCCATGGTCTTCCGGTCCATCCCCTTCGGCATCCCCTCCAT

TGAGAACCTGACCCTTCCGCCGGTCATCAAGAAGCTTGCACTGGAGGAACGTG
GGCTCATCCTCGTCACCGGCACCACGGGAAGCGGCAAGTCCACGACCCTGGCC
GCCATGATCGACTACATCAACGAGCACCGGACCTGCAACATCATCACCGTCGAA
GACCCGGTGGAGTTCCTGCATCGGGACAAGAAGAGCATCCTCTCCCAGCGGGA
GGTGGGGTTCGATACCCTTTCCTTCTCCACTGCCCTGAAGGGAGCCCTACGCCA
GGACCCGGACGTGGTTCTCGTGGGGGAGATGCGGGACCTGGAAACCATCGAG
ACCGCCATGCACGCCGCCGAGACCGGGCACCTGGTCATGTCCACCCTCCATACC
CTGGACGCCGCCGAAACCATCAACCGGATCATCTCCGTCTTCCCTCCCTTCCAC
CAGCGCCAGGTCAGGCTCCAACTCTCCGGGGTCATCAAGGGGGTCATATCCCA
GCGGCTGGTCCCCCGGGCCGACGGCAAGGGGCGGGTTCCGGCCGTGGAGGTC
ATGATCGGCACCGCCCGCATCAAGGAATATATCGACGACAAGGACAAGACGAA
GCTCCTCCCCGAGGCCATCGCCCAAGGGTTCACCACCTACGGGATGCAGACATT
TGACCAGTCCCTCATGCAGCTCTACACCGGCAAGCTCATCACCTACGAGGAAG
CGCTCCGGCAGTCCACCAACCCGGATGATTTCGCCCTCAAGGTGTCGGGCATCT
CTTCCACGTCCGACAGCACGTGGGACAACTTTGTCCACGACGAAGCCCCCCC
GCGGCTGCTGGAGATACGCCCACCGAGGGGATCGAGAAGTTTTAG

>Gs_PAC_gb|AE017180.2|:162068-163228 *Geobacter sulfurreducens* PCA, complete genome

ATGGAACTGAACGATATCCTCACCGTCGCGGTTCGCGCCAAGGCGTCCGA
CGTCCACATCAAAACGGGCCTCCCGCCCGTCGTGCGGATCGACGGCCGCCTGC
GGCCAATCCCGAACGCGCCGCGGCTGGCGCCGGACCAAGTGCGCGCCATGGC
GCTCGCCATCATGAACGATCGGCAGAAGCGTCTCTTCGAGGAGCACTTCGAAT
GCGACACTGCCTACGGCGTGCCGGGCCTGGGCCGCTTCCGGGTGAGCGTTTAC
TCCCAGCGCGGCACGGTGGCAATGGTGTTTCGCTTCATTCCCTTCGGCATTCCC
TCCATGGAGAACCTGACCCTGCCGCCGGTCATTAAAAAACTGGCCATGGAGGA
GCGGGGCCTCATTCTCGTCACGGGCACCACGGGGAGCGGCAAGTCCACCACC
CTGGCCGCCATGATCGACTACATCAACGAGCACCGGACCTGCAACATCATTACC
GTTGAAGACCCGGTGGAATTCCTCCATCGCGACAAGAAGAGCATCCTCTCCCA
GCGGGAGGTAGGATTCGACACCGTCTCCTTCGCCACCGCCCTCAAGGGTGCCC
TCCGCCAGGACCCGGACGTGATCCTGGTCGGCGAGATGCGCGACCTGGAGAC
CATCGAGACCGCCATGCACGCGGCCGAAACCGGTCACCTGGTCATGTCGACCC
TCCACACCCTGGATGCCACCGAGACCATCAACCGGATCATCTCGGTCTTCCCTC
CCTATCACCAGCGCCAGGTCAGGATCCAGCTCGCCGGCGTGATCAAGGGCGTC
GTCTCCCAGCGCCTGGTCCCCCGCGCCGACGGCAAGGGCCGGGTACCGGCGGT

CGAGATCATGATCGGCACCGCCCGGATCAAGGAATACATCGACGACAAGGACA
AGACGAAACTCCTCCCCGAAGCCATTGCCCAGGGCTATACCTCGTACGGGATGC
AGACCTTCGACCAGTCCCTGATGCTGCTCTACACCCAGAAGCTCATCACCTACG
AGGAGGCGCTCCGCCAGTCGTCCAACCCCGACGACTTCGCCCTCAAGGTGTCC
GGCATTTCGTCCACCTCCGACAGCACGTGGGACGACTTCGTCCATGACGAGGC
TCCCCCTGCGGAGGGAGAGGGCTCCGTCGAGGGCATCGAGAAGTTCTAG

（以下序列从略）。

在以上序列中，既有 *Geobacter* 的菌株，也有相似性较高的其他属的菌株，直接人工查找，非常困难。因此，需要先用相关软件进行排序，如 Clustal X 软件（事先将 *Geobacter* 的菌株改名编号），得排序后的文件（后缀为 .an）（图 10-4）。

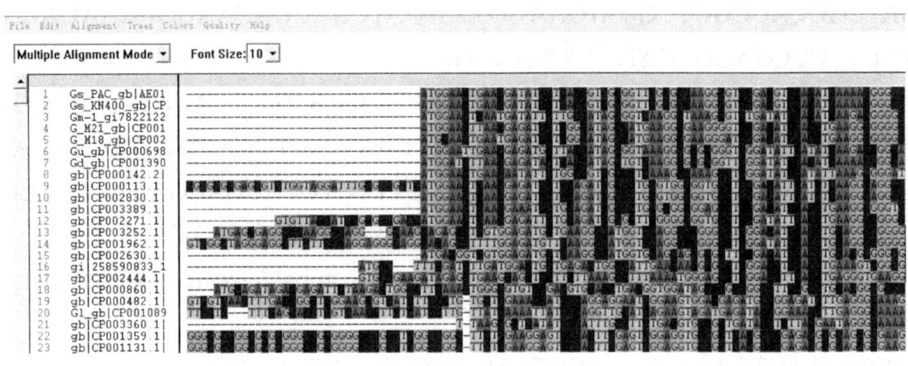

图 10-4

经过排序后，情况有所好转，但查找保守序列仍然非常困难，因此，可以用 Ugene 软件打开，并进行分类，如图 10-5 所示。

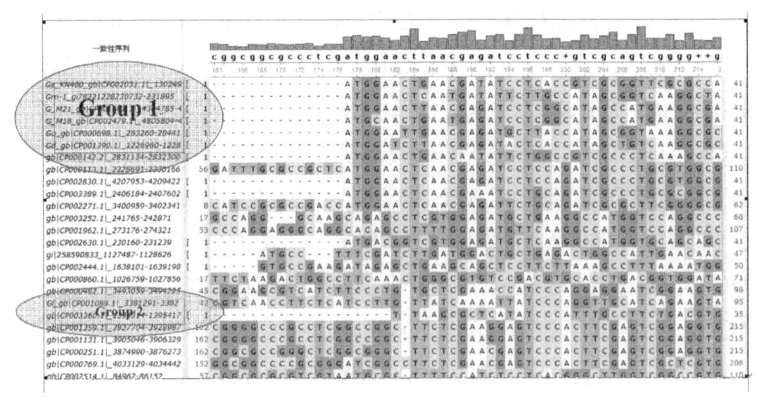

图 10-5

由图 10-5 可以看出，*Geobacter* 序列可以分为两组（即图 10-5 中的 Group 1 和 Group 2），可以分别查找保守序列，设计引物，分别定量后再求和即可。

从序列文件中分别抽取两组的序列文件，重新进行排列，并用 Ugene 打开，与全部序列进行对比，即可分别寻找两组的保守序列（由于 Group 2 只有一个菌株，只找 Group 1 的序列）。

第一个保守序列可以认为是：CCGGACCTGCAACATCATCACC（有的 *Geobacter* 菌株有 1 ～ 3 个不配对碱基，这是允许的，不影响设计出来的引物与模板结合并进行扩增）（图 10-6）。

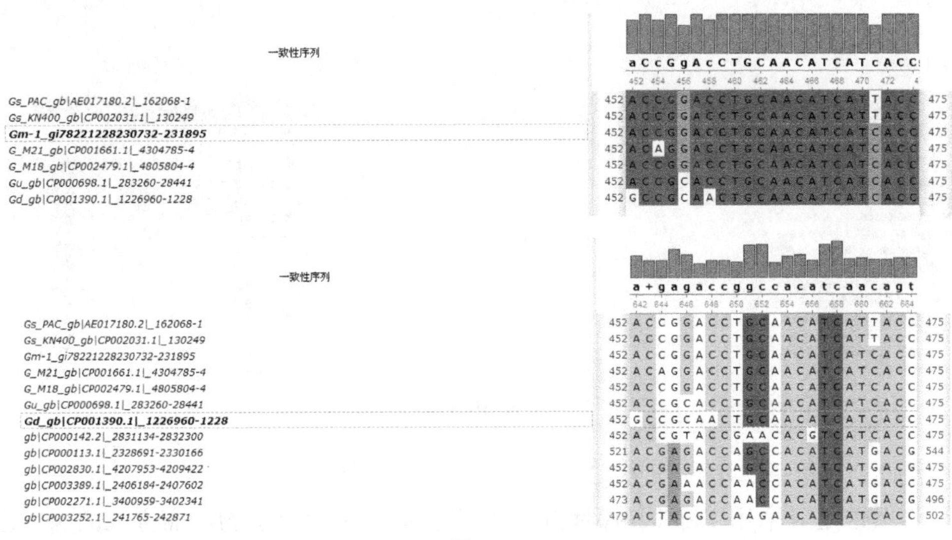

图 10-6

第二个找到的保守序列是：CATCGACGACAAGGAGAAG（图 10-7）。

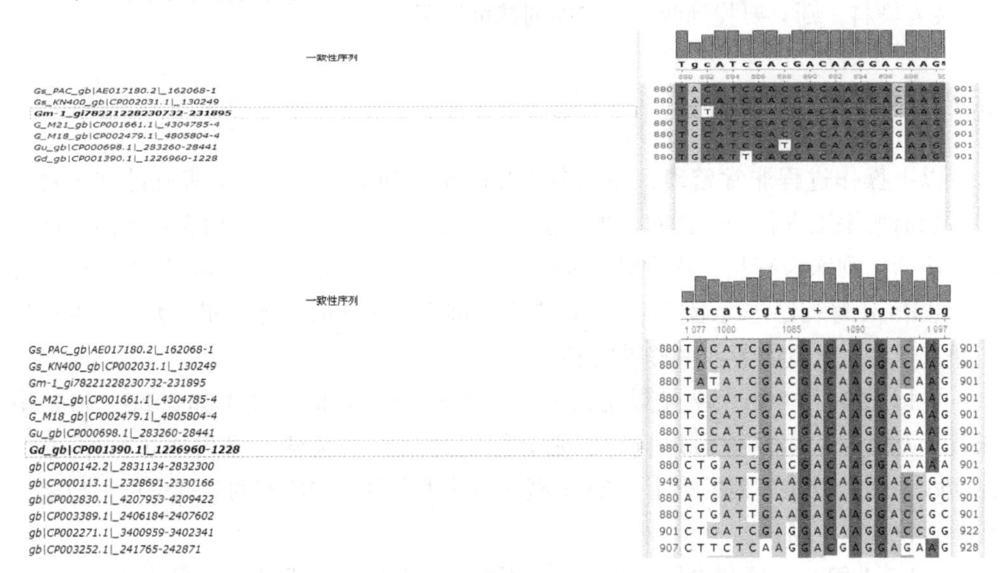

图 10-7

第三个找到的保守序列是：GGCATCTCTTCCACCTCC（图 10-8）。

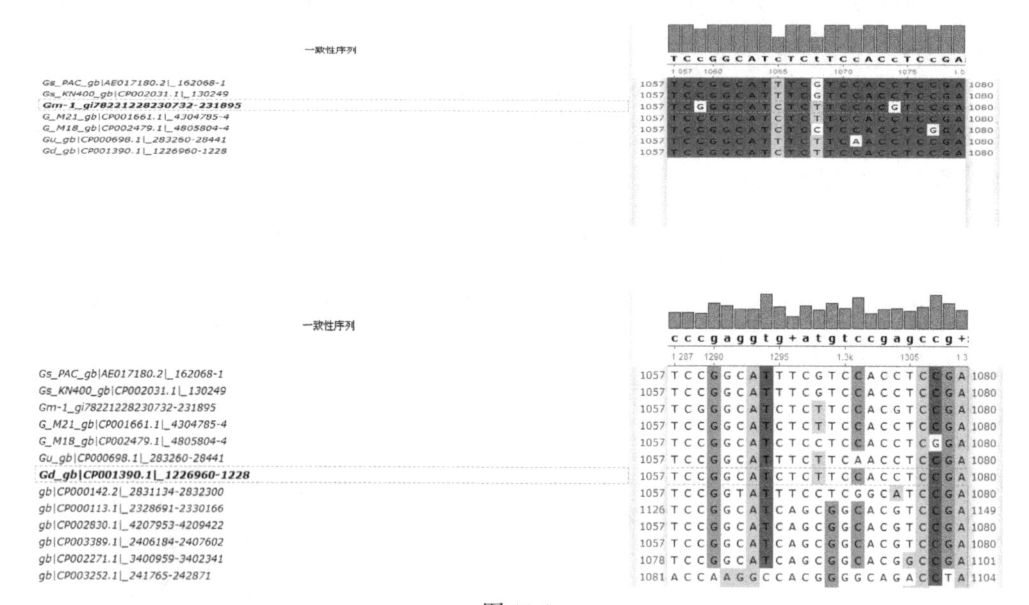

图 10-8

至此，对第一组序列来说，3 个保守序列均已找到。

当然这是对采用 TaqMan 探针进行实时定量 PCR 设计引物所需查找的保守序列，对探针对应的引物有特殊的要求。例如，探针的 Tm 值至少比引物的 Tm 值高 5℃。因此即使找到了特异的保守引物，尚需进一步的考查。如果采用 SYBR Green I 作荧光染料，则只要找到两个保守序列就可以了。

3. 思考

以上操作过程非常繁琐，涉及在线 Blastn、Clustal X、Ugene 等软件和工具，最后仍需要手工进行一一比对。如果能开发一种软件，输入序列后直接找出候选的保守序列，则殊为有益，然后对软件找出的保守序列进行考查、筛选即可。可采用 Vasual Basic 等程序进行编程，开发出自动查询保守序列的软件，使广大分子生物学科研工作者从繁重的劳动中解脱出来。

可以做如下考虑，事先设定需要查找的保守序列的长度（如 25bp）和容错长度（如 3 个），软件可以自动识别有标记的第一个菌株的序列（如 >G，表示 *Geobacter*），以该序列的第 1 ～ 25 个碱基为搜索条件，在所有的序列中进行搜索，看是否符合以下条件。

（1）在第一个序列中只有此序列（不能有 2 个以上，否则扩增容易出错）。

（2）在其他所有标记 >G 的序列中均存在一个，不匹配的长度小于或等于 3bp。

（3）在其他类的序列中找不到，或是不匹配的长度大于 3 个。

如果同时满足以上 3 个条件，则返回结果；如果找不到，则不返回结果。不论是否符合，均从第 2 ～ 26 个碱基组成的序列重新进行查找，直到找遍第一个菌株序列为止。

（张祥胜）

第十一章　引物设计软件 Primer Premier

Primer Premier 是由加拿大的 Premier 公司开发的专业用于 PCR 引物或测序引物及杂交探针的设计、评估的软件。主要界面分为序列编辑窗口（GeneTank）、引物设计窗口（Primer Design）、酶切分析窗口（Restriction Sites）和基序分析窗口（Motif）。本章主要介绍其引物设计功能。本文以 Primer Premier5.0 为例具体说明。

步骤如下。

（1）打开软件后，单击“File”→“New”→“DNA Sequence”，用于调入已知的基因序列；或者单击“File”→“Open”→“DNA Sequence”，打开已有文件中的目的序列（图 11-1）。

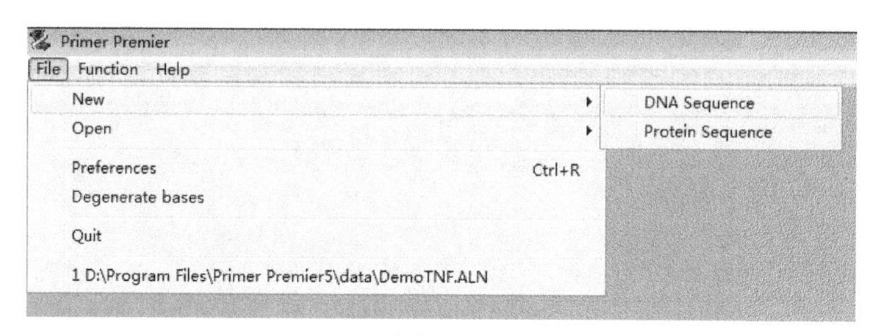

图 11-1

（2）弹出窗口，从他处复制基因序列（以 *NPT II* 基因序列为例），利用“Ctrl”+“V”键或单击“Edit”→“Paste”粘贴到空白的序列编辑窗口（图 11-2）。

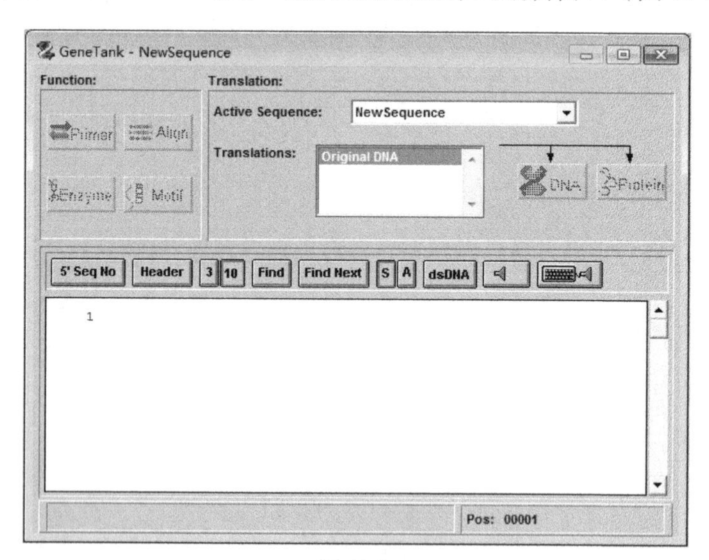

图 11-2

（3）粘贴过程中弹出对话框，选择粘贴的序列是按原样（As Is）、反向（Reversed）、互补（Complemented）、反向互补（Reverse Complemented），一般默认原样，单击“OK”按钮（图 11-3）。

（4）序列粘贴到空白框后，单击“Primer”（图 11-4）。

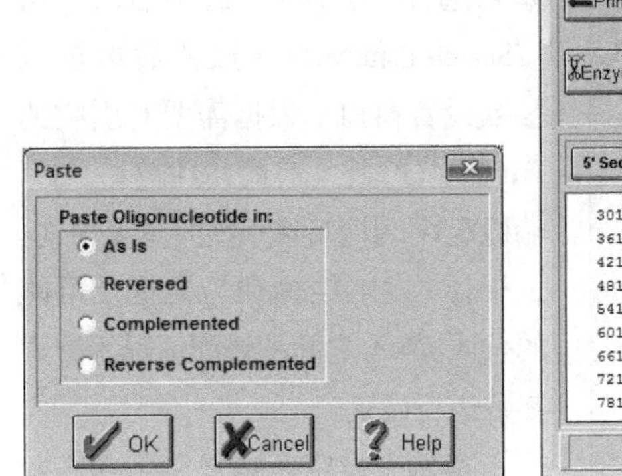

图 11-3

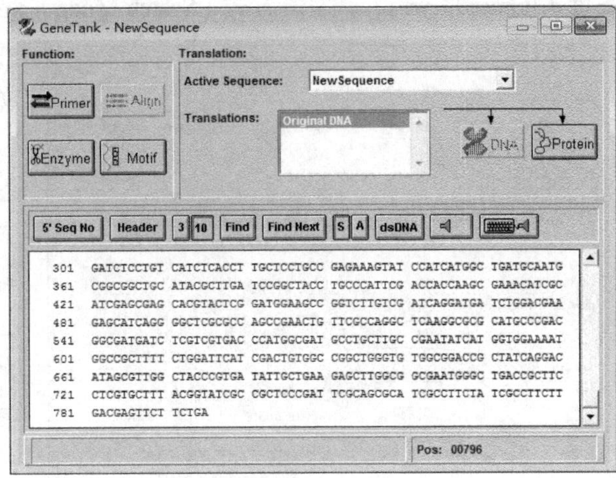

图 11-4

（5）进入到软件的引物设计窗口（图 11-5）。

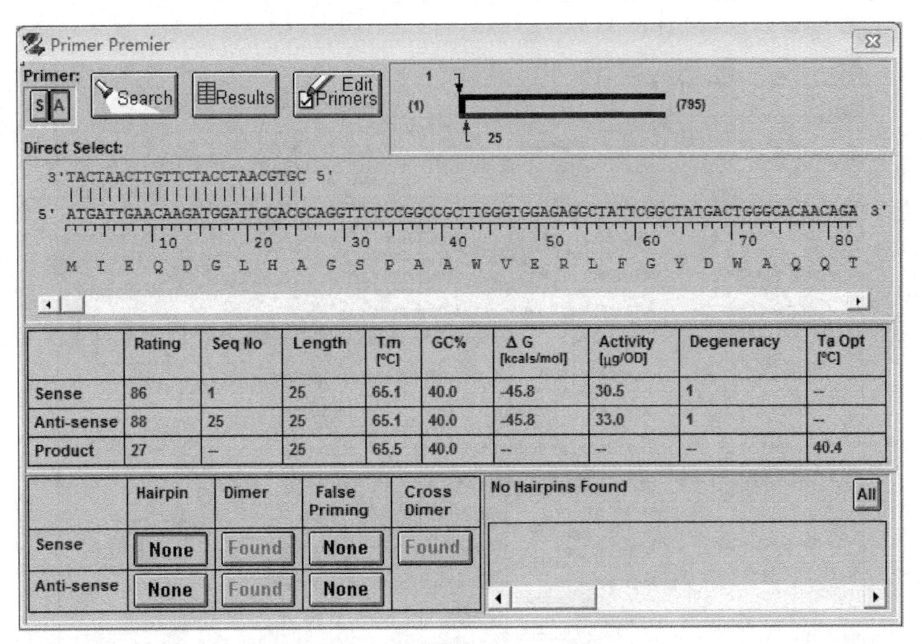

图 11-5

（6）单击“Search”按钮进入到引物相关参数的设定窗口，使用者可根据自己的需要调整各项参数。搜索目的（Search For）有 3 种选项：PCR 引物（PCR

Primers）、测序引物（Sequencing Primers）、杂交探针（Hybridization Probes）。搜索类型（Search Type）可选择查找上、下游引物（Sense/Anti-sense Primer），或两者都分别查找(Both)，或者成对查找(Pairs)，或者寻找适合特定上/下游引物的另一引物(Compatible with Sense/Anti-sense Primer)。另外，还可改变搜索区域（Search Ranges）、引物长度（Primer Length）、搜索方式（Search Mode）、搜索参数（Search Parameters），其中搜索方式默认自动(Automatic)，如果选择“Manual”选项后，点击“Search Parameters”按钮后可进入参数设置窗口，根据需要对引物的Tm值、GC比、有简并性碱基、3′端稳定性、引物的稳定性、重复序列、二聚体/发卡结构和与模板及可能的杂质DNA之间的错配情况等搜索参数进行设置。

本例中设定产物长度为300～795bp，其余参数选择默认，设定好后单击“OK”按钮（图11-6，图11-7）。

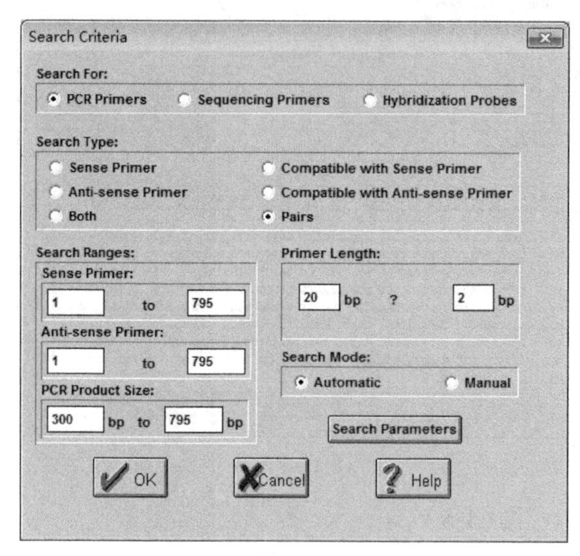

图 11-6

图 11-7

（7）弹出“Search Progress”窗口中显示“Search Complete”时，单击“OK”按钮（图 11-8）。

（8）弹出搜索结果窗口，结果以表格的形式显示，有 3 种显示方式，上游引物（Sense）、下游引物（Anti-sense）和成对（Pairs），默认显示为成对方式。本例共搜索到 100 对引物，按打分高低的顺序列表，给出了每对引物的打分（Rating）、Tm 值、产物长度（Product Size）和最佳退火温度（Ta Opt）（图 11-9）。

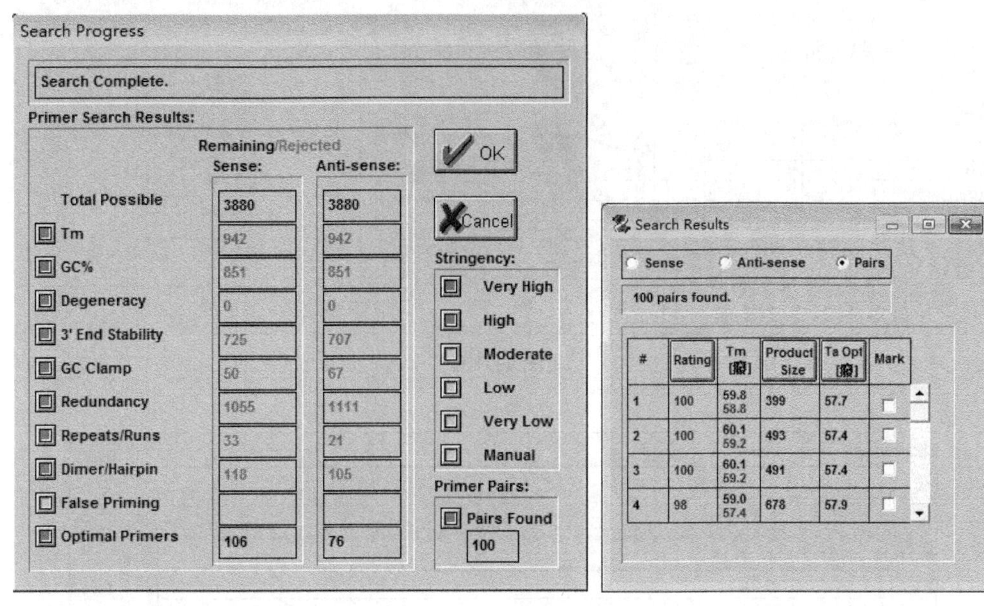

图 11-8　　　　图 11-9

（9）点击其中一对引物可在引物设计窗口查看该引物对的性质与二级结构情况，单击可切换查看上游引物与下游引物。窗口上面是图示 PCR 模板及产物位置，中间是所选的上下游引物的一些性质，最下面是 4 种重要指标的分析，包括发夹结构（Hairpin）、二聚体（Dimer）、错误引发情况（False Priming）及上下游引物之间二聚体形成情况（Cross Dimer）。当所分析的引物有可能形成这 4 种结构时，按钮由“None”变成“Found”，点击该按钮，在左下角的窗口中就会出现该结构的形成情况。一对理想的引物应当是打分较高并且不存在上述任何一种结构，因此最好的情况是最下面的分析栏没有“Found”，只有“None”（图 11-10）。到此，引物设计的最初阶段结束，这样自动搜索而确定的引物基本可以满足常规的实验需求。但如果觉得不是很理想，则可以手动修改引物。

（10）单击“Edit Primers”按钮，进入引物编辑窗口，依据 Hairpin、Dimer、

False Priming、Cross Dimer 的有无和引物设计的原则，在上方的编辑框中通过碱基的增减或引入突变及加入特定的酶切位点与保护碱基等手动修改引物。单击“Analyze”按钮，对修改的引物进行分析，再点击“OK”，点击“Primer”按钮对修改的引物再次搜寻出最合适的引发位置，返回到引物设计窗口（图 11-11）。

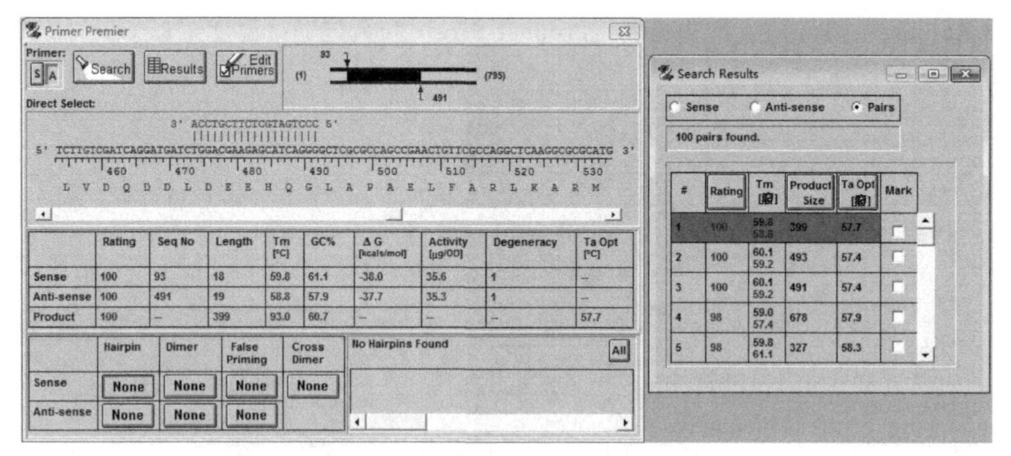

图 11-10

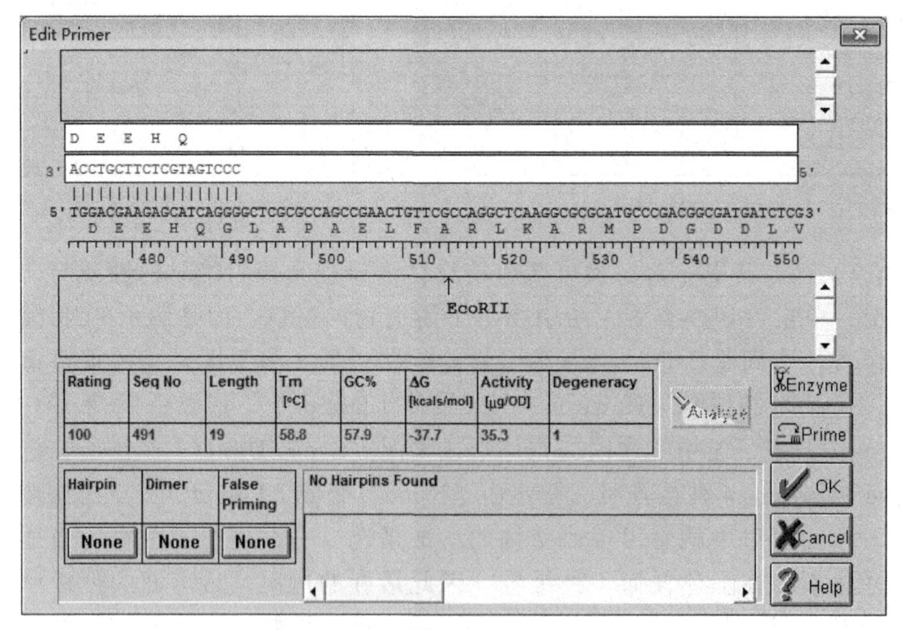

图 11-11

（11）单击“Edit”菜单，选择“Copy”里的“Sense Primer”和“Anti-sense Primer”，然后粘贴到 Word 或其他文档中，用于保存设计的引物（图 11-12）。

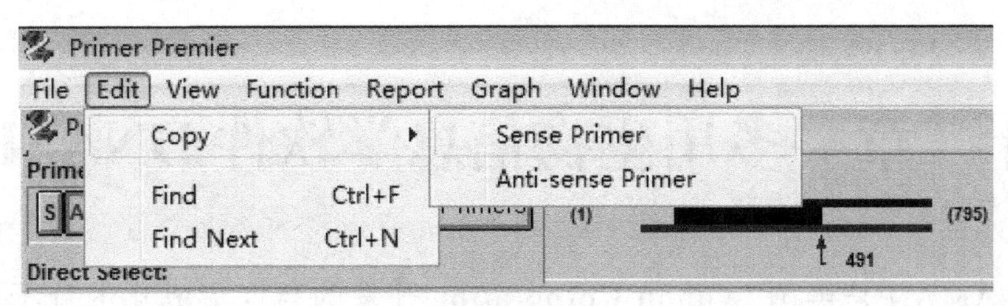

图 11-12

用 Primer Premier 设计出引物后，可用 Oligo 软件进行分析评价，以设计出扩增成功率较高的引物，但对扩增条件要求不严格的基因，也不是必需步骤。限于篇幅，本章不再赘述。

（秦耀国）

第十二章　多用生物信息学软件 DNAMAN

DNAMAN 是美国 Lynnon Corporation 开发的高度集成化的分子生物学综合应用软件，可以用于序列比对分析、序列同源性分析、PCR 引物设计、限制性酶切位点分析、绘制质粒模式图、蛋白质分析等方面，几乎包括了所有常用核酸、蛋白质序列的分析工作。由于它功能强大、使用方便，已成为一种普遍使用的序列分析工具。本章以 DNAMAN 8.0 版本为例，介绍其主要使用方法。

1. 向 DNAMAN 中导入序列

1.1　将待分析序列导入 Channel

在电脑中双击“DNAMAN.exe”图标打开 DNAMAN，可以看到如图 12-1 所示界面。

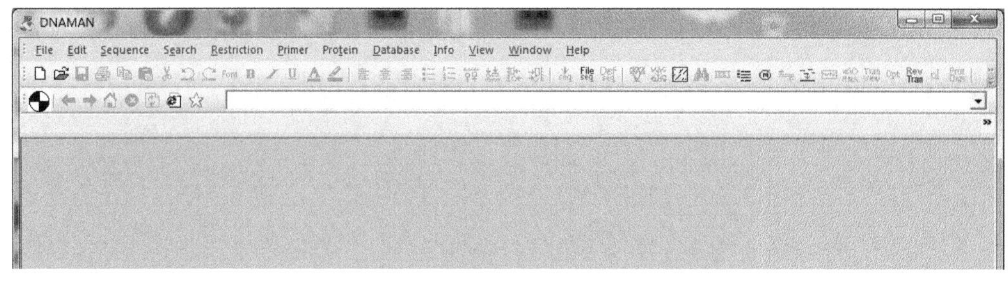

图 12-1

第一栏为主菜单栏：除了帮助菜单外，还有 10 多个其他常用主菜单。第二栏为工具栏：包括打开文件、保存文件及各种序列分析工具等。

通过 Sequence 主菜单下的“Current Channel”→“Default”命令，选择一个空 Channel（图 12-2）。

通过 Sequence 主菜单下的“Load Sequence”→“From Sequence File”命令（也可使用工具栏中的“File Seq”按钮），选择相应文件所在的路径、序列的格式，导入上一步中选择的空 Channel 中（图 12-3）。

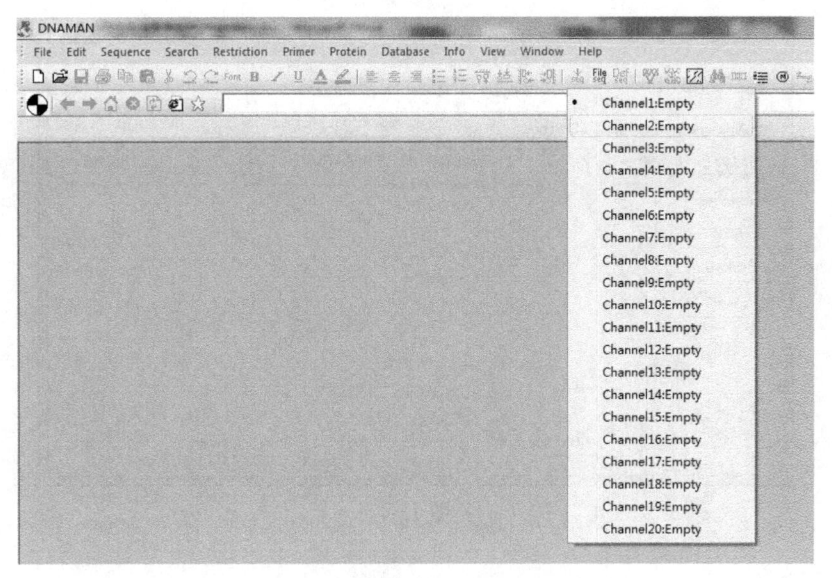

图 12-2

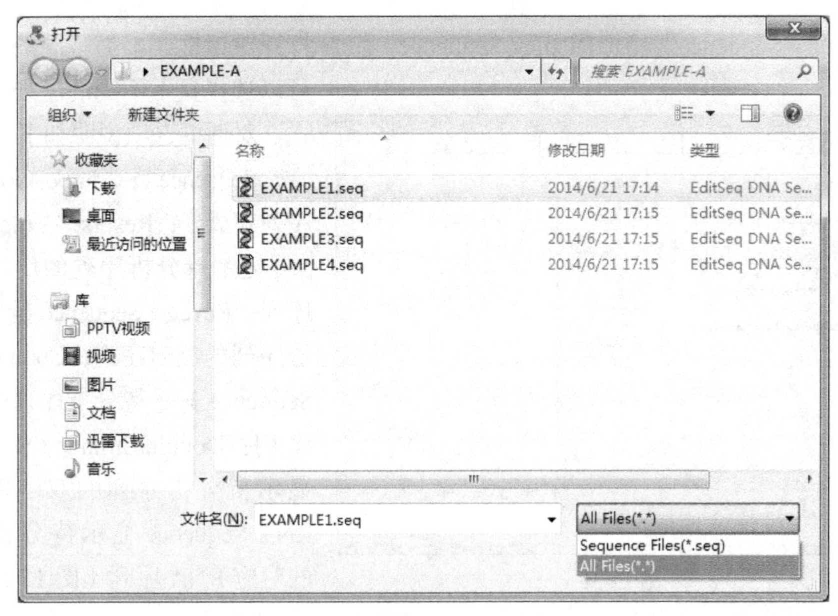

图 12-3

重复第二步和第三步，依次共可导入 20 条序列到相应的 Channel 中。

此外，通过“Sequence”→“Current Channel”→“Analysis Defimition”命令打开一个对话框，此对话框可以设定序列的性质（DNA 或蛋白质）、名称、待分析的片段等参数（图 12-4）。

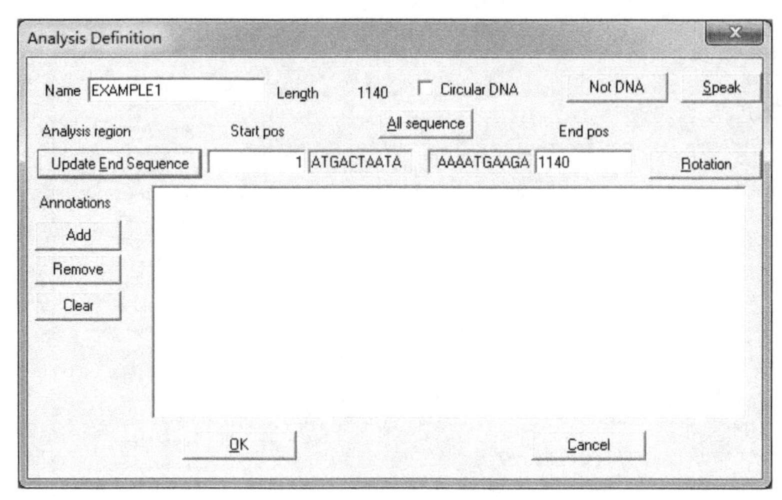

图 12-4

1.2 以不同形式显示序列

通过“Sequence”→“Display Sequence”命令打开对话框，根据不同的需要，可以选择显示不同的序列转换形式。对话框选项说明如下。

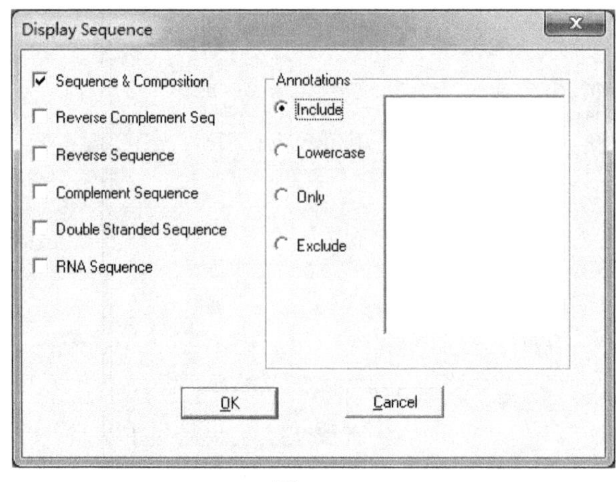

图 12-5

Sequence & Composition 显示序列和成分；Reverse Complement Seq 显示待分析序列的反向互补序列；Reverse Sequence 显示待分析序列的反向序列；Complement Sequence 显示待分析序列的互补序列；Double Stranded Sequence 显示待分析序列的双链序列；RNA Sequence 显示待分析序列的对应 RNA 序列（图 12-5）。

2. 序列比对分析

如果要比对两条序列，可以使用 DNAMAN 提供的序列比对工具 Dot Matrix Comparision（点矩阵比较）。通过“Sequense”→“Dot Matrix Comparision”命令打开比对界面，如图 12-6 所示。

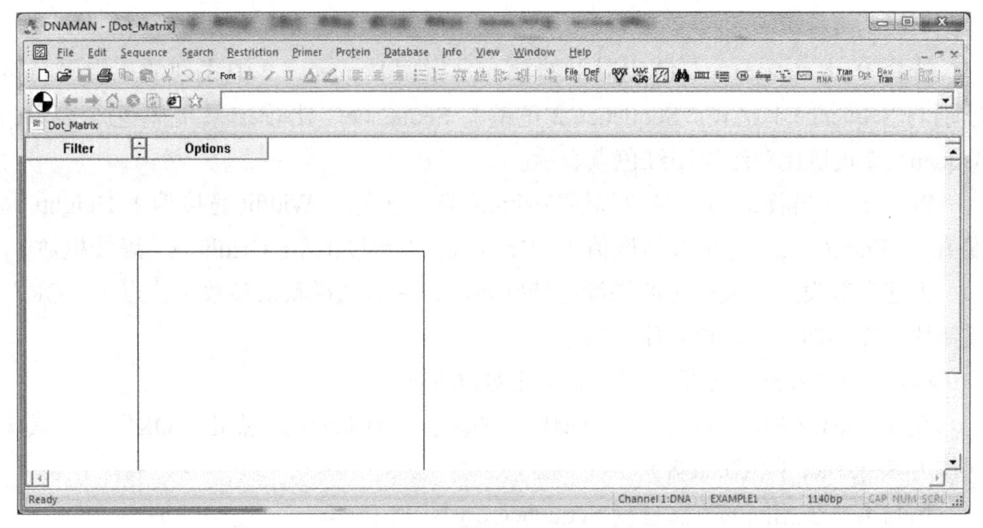

图 12-6

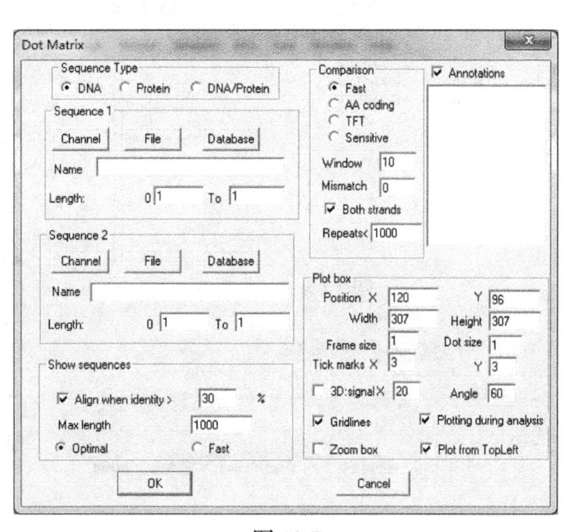

图 12-7

点击比对界面左上角的“Options”，出现如图 12-7 所示对话框。

在 Sequence Type（序列类型）参数中，根据所要分析的数据类型，可选择 DNA、Protein 和 DNA/Protein 中的任何一种。各项参数说明如下。

在 Sequence 1 参加比对的第一序列选择框中：如果要比对的序列在 Channel 中，点击下拉箭头，选择相应的 Channel，则被选中的 Channel 中的序列作为参加比对的第一序列；可以从文件夹中选择参加比对的序列，在 File 选择框上点击即可；可以从数据库中选择参加比对的序列，在 Database 选择框上点击即可。同时，可通过 Length 选择参加比对的序列片段长度区间。Sequence 2 参加比对的第二序列选择框中，选项说明同 Sequence 1。

Show sequences 选项中，当同源性大于设定值时，将显示同源性。

Annotatons 为是否显示注释。

Comparison 比对参数中，Window 代表 Window size（单位比对长度），Mismatch 代表 Mismatch size（单位比对长度中许可的错配值），如要快速比对，需将此项设为0。

选择Both strands（双链比对）选项，是指用Sequence 2中序列的正链和负链分别与Sequence 1比较。Sequence 2正链与Sequence 1比较结果用黑色点表示，Sequence 2负链比对结果用红色点表示。

Plot box点阵图表显示参数包括Position（起点坐标）、Width（宽度值）、Height（高度值）、Frame size（边框线粗度值）、Dot size（点粗度值）、Gridlines（虚线框数）。

上述参数设定完成后（如果没有特殊要求，一般选择默认参数），点击“OK”按钮执行操作即可运行得到比对结果。

以两条DNA序列分析为例，演示比对过程如下。

在Sequence 1中，点击“Channel”，选中一个Channel，点击“OK”，将其序列作为Sequence 1（图12-8）。

用与第一步相同的方法选择Sequence 2（图12-9）。

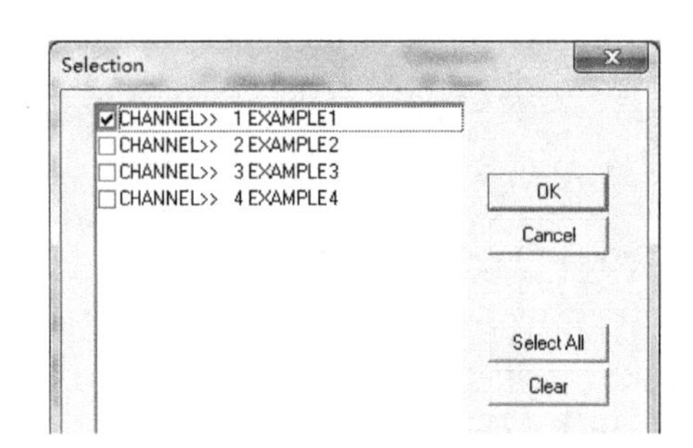

图12-8

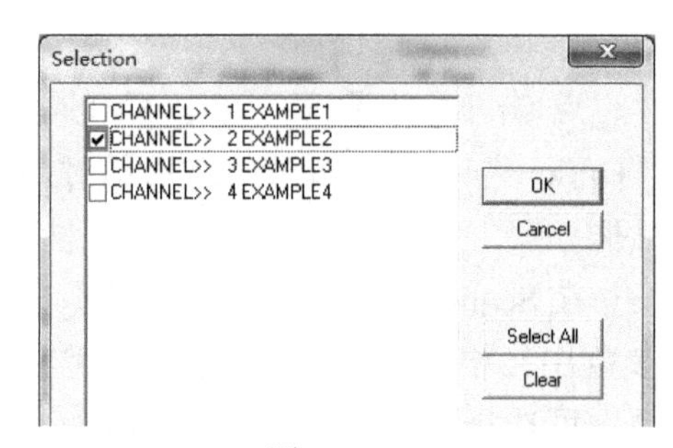

图12-9

点击“Dot Matrix”窗口左下角的“OK”按钮，得到点矩阵比较运行结果（图12-10）。

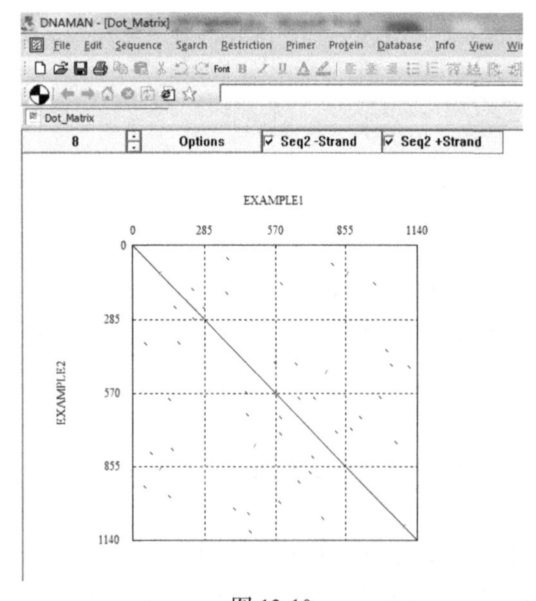

图12-10

3. 序列同源性分析

3.1　两序列同源性分析

通过“Sequence”→“Alignment”→“Two Sequence Alignment”命令打开对话框，如图 12-11 所示。

参数说明如下。

Alignment Method 表示比对方法，通常可选 Quick Alignment（快速比对）或 Smith&Waterman（local）（最佳比对）。当选择快速比对时，设置较小的 K-tuple 值，可以提高精确度；当序列较长时，一般要设置较大的 K-tuple 值。

其他参数一般选择默认参数。

点击“Pairwise Alignment”窗口左下角的“OK”按钮，比对结果如图 12-12 所示。

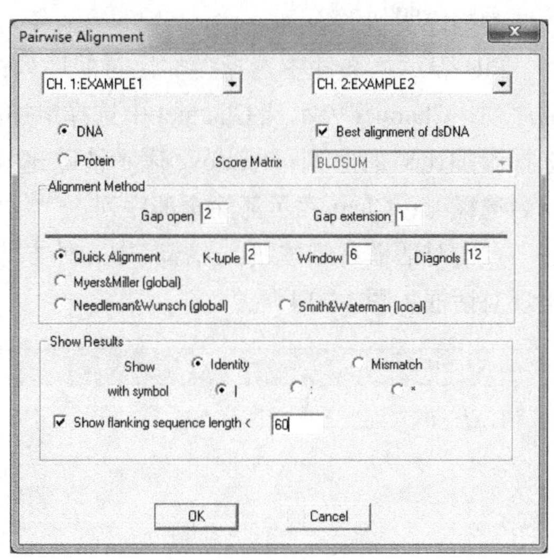

图 12-11

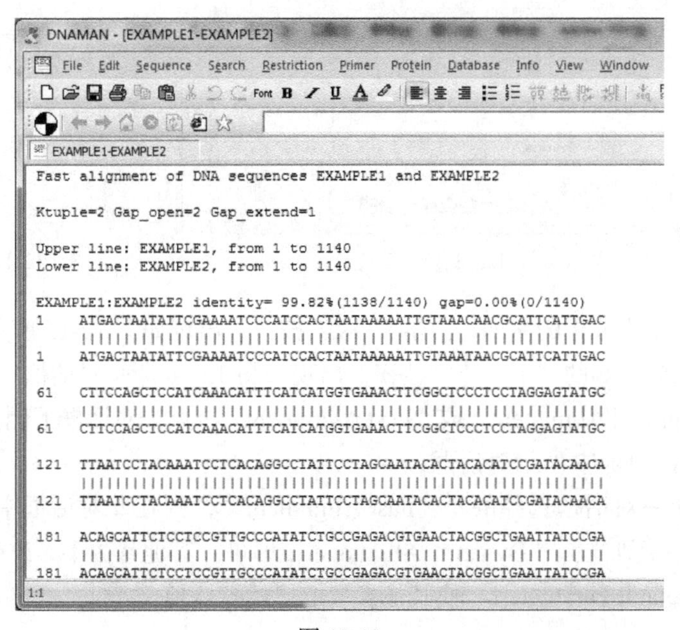

图 12-12

从比对结果中可获得两条序列间接相似性特征描述。

3.2 多序列同源性分析

通过打开“Sequence”→“Alignment”→“Multiple Sequence Alignment”命令打开对话框，如图 12-13 所示。

参数说明如下。

File 表示从文件中选择参加比对的序列；Folder 表示从文件夹中选择参加比对的序列；Channel 表示从 Channel 中选择参加比对的序列；Database 表示从数据库中选择参加比对的序列；Remove 表示清除选择的序列（鼠标点击左边显示框中的序列名选择）；Clear 表示清除全部序列。

点击对话框右侧按钮，选择其中一种方法导入序列（以从 Channel 导入为例），出现对话框（图 12-14）。

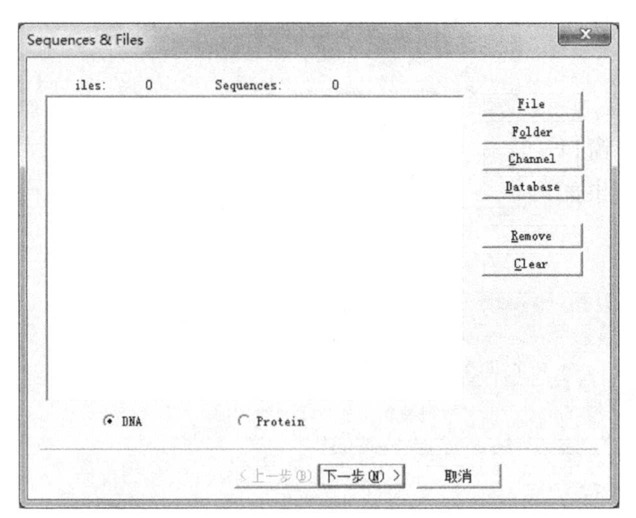

图 12-13

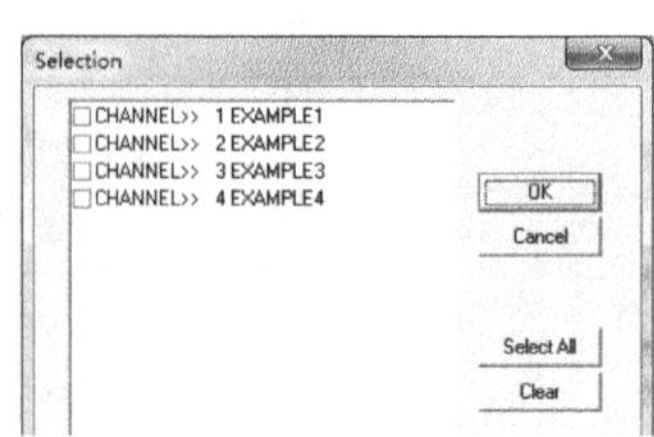

图 12-14

选中所有需要分析的序列，点击“OK”按钮，出现如图 12-15 所示对话框。

点击对话框下侧的“下一步”按钮，出现如图 12-16 所示对话框。

选择“Optimal Alignment”或“Fast Alignment”，点击对话框下侧的“下一步”按钮，出现如图 12-17 所示对话框。

如果在前一对话框选择的是“Fast Alignment”，则在此对话框中选择“Quick Alignment”，否则选择“Dynamic Alignment”即可。其他参数不必改变，点击对话框中间的“Default Parameters”使其他参数取原始默认值。

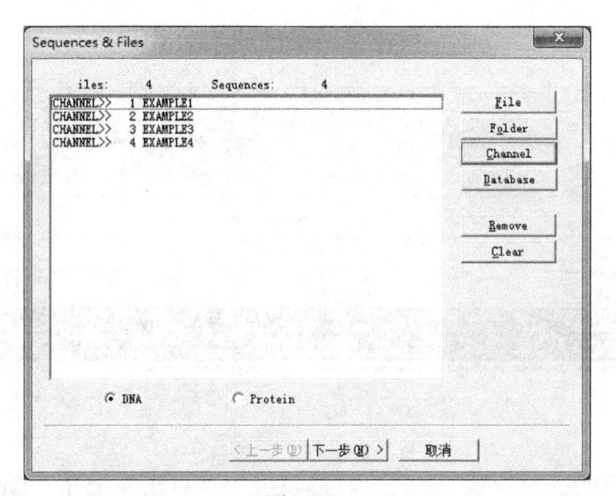

图 12-15

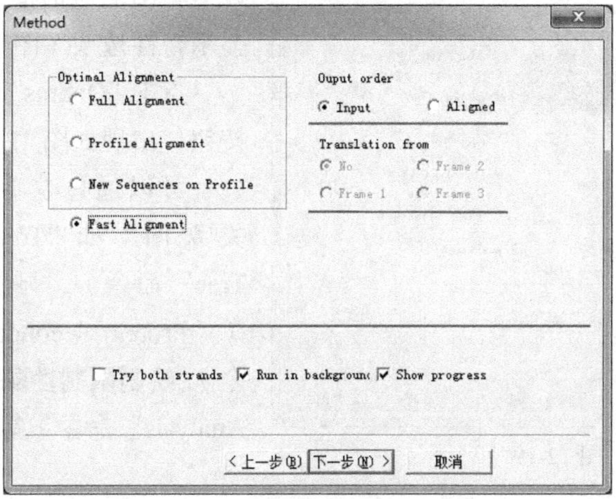

图 12-16

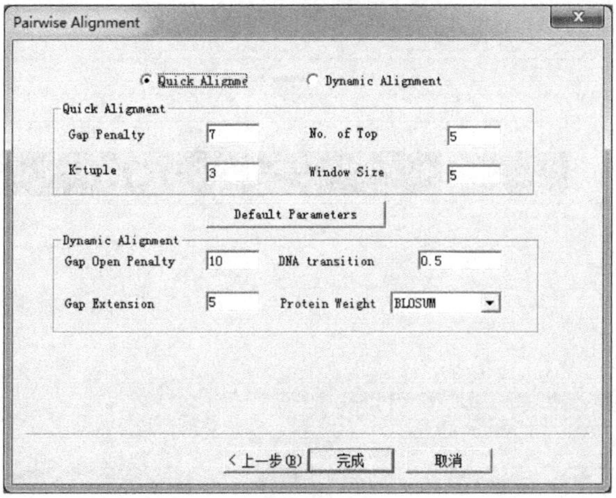

图 12-17

点击对话框下侧的“完成”按钮，结果如图 12-18 所示。

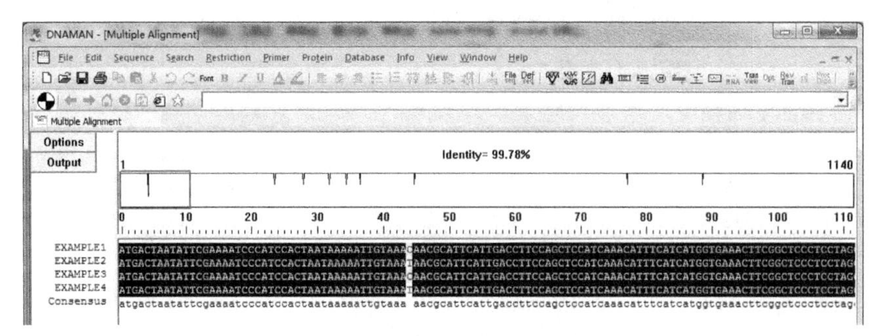

图 12-18

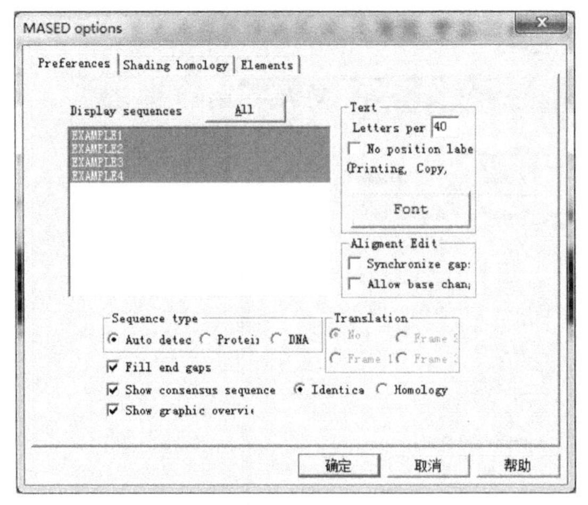

图 12-19

点击左上角“Options”按钮，可以从弹出的对话框中选择不同的结果显示特性选项（图 12-19）。

点击“Optims”按钮下的“Output”按钮，出现如图 12-20 所示选择项。

可以通过这些选项，绘制同源关系图（如“Tree”→“Homology Tree”命令），显示蛋白质二级结构（“Protein Secondary Structure” 命令），绘制限制性酶切图（“Restriction Analysis”命令）等。

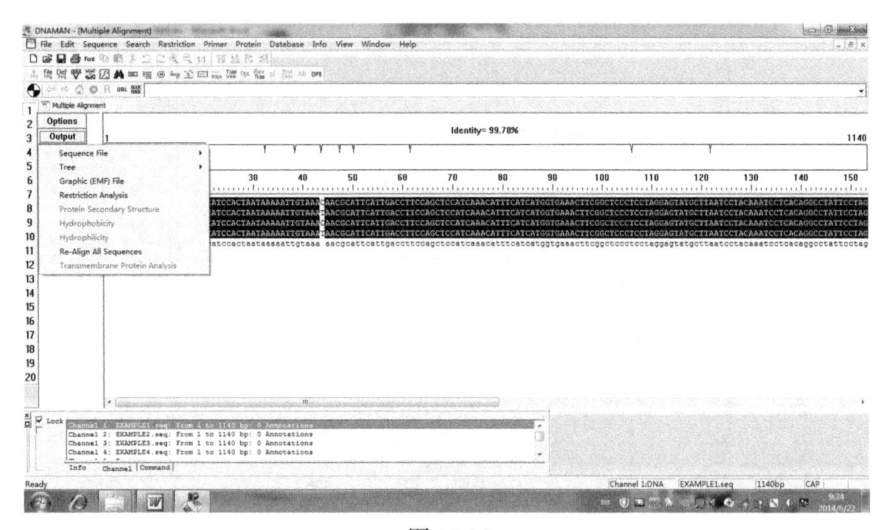

图 12-20

例如，同源关系图绘制步骤如下。

首先，选择“Output”→“Tree”→“Homology Tree”命令，点击执行后出现对话框（图 12-21）。

然后，点击对话框下侧的“完成”按钮，执行后出现结果（图 12-22）。

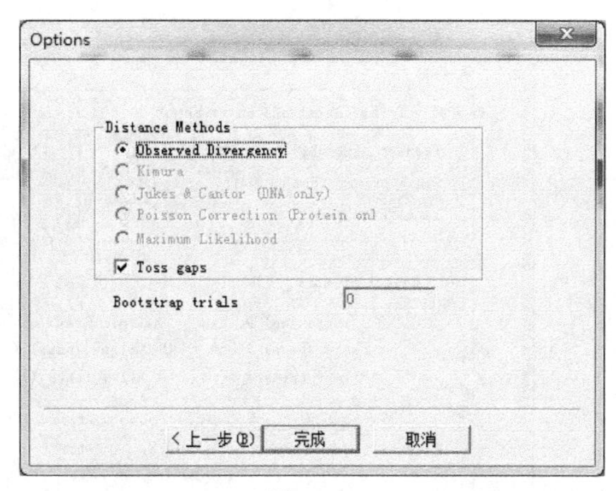

图 12-21

图 12-22

4. PCR 引物设计

将目标 DNA 片段导入 Channel，点击“Primer”主菜单，出现下拉菜单，如图 12-23 所示。

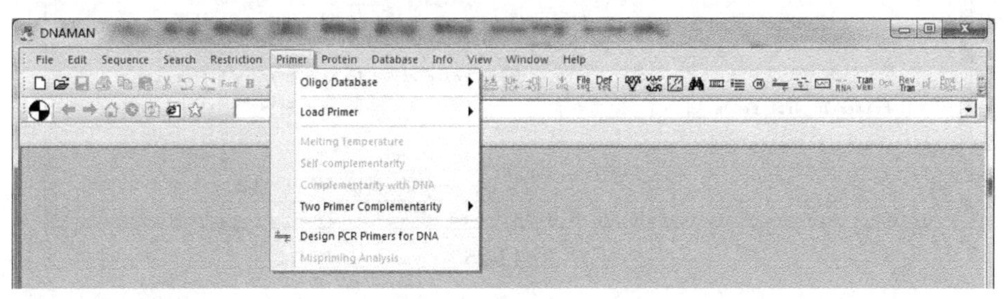

图 12-23

点击“Design PCR Primers for DNA”命令，出现如图 12-24 所示对话框。

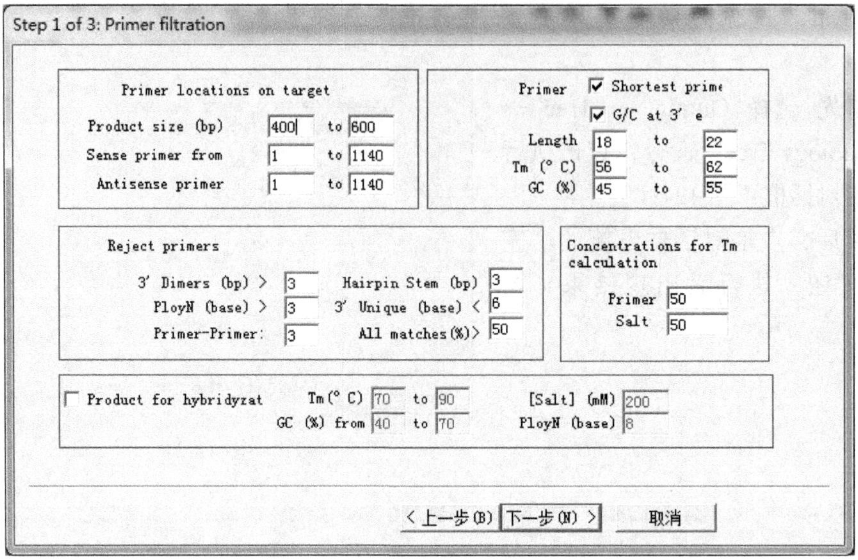

Step 1 of 3: Primer filtration

Primer locations on target
Product size (bp) 400 to 600
Sense primer from 1 to 1140
Antisense primer 1 to 1140

Primer ☑ Shortest prime
☑ G/C at 3' e
Length 18 to 22
Tm (° C) 56 to 62
GC (%) 45 to 55

Reject primers
3' Dimers (bp) > 3 Hairpin Stem (bp) 3
PloyN (base) > 3 3' Unique (base) < 6
Primer-Primer: 3 All matches(%)> 50

Concentrations for Tm calculation
Primer 50
Salt 50

☐ Product for hybridyzat Tm(° C) 70 to 90 [Salt] (mM) 200
GC (%) from 40 to 70 PloyN (base) 8

< 上一步(B) 下一步(N) > 取消

图 12-24

点击“下一步”按钮，出现如图 12-25 所示对话框。

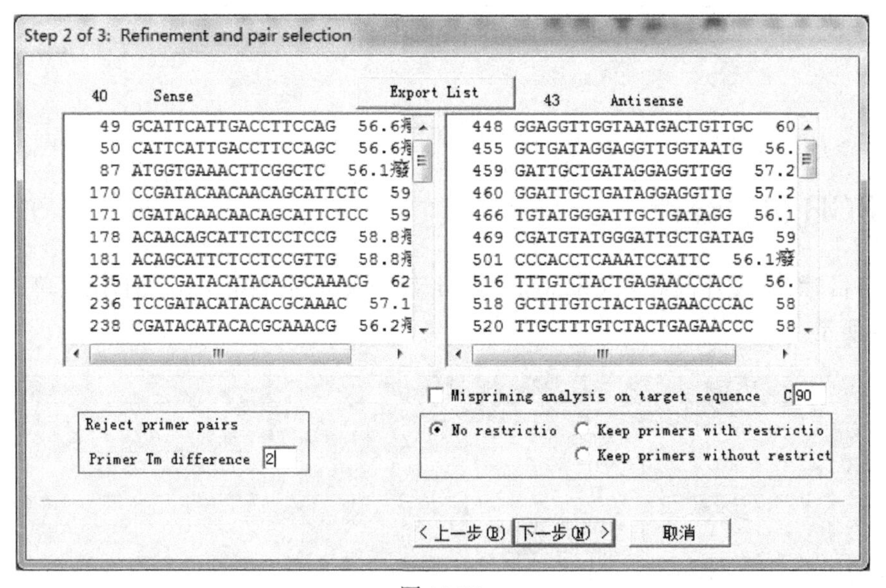

图 12-25

点击“下一步”按钮，出现如图 12-26 所示对话框。

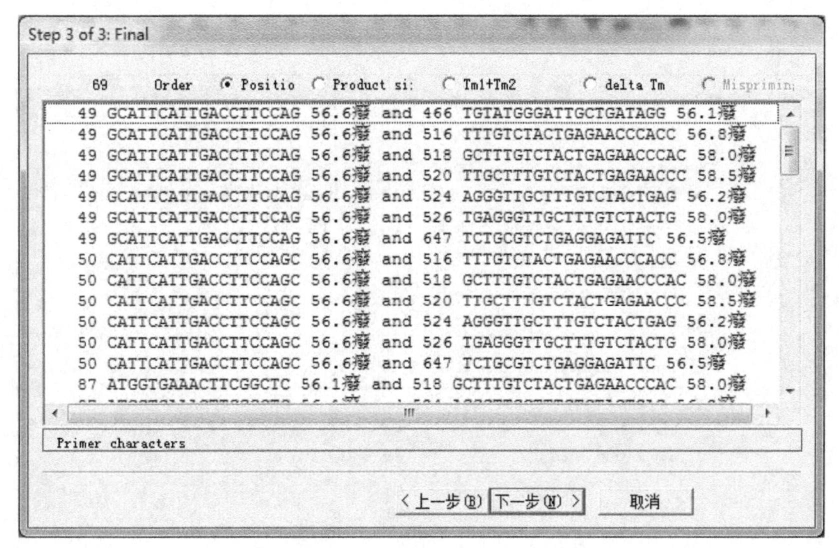

图 12-26

选择设计引物的显示方式选项（包括显示 Position、Product、Tm1+Tm2、Delta Tm），点击“下一步”按钮，完成操作（图 12-27）。

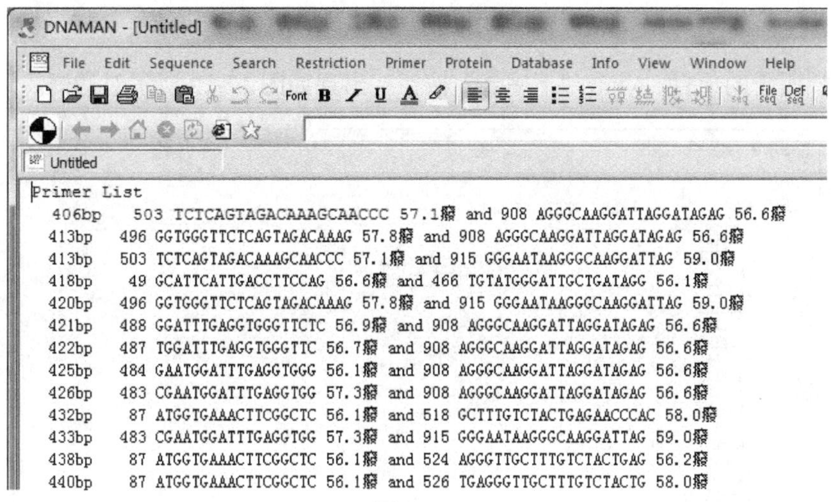

图 12-27

5. 限制性酶切位点分析

将待分析的序列导入 Channel，通过主菜单“Restriction”→“Restriction Analysis”命令打开对话框（也可使用工具栏中的 Restriction Analysis 图标打开），

如图 12-28 所示。

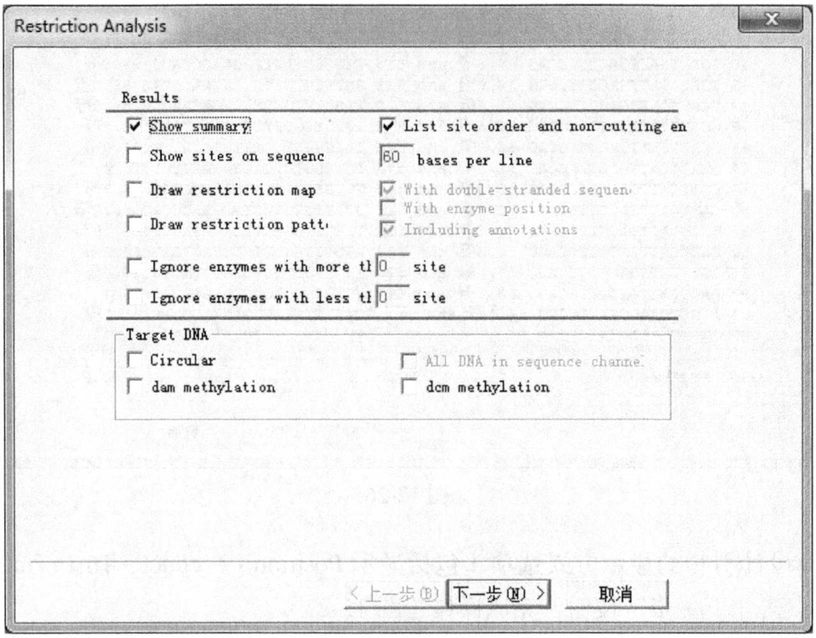

Restriction Analysis
Results
Show summary
List site order and non-cutting en
Show sites on sequenc
60 bases per line
Draw restriction map
With double-stranded sequen
With enzyme position
Draw restriction patt
Including annotations
Ignore enzymes with more tl 0 site
Ignore enzymes with less tl 0 site
Target DNA
Circular
All DNA in sequence channe
dam methylation
dcm methylation
＜上一步(B)
下一步(N)＞
取消

图 12-28

选择所需的项目，点击“下一步”按钮，出现如图 12-29 所示对话框。

Enzyme Selection
Enzyme File:
RESTRICT.ENZ
Save list
AatII
Acc65I
AccI
AccII
AccIII
AclI
AcyI
AflII
AflIII
AgeI
AhaIII
AluI
Alw26I
Alw44I
AlwNI
ApaBI
ApaI
elect All ＞
<<Clear
List: 180
Selected: 0
Cutter: All >=5 >=6 >=8
End: All Blunt 5' Overhang 3' Overhang
＜上一步(B)
完成
取消

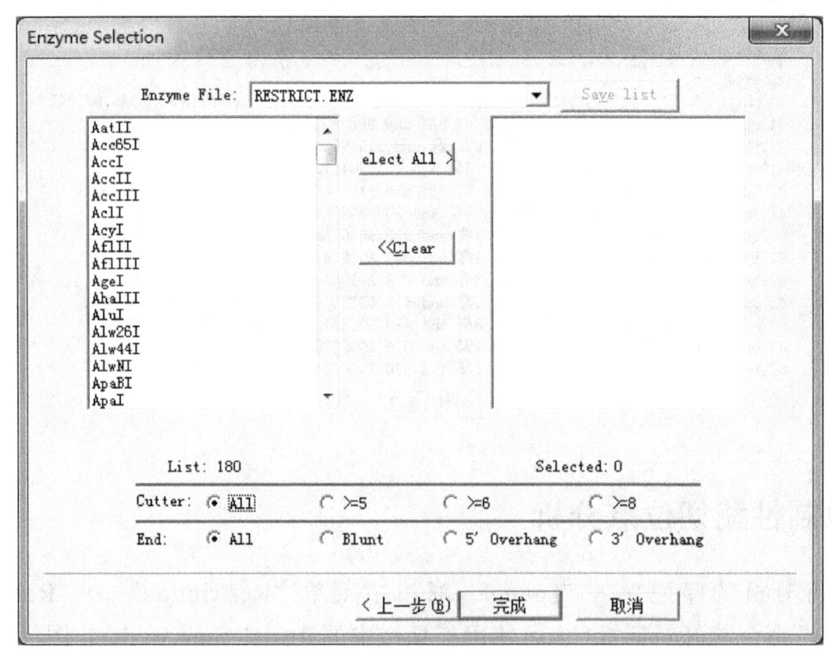

图 12-29

点击 Enzyme File 旁边的下拉按钮，出现两个默认选项，RESTRICT.ENZ 和 DNAMANE. ENZ（如果添加过自制的酶列表，则附加显示自制酶列表文件名）。其中，RESTRICT.ENZ 数据文件包含 180 种限制酶，DNAMANE. ENZ 数据文件包含 2523 种限制酶。

选择其中一个数据文件，相应的酶在左边的显示框中列出（按酶名称字母表顺序），鼠标双击酶名称，则对应的酶被选中，在右边空白框中列出。

如需要自制酶切列表，可以从左边酶列表中双击鼠标选择某种酶（如 *Aat* Ⅱ），然后点击“Save list”按钮，出现如图 12-30 所示对话框。

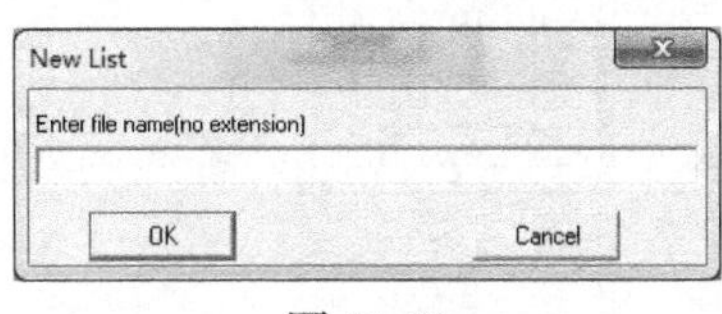

图 12-30

输入要保存酶列表的文件名，点击“OK”按钮即可保存。自制酶列表可以方便分析特定的酶切位点。

Cutter 表示酶切识别序列长度，可选择所有（All）识别序列长度及≥ 5、≥ 6、≥ 8 的识别序列长度；End 表示酶切产生的末端，其中包括所有类型末端（All）、Blunt（平头末端）、5′Overhang（5′突出黏性末端）、3′Overhang（3′突出黏性末端）。系统根据 Cutter 和 End 的设定情况，在左边酶列表中显示符合条件的酶（图 12-31）。

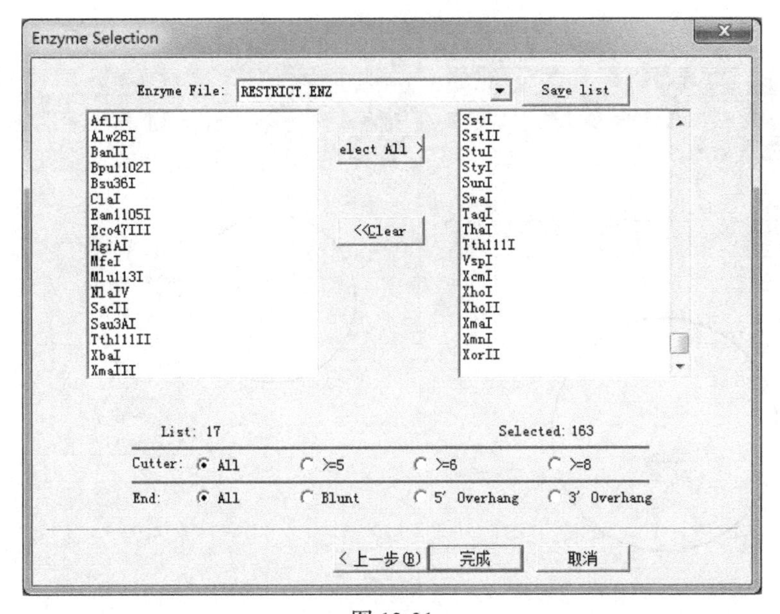

图 12-31

选择需要分析的酶切位点，点击“完成”按钮执行操作，显示酶切位点分析结果（图 12-32）。

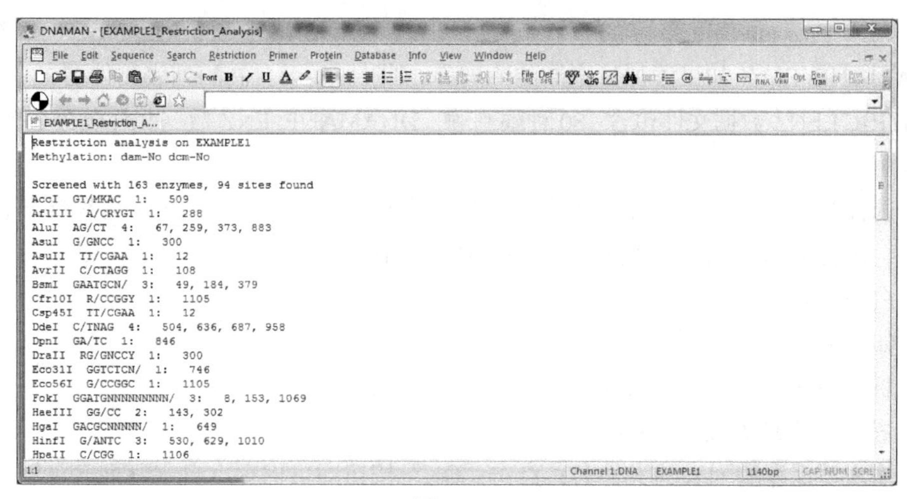

图 12-32

6. 绘制质粒模式图

通过主菜单“Restriction”→“Draw Map”命令打开质粒绘图界面（图 12-33）。

将鼠标移动到圆圈上，等鼠标变形成“+”时，单击鼠标右键，出现如图 12-34 所示菜单。

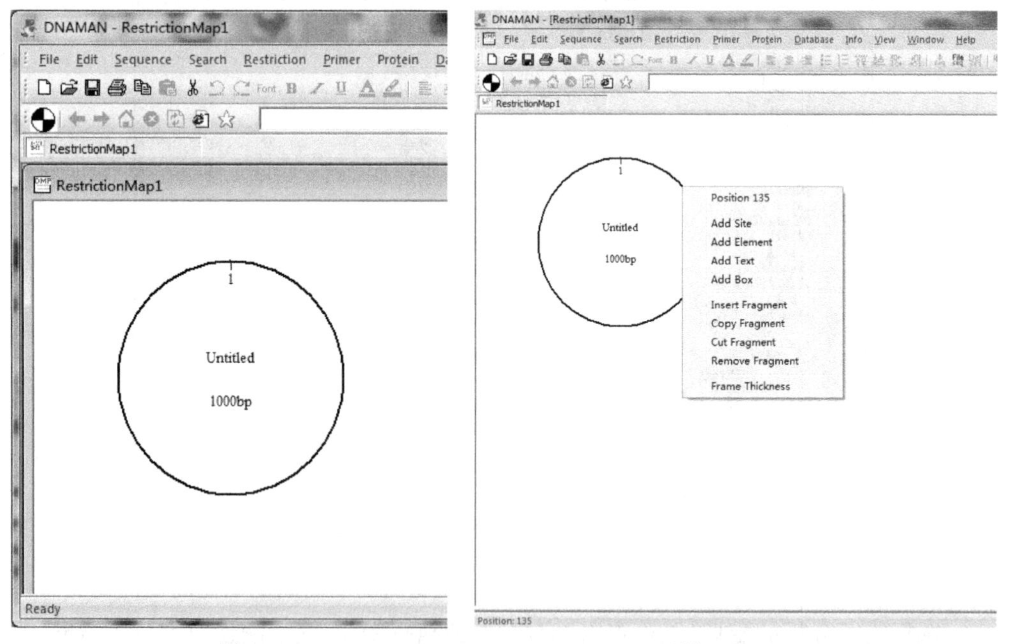

图 12-33　　图 12-34

点击“Add Site”选项，出现如图 12-35 所示对话框。

参数说明如下。

Name 表示要添加的酶切位点的名称（如 *Eco* RⅠ），Position 表示位置（以碱基数目表示）。点击“OK”按钮即可添加。

点击“Add Element”选项，出现如图 12-36 所示对话框。

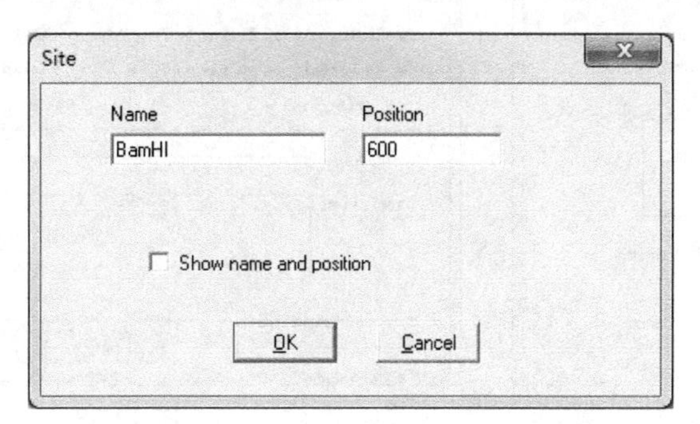

图 12-35

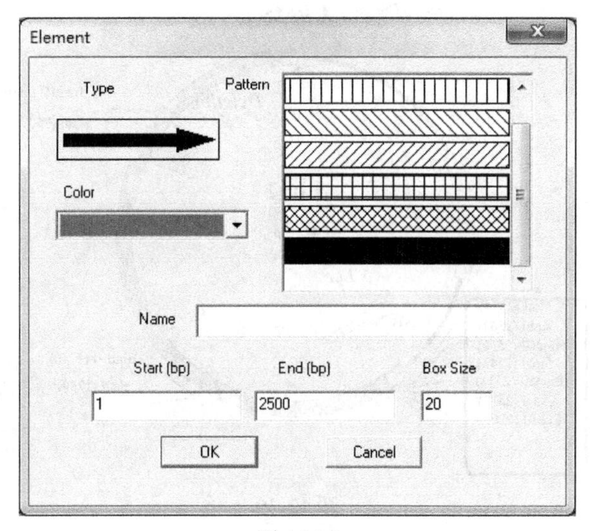

图 12-36

点击“Add Text”选项，出现如图 12-37 所示对话框。

输入要添加的文字，点击“Font”按钮设置字体和格式，选择 Horizontal（水平显示）或 Vertical（垂直显示），点击“OK”按钮即可添加。

在绘图界面空白处，双击鼠标，出现如图 12-38 所示对话框。

通过此对话框，可以完成各种添加项目的操作，也可以修改已添加的项目。

此外，可以通过鼠标双击质粒图（图 12-39）上的项目来修改已添加的任何项目，也可以通过鼠标移动任何项目。

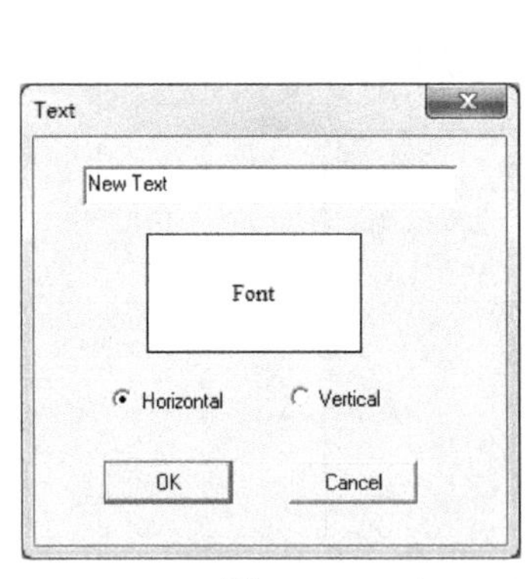

图 12-37

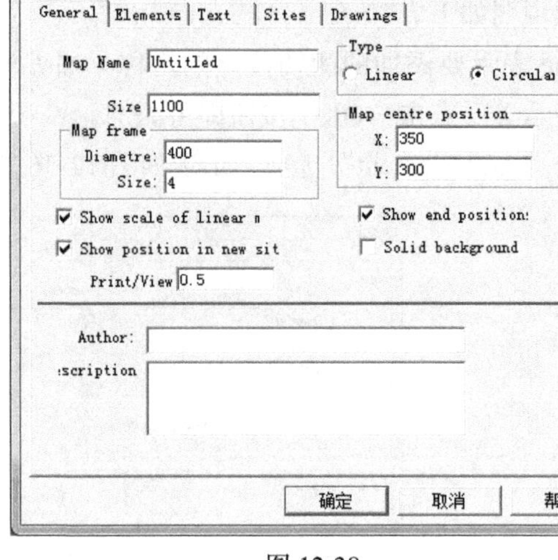

图 12-38

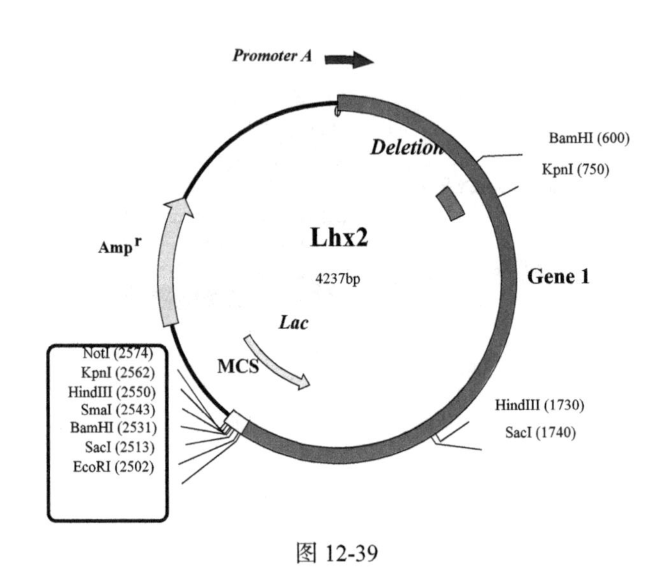

图 12-39

7. 蛋白质分析

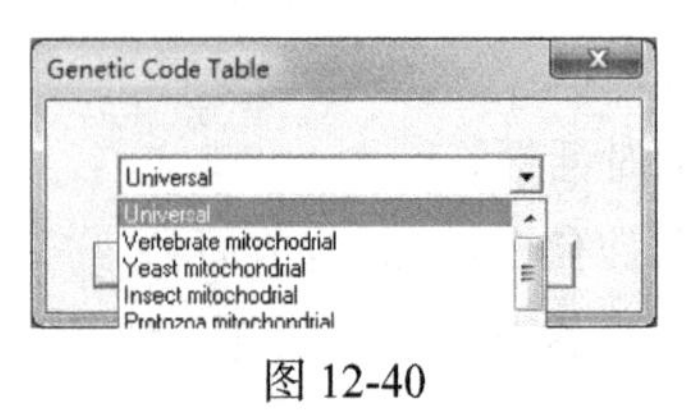

图 12-40

通过“Protein”→“Genetic Code Table”命令，选择待分析DNA序列所使用的遗传密码子表，点击“OK”按钮完成（图 12-40）。

通过“Protein”→“Translation”命令（也可使

用工具栏中的“Translation”按钮），打开对话框，如图 12-41 所示。

选择相应参数（一般选择默认参数），点击“OK”按钮，完成所选择 DNA 序列的编码蛋白质翻译（图 12-42）。

通过“Protein”→“Codon Usage/Reading Frame”命令，分析 DNA 序列的遗传密码子使用情况（图 12-43）。

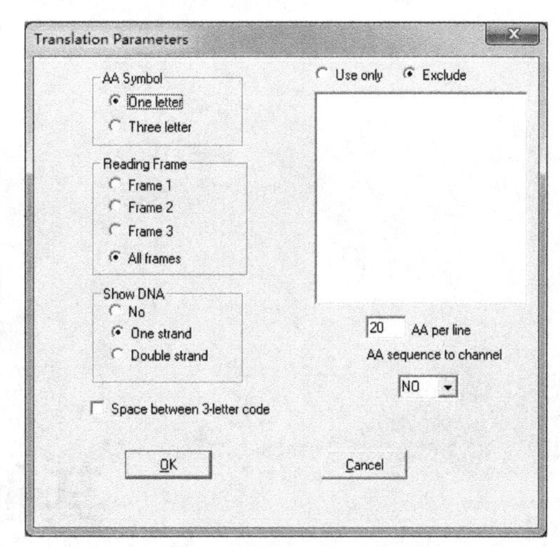

图 12-41

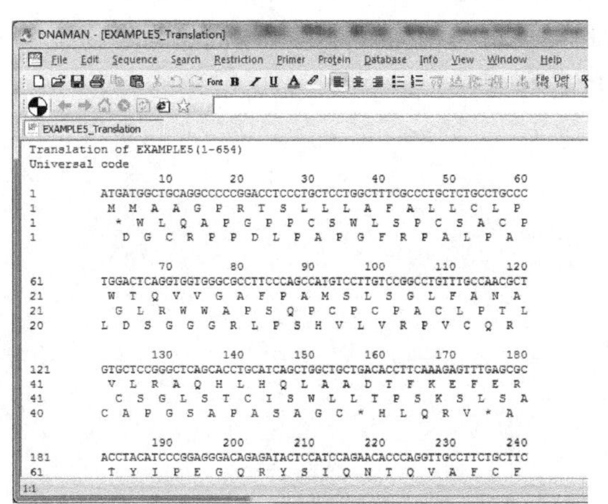

图 12-42

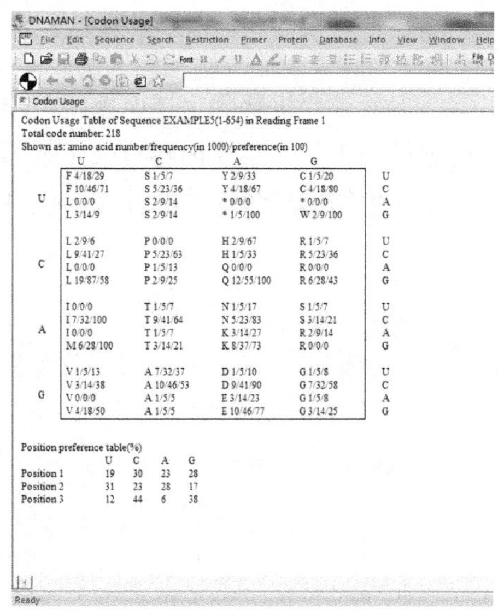

图 12-43

此外，DNAMAN 软件还可进行测序序列的组装、RNA 序列二级结构预测、蛋白质序列的氨基酸组成等相关分析。

（耿荣庆、王兰萍）

第三篇
其他科研软件和工具

本篇主要讲解除上述生物统计学与生物信息学软件外，科研活动需要的其他软件和工具，主要内容有文献检索和科技写作相关软件等。本篇作为生物统计学和生物信息学软件的补充，仅供读者参考。

第十三章 文献检索

依据国际定义，文献是一切情报的载体。文献检索是获取知识的捷径，科学研究的向导，终身教育的基础。文献检索技能是科研人员必备的基本素质之一。现代科研工作者的文献检索与阅读时间占总科研时间的40%以上。

文献调研也是学生进行科技论文和学位论文写作的必经步骤，如图13-1所示。

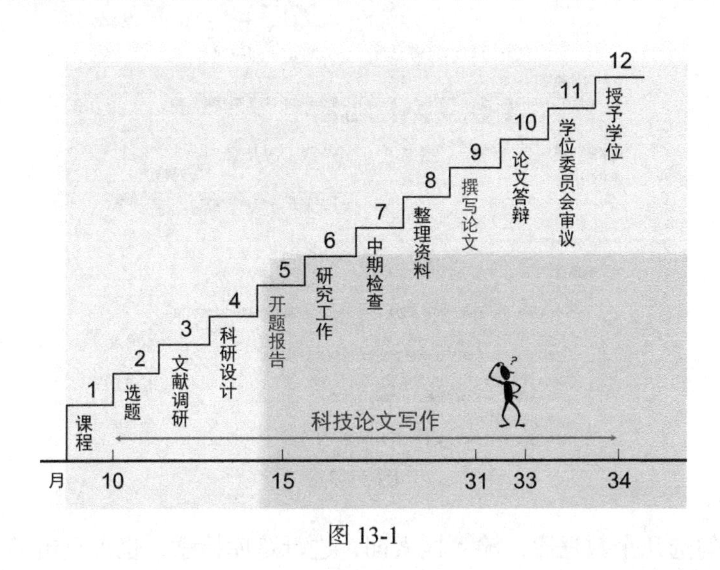

图 13-1

本章简要介绍中英文期刊和专利文献的检索，并介绍免费的文献数据库。

1. 中英文文献检索

一般高校都购买了中英文期刊全文或文摘数据库供全校师生利用，服务于教学、科研和学习。一般登录学校图书馆主页，即可利用这些数据库，其中较常用的有中国知网（CNKI）中的中国学术期刊全文数据库、维普网（VIP）的中文科技期刊全文数据库和万方数据库等。

1.1 中文期刊数据库

进入学校图书馆主页后，即可进行期刊数据库链接（图13-2）。

点击“中国学术期刊全文数据库 - 本地镜像”，即可进入检索界面，如图13-3所示。

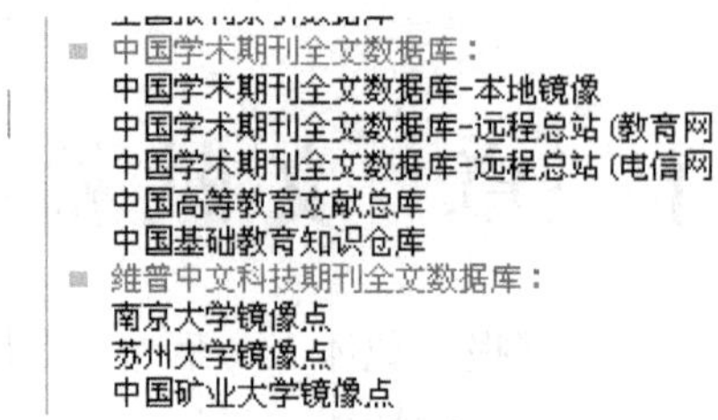

中国学术期刊全文数据库：
中国学术期刊全文数据库-本地镜像
中国学术期刊全文数据库-远程总站 (教育网
中国学术期刊全文数据库-远程总站 (电信网
中国高等教育文献总库
中国基础教育知识仓库
維普中文科技期刊全文数据库：
南京大学镜像点
苏州大学镜像点
中国矿业大学镜像点

图 13-2

CNKI搜索　单库检索首页

中国知识资源总库——CNKI 系列数据库

跨库检索

提　示：1、跨库检索：点击“跨库检索”按钮，将在您选择的多个数据库中同时检索。
2、单库检索：直接点击您要检索的数据库名称。

检索项：题名　匹配：精确　从：1979　到：2011
检索词：　跨库检索
初级检索　高级检索　专业检索

选择数据库 (单库检索 请点击数据库名称)

中国期刊全文数据库
1994年至今（部分刊物回溯至创刊），共 23155137 篇，今日新增 11819 篇　简介

中国期刊全文数据库(世纪期刊)
1979年至1993年（部分刊物回溯至创刊），共 5257480 篇　简介

中国优秀硕士学位论文全文数据库
1999年至今，共 401516 篇，今日新增 171 篇　简介

中国博士学位论文全文数据库
1999年至今，共 59557 篇，今日新增 20 篇　简介

图 13-3

可同时勾选几个数据库，输入检索词，进行跨库检索，也可点击某个数据库进行单库检索。例如，点击“中国期刊全文数据库”，即可进入检索界面。要检索“生物表面活性剂”的期刊论文，可输入该检索词后点击“检索”即可（图 13-4）。

中国期刊全文数据库
风格切换　查看检索历史　期刊导航　初级检索　高级检索　专业检索

检索导航　专辑导航
请选择查询范围：
总目录
全选　清除
理工A(数学物理力学天地生)
理工B(化学化工冶金环境矿业)
理工C(机电航空交通水利建筑能源)
农业
医药卫生
文史哲
政治军事与法律
教育与社会科学综合
电子技术及信息科学
经济与管理

逻辑　检索项：篇名　检索词：生物表面活性剂　词频　扩展　在结果中检索　检索　收藏本页
从 1996 到 2011 更新 全部数据 范围 全部期刊 匹配 模糊 排序 时间 每页 20 中英扩展

共有记录293条　首页　上页　下页　末页　1 /15 转页　全选　清除　存盘

序号	篇名	作者	刊名	年期
1	生物表面活性剂在石油工业中的应用及发展趋势	沈哲	应用化工	2011/10
2	生物表面活性剂鼠李糖脂及其复配体系界面行为和性质的介观模拟	朱鹏飞	化学学报	2011/20
3	生物表面活性剂及其在土壤重金属修复中的研究进展	黄健	湖南有色金属	2011/05
4	生物表面活性剂用于逆胶束体系的构建及微水相条件优化	崔凯龙	中国环境科学	2011/09
5	多环芳烃污染土壤表面活性剂清洗及生物柴油强化	毛华军	农业环境科学学报	2011/09
6	生物表面活性剂对疏水性有机物的增溶特性	李琦	化学工程	2011/09
7	生物表面活性剂产生菌降解石油废水的研究	黄文	湖南农业大学学报(自然科学版)	2011/04
8	一种快速分离检测产脂肽类生物表面活性剂枯草芽孢杆菌的方法	王大威	生物技术通报	2011/09
9	生物表面活性剂的生产及其在石油化工中的应用研究	吴正勇	河南化工	2011/10
10	生物表面活性剂及其在生物降解中的应用	蒋磊	湖北农业科学	2011/17
11	生物表面活性剂产生菌株BYS6的分离筛选与鉴定	门欣	现代农业科技	2011/15
12	生物表面活性剂生产菌的筛选及鉴定	刘飞	中国酿造	2011/06

未选中搜索内容

图 13-4

以上为一个检索词的简单检索。为了达到更好的检索效果，应尝试多检索词的复合检索。CNKI 提供两种格式的文献下载，即 CAJ 和 PDF 格式（图 13-5），为阅读文献，应下载文档阅读器，CAJ 专用阅读器为 CAJ Viewer。PDF 格式的文献可用 Adobe Reader 或 Foxit Reader 打开，也可以用 CAJ Viewer 打开。

图 13-5

维普中文科技期刊全文数据库和万方数据库的检索方法与 CNKI 类似。

除检索中文期刊论文外，还可以检索硕士学位论文和博士学位论文。由于学位论文的材料方法和试验结果的讨论更加详尽和充分，在研究初期，学位论文往往有更大的价值。

1.2　外文数据库

外文数据库主要是英文数据库，对生物类专业学生来说，最常用的数据库有两个，即 SpingerLink 数据库（图 13-6A）和 Elsevier ScienceDirect 数据库（图 13-6B），可以检索英文期刊论文和图书章节。进入数据库检索页面，输入英文关键词即可。

B

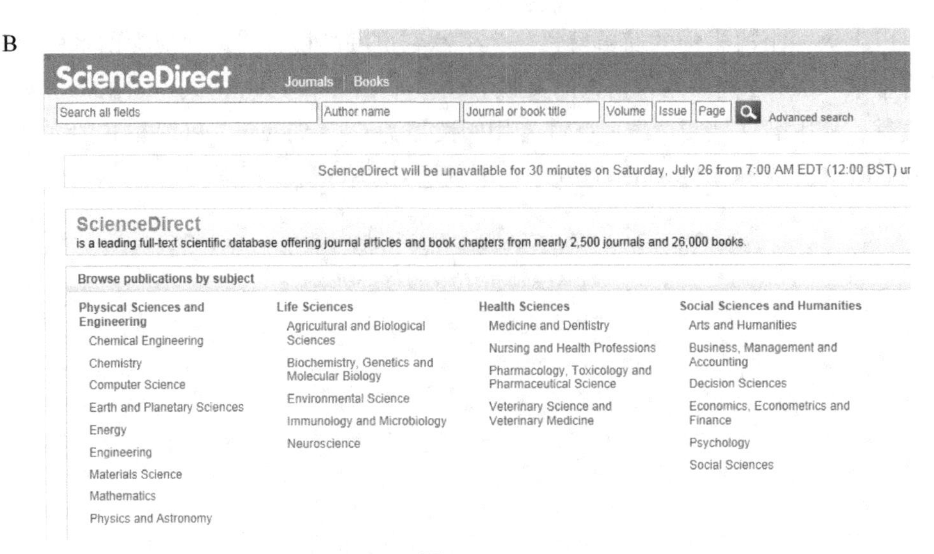

图 13-6

2. 专利文献检索

专利是国家按专利法授予申请人在一定时间内对其发明创造成果所享有的独占、使用和处分的权利，包括发明专利、实用新型专利和外观设计专利。根据国家专利法规定，利用已公开专利文献进行教学和科研活动，不是侵权行为。

2.1 登录国家知识产权局网站进行检索

专利检索一般通过国家知识产权局网站进行，键入网址 http://www.sipo.gov.cn，打开知识产权局主页，见到专利检索的链接（图 13-7 圆圈处）。

图 13-7

点击这个链接，进入检索界面（图 13-8）。

点击“专利检索与服务系统”，会看到“免责声明”（图 13-9）。

点击“同意”，会进入“专利检索与服务系统”网页，该页面提供多种信息的查询和服务，如专利检索、专利分析、法律状态查询和分类号查询等（图 13-10）。

图 13-8

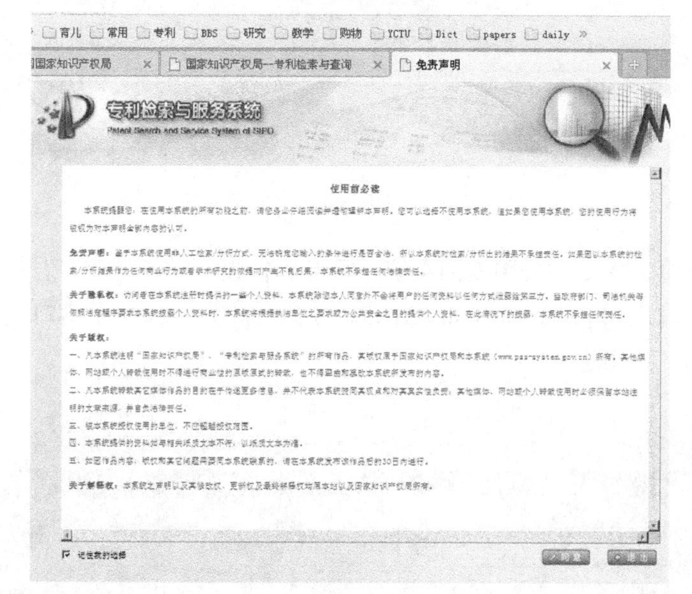

图 13-9

图 13-10

点击“专利检索”，即可进入专利检索页面，输入检索词后点击“检索”（图13-11）。

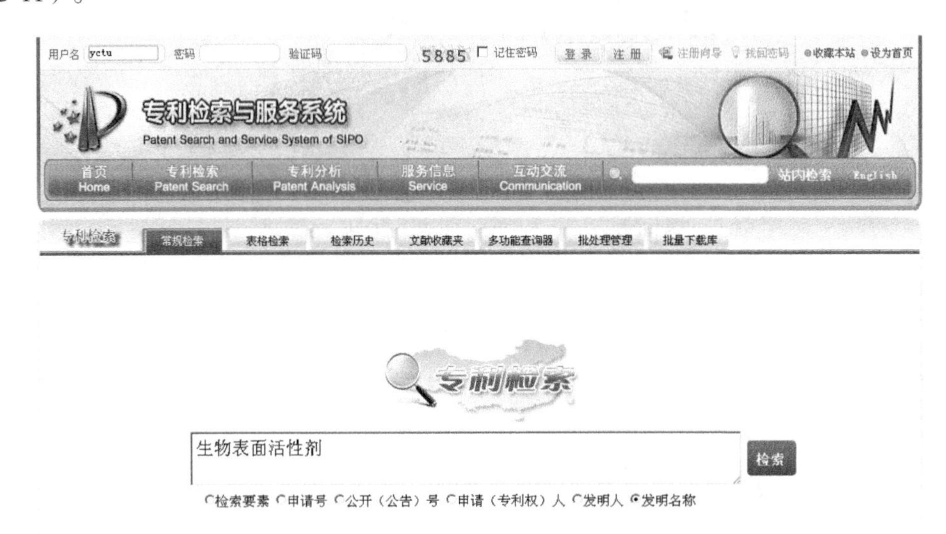

图 13-11

也可以直接进入专利公用查询系统进行专利检索。

在网址栏输入 http://cpquery.sipo.gov.cn，进入如图 13-12 所示窗口，点击右侧“公众查询”栏的“点击进入”。

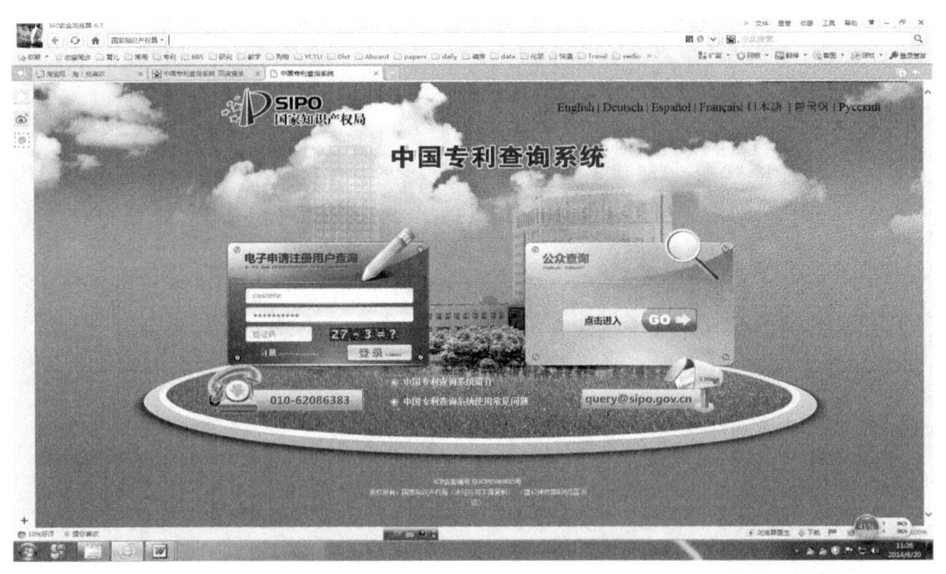

图 13-12

进入如图 13-13 所示窗口。

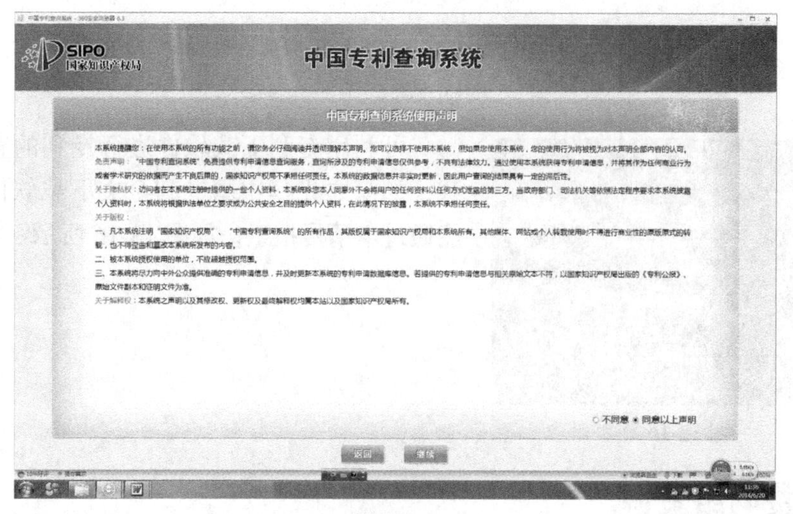

图 13-13

点选“同意以上声明”，再点击“继续”，进入查询窗口（图 13-14）。

图 13-14

输入查询条件，点击“查询”，即可获得结果。注意输入申请号或专利号时，应去掉“ZL”、“CN”等前缀，申请号还要去掉小数点，如图 13-15 所示。

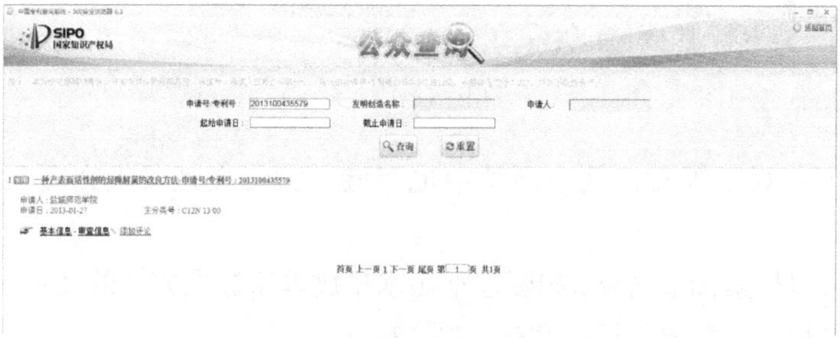

图 13-15

2.2 专利下载器

图 13-16

可利用专利下载软件进行专利的查询和下载，如汉之光华中国专利全文下载软件，但只能通过申请号检索，如图 13-16 所示。

3. 免费网络资源

除第八章介绍的 NCBI-PubMed 外，互联网上还有很多免费的文献可供查询和全文下载，包括开放读取期刊（如 PLOSONE 等）（图 13-17）。

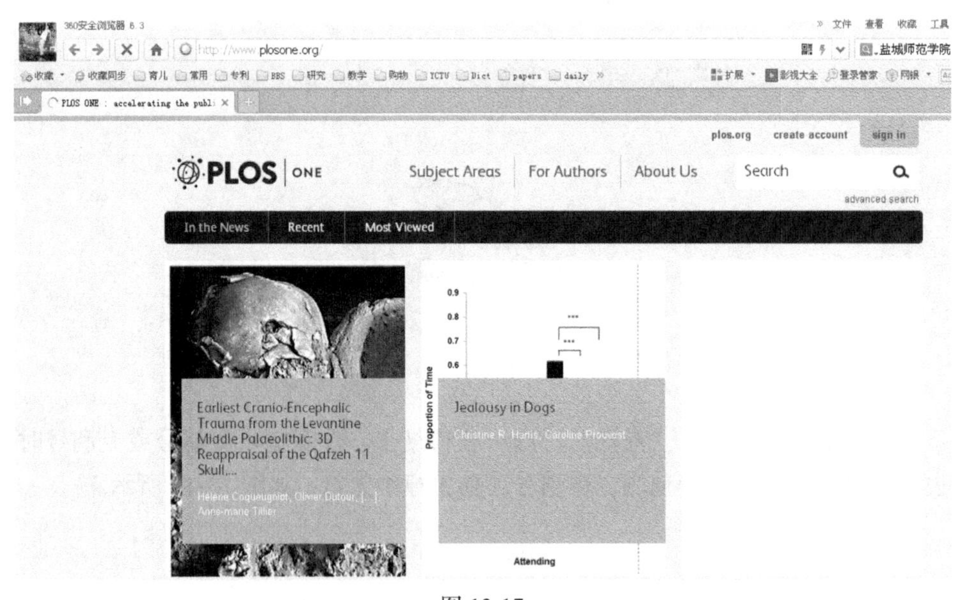

图 13-17

百度文库、豆丁等文档共享网站中也存储了大量文献可供查阅和下载，如图 13-18 所示。

有时也可以检索标准文献，如要检索污水排放国家标准方面的文献，可输入“GB 污水”，即可检索到需要的标准文献（图 13-19）。

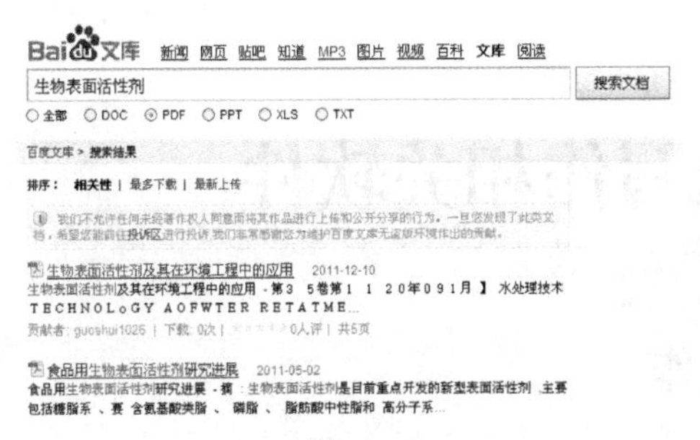

图 13-18

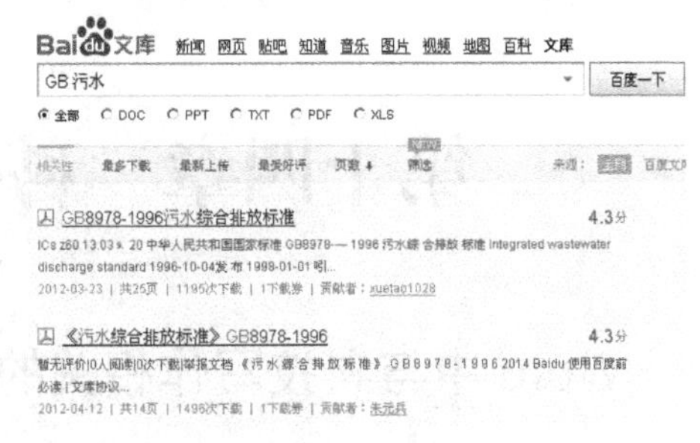

图 13-19

谷歌学术搜索是科研人员常用网站之一，界面如图 13-20 所示。

图 13-20

谷歌学术搜索不仅可以检索文献，部分文献还可以全文下载，还提供被引用次数等有价值信息，如图 13-21 所示。

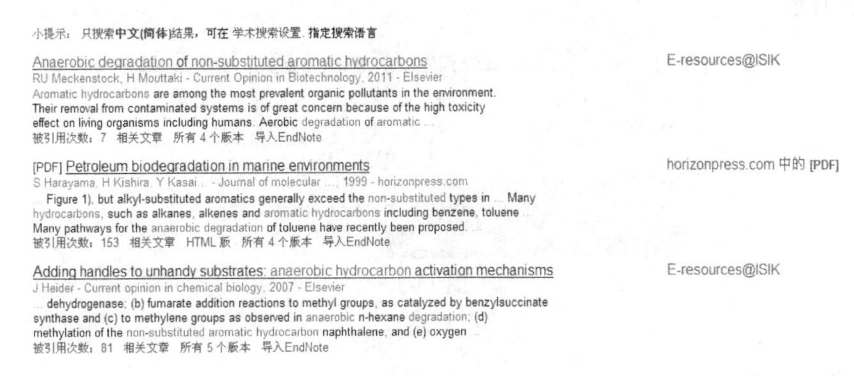

图 13-21

（张祥胜）

第十四章　科技写作相关软件

1. Word 中与科技写作相关的操作

本节操作主要针对 Word 2003，仅供参考，如使用更高版本，也可适当借鉴。

1.1　修订模式

在论文修改过程中，使用修订标记，即对文档进行插入、删除、替换及移动等编辑操作时，使用一种特殊的标记来记录所做的修改，以便于其他人知道文档所做的修改，然后根据实际情况决定是否接受这些修订。

切换修订模式可点击菜单“工具”→“修订”或直接点击“修订”快捷按钮，如图 14-1 所示。图 14-2 即修订模式。

图 14-1

图 14-2

选定修改的文字，如果要接受修订，点击快捷按钮下的“接受修订”即可，如图 14-3 所示。

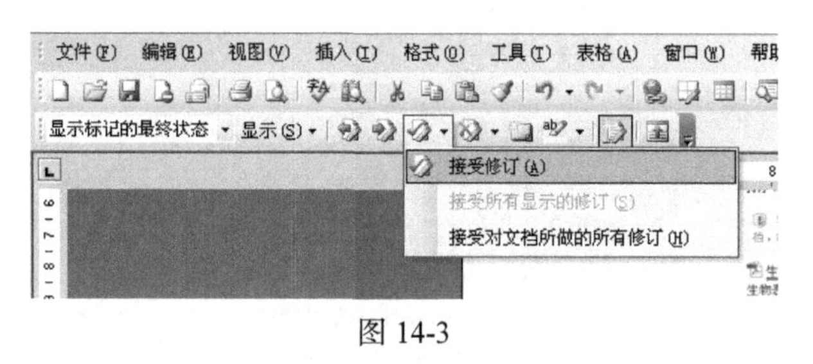

图 14-3

1.2　表格调整

如表 14-1 所示，虽然结构较为简单，但至少存在 3 个问题：①格式不对，不是三线表；②宽度不合适；③各列宽度不一。

表 14-1

稀释度 水样	1 ∶ 1	1 ∶ 10	计数 /cfu	是否合格
1	0	0	0	合格
2	0	0	0	合格
3	0	0	0	合格

可按以下操作进行设置。

在选定表格后，单击右键，选择“表格自动套用格式”（图 14-4）。

在弹出的对话框中，选择“简明型 1”，并在“将特殊格式应用于”中，将“标题行”勾选即可（图 14-5）。

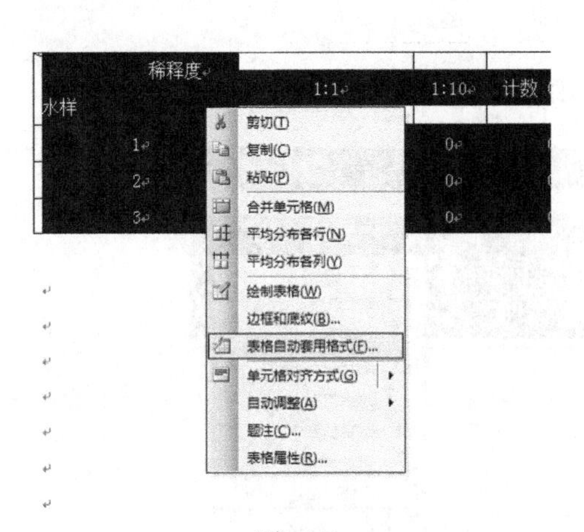

图 14-4

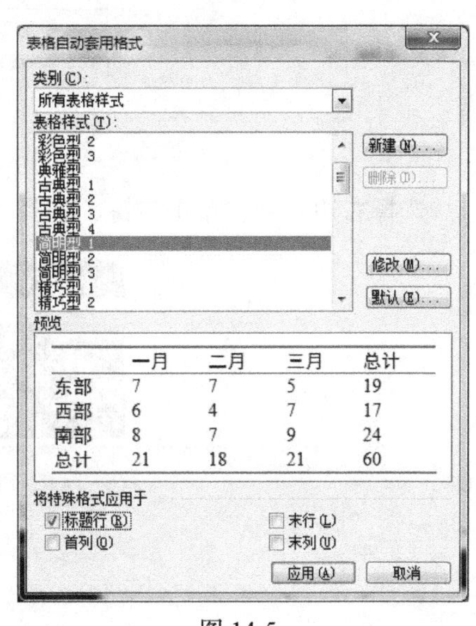

图 14-5

添加斜线，使用菜单命令“表格”→“绘制斜线表头”，如图 14-6 所示。

打开对话框，重新设置“行标题”和“列标题”（图 14-7）。

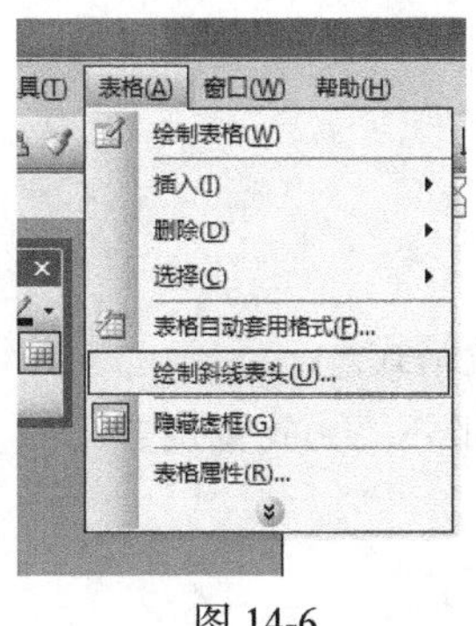

图 14-6

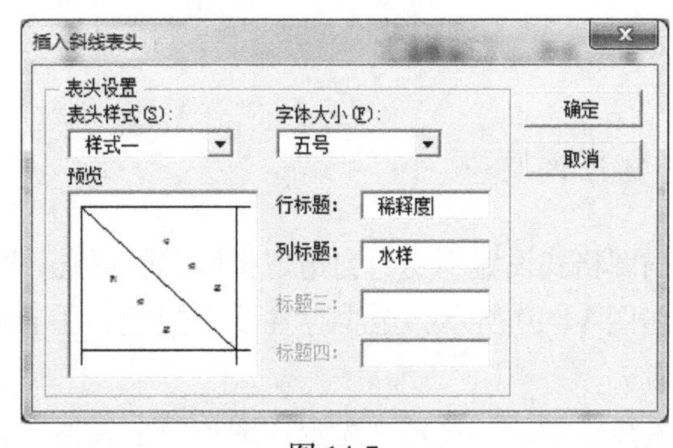

图 14-7

选定表格，右单击，选择“自动调整”→“根据窗口调整表格”（图 14-8）。

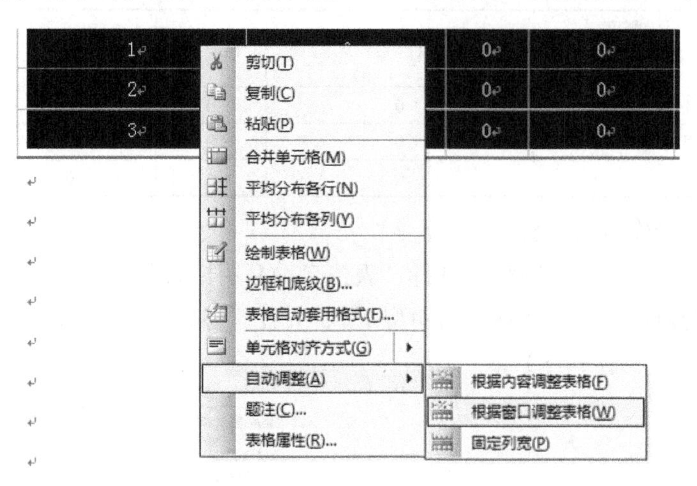

图 14-8

选择右边 4 列，单击右键，选择“平均分布各列”即可（图 14-9）。

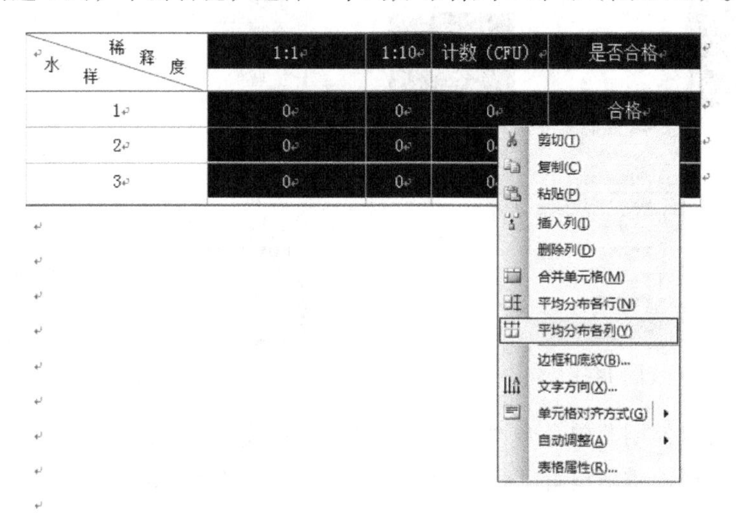

图 14-9

1.3 插图调整

插图格式设置不当，会造成排版比较混乱，需要设置格式。

如图 14-10 所示，至少存在 2 个问题：①有多余的部分；②放置位置不对。需要设置。

右单击图片，选择“显示“图片”工具栏”（图 14-11）。

图 14-10

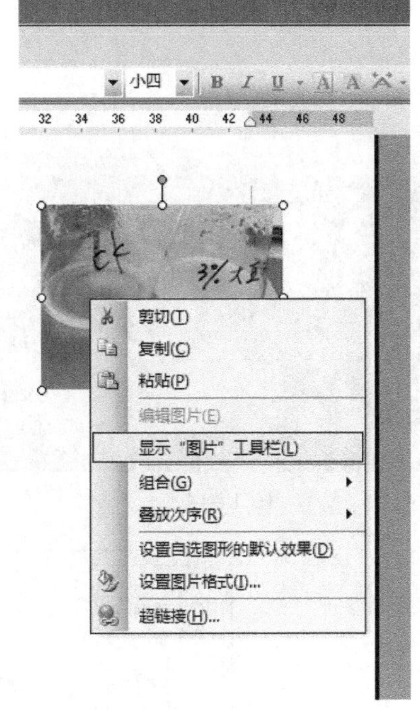

图 14-11

图片工具栏如图 14-12 所示。

点击“裁剪”按钮，即“✚”，则可以用拖动的方式对图片进行裁剪（图 14-13）。

图 14-12

图 14-13

得到图 14-14，此图不居中。

右单击图片，选择“设置图片格式”，如图 14-15 所示。

弹出如图 14-16 所示对话框。

点击“版式”选项卡，选择“嵌入型”或其他合适的版式，点击“确定”即可。

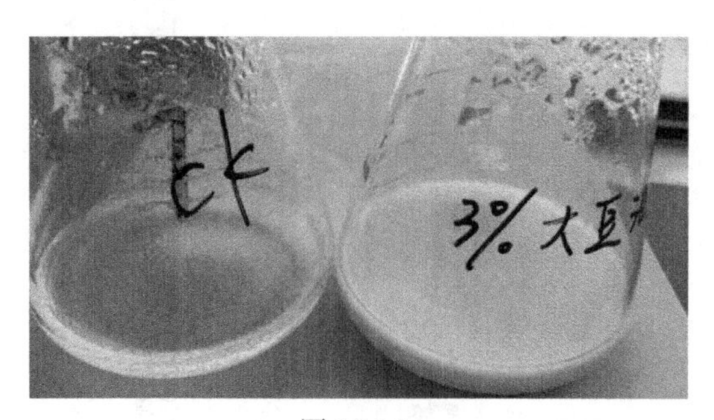

图 14-14

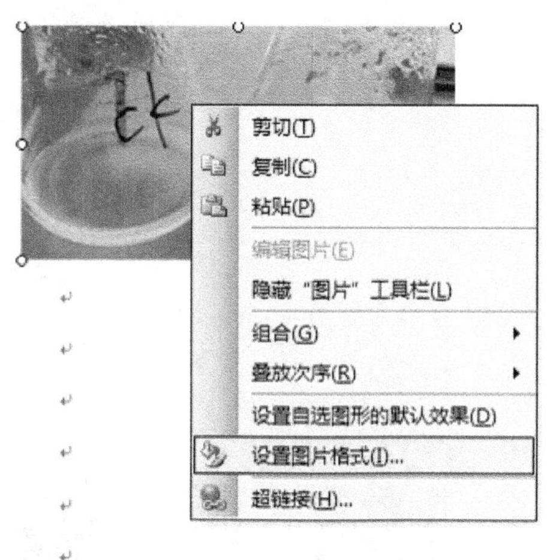

图 14-15

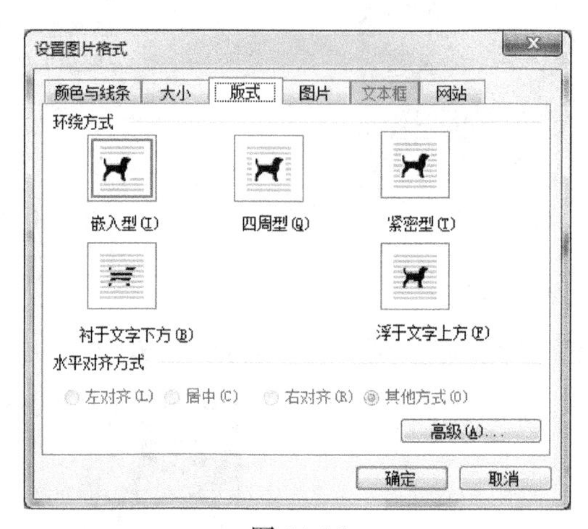

图 14-16

1.4 使用压缩图片功能

插图尺寸过大，尤其是描述性的图片过大，会使整个文件过大，严重影响邮件传送、复制、打印等操作效率，有必要利用压缩图片的功能，使文件不致过大。

就单个图片而言，选择图片后，点击图片工具栏上的“压缩图片”按钮即可，如图 14-17 所示。

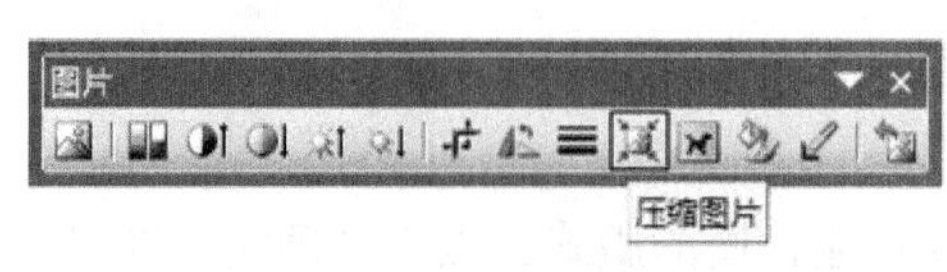

图 14-17

保存文件时，也可利用压缩图片功能。点击菜单“文件”→“另存为”，打开对话框如图 14-18 所示。

点击“工具”→“压缩图片”，得到如图 14-19 所示对话框。

点击“确定”，得到如图 14-20 所示对话框，点击“应用”（如果对图片清晰

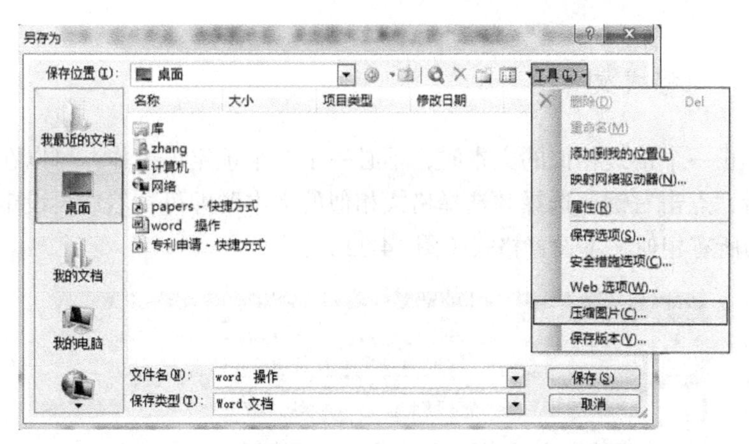

图 14-18

度要求不高，可以勾选“不再显示该警告。”选项，则下次不再出现该对话框）。

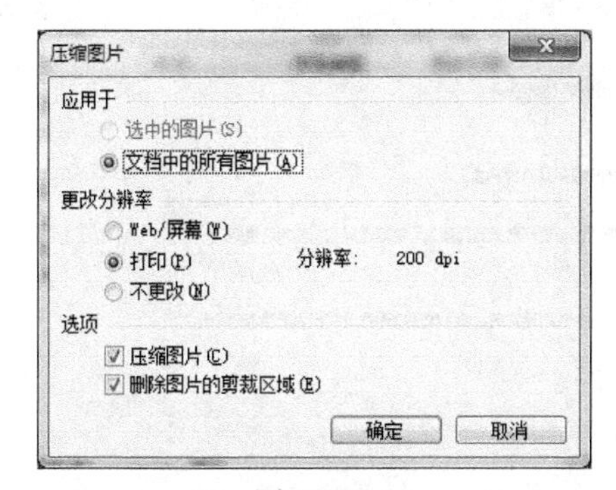

图 14-19

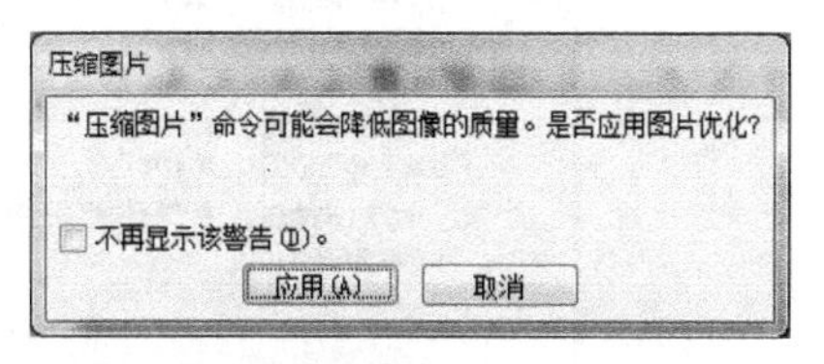

图 14-20

回到如图 14-21 所示对话框，此时点击“保存”即可。

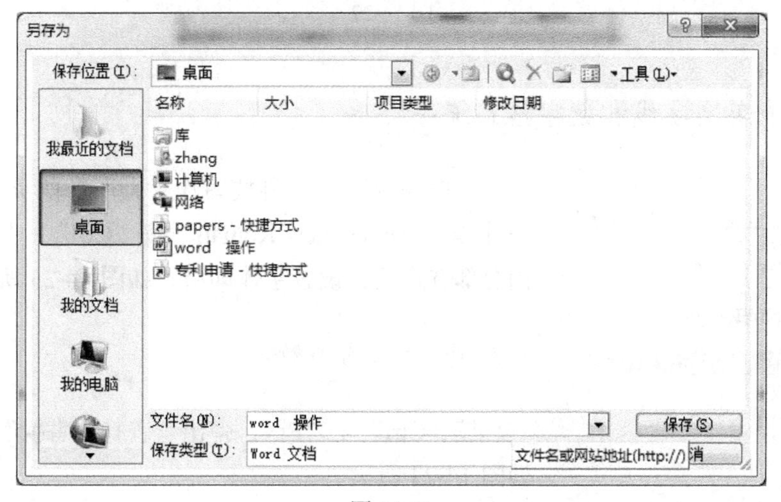

图 14-21

1.5 选定相似格式文本

设定不止一个格式相似的文本时，不必一个一个选定再操作，可以在选定其中一个文本后，点击右键，选择“选择格式相似的文本”即可，然后再设定格式，则可以批量为所有相似文本设置格式（图 14-22）。

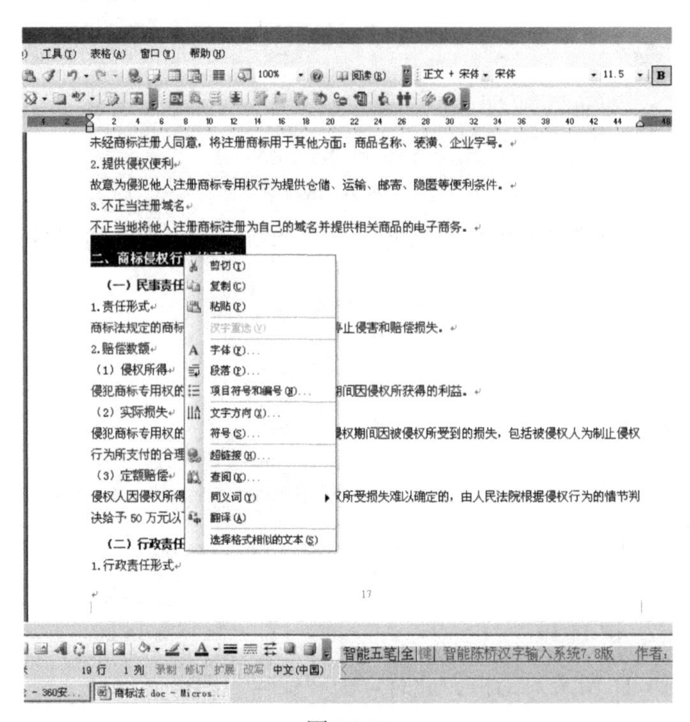

图 14-22

1.6 所有英文字线和数字格式统一

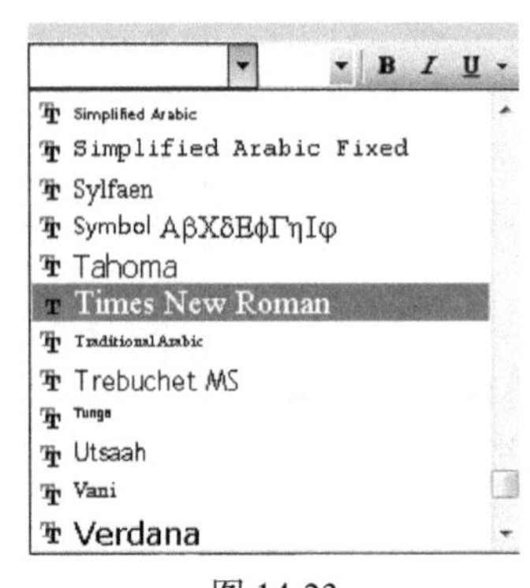

图 14-23

一般情况下，在科技写作中，所有的英文、数字一律设为 Times New Roman，按“Ctrl”+“A”将文档全部选定后，设置字体即可，如图 14-23 所示。

1.7 统计插图个数

按“Ctrl”+“F”，弹出“查找和替换”对话框，如图 14-24 所示。

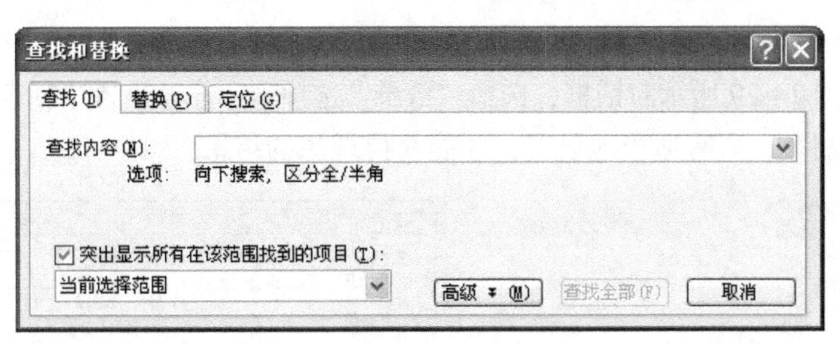

图 14-24

在“查找内容”文本框中输入“^g”（注意是半角），勾选“突出显示所有在该范围找到的项目”，然后点击“查找全部”（图 14-25）。

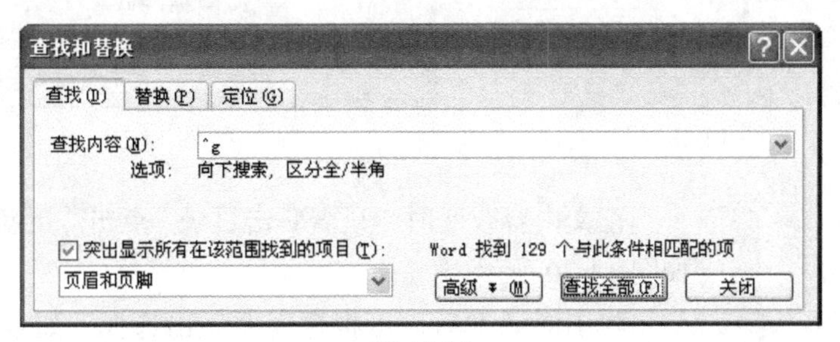

图 14-25

1.8　目录的制作

点击菜单“视图”→“大纲”，以大纲视图浏览要设置目录的内容，设置或补充设置标题级别（图 14-26）。

显示大纲视图，将级别重新设置，此时大纲视图如图 14-27 所示。

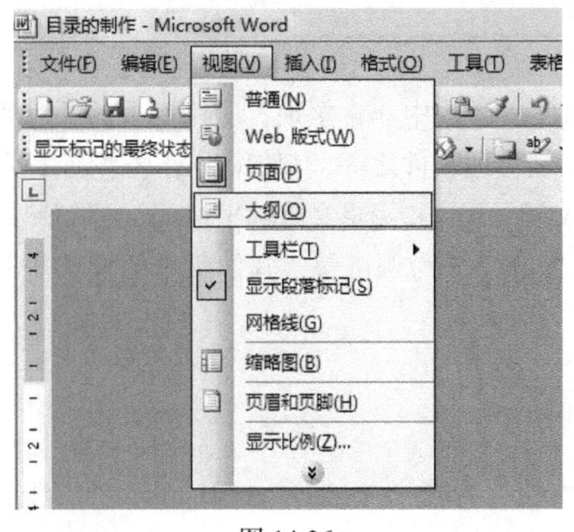

图 14-26

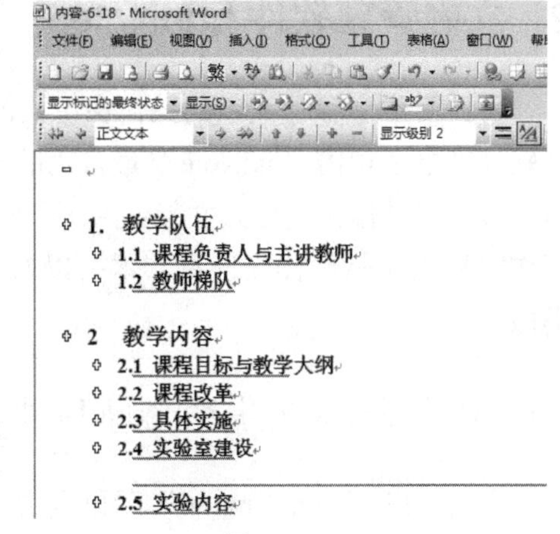

图 14-27

回到页面视图，点击菜单“插入”→“引用”→“索引和目录”，如图 14-28 所示。

获得如图 14-29 所示对话框，选择“目录”选项卡，注意设置“制表符前导符”和“显示级别”，只有适当地设置，才能获得理想的结果。

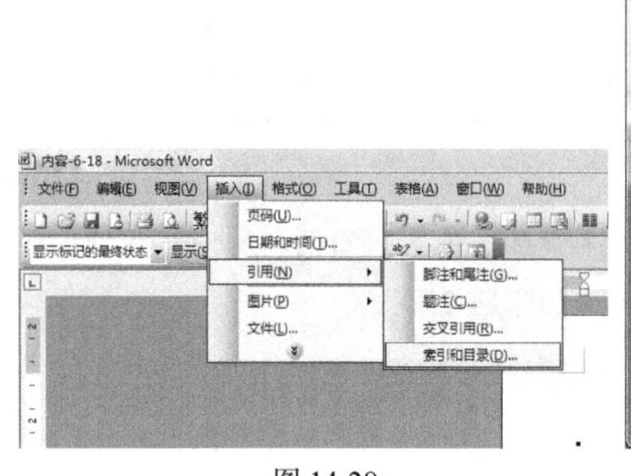

图 14-28

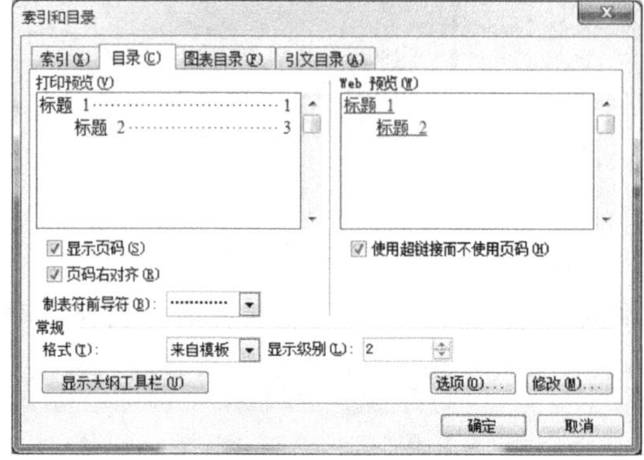

图 14-29

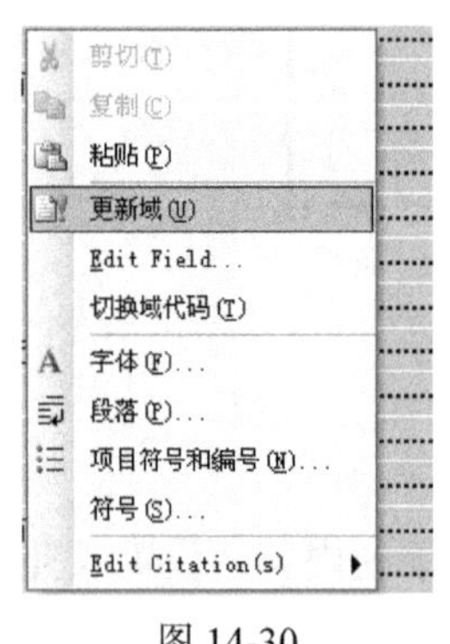

图 14-30

正文内容改变时，只需右击目录，点击“更新域”即可，如图 14-30 所示。

弹出对话框后，可根据需要做出选择，如各级标题均有更改，则选择“更新整个目录”，再点击“确定”即可完成目录的更新。

2. 文献管理软件 EndNote

科技写作中参考文献的操作在论文的反复修改中非常繁琐，应用专业的文献管理软件则事半功倍。EndNote 是最常用的文献管理软件之一，其使用手册厚达数百页，但一般只要掌握快速导入文献、手动导入文献、下载和编辑文献输出格式、文献管理、写作时插入文献等操作即可。本书以 EndNote X5 为例讲解，其他版本的操作步骤类似。

2.1 将已下载文献导入 EndNote 中

点击“File”→“Import”后再点击“File”（或“Folder”，导入某文件夹所有文献）（图 14-31）。

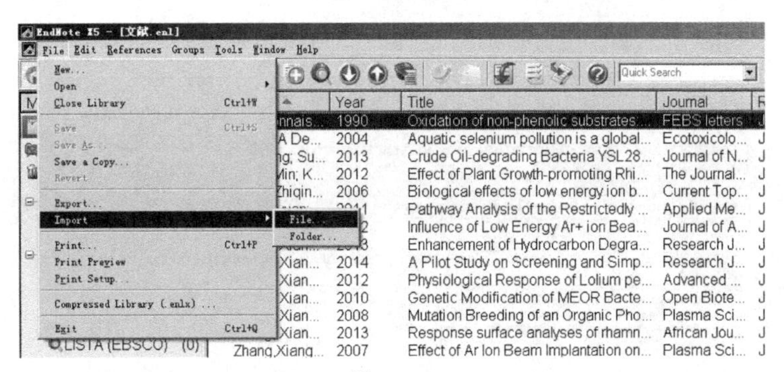

图 14-31

打开对话框（图 14-32）。

点击“Choose”，选定需要的文献，点击“打开”，即可完成一个文献的导入（图 14-33）。

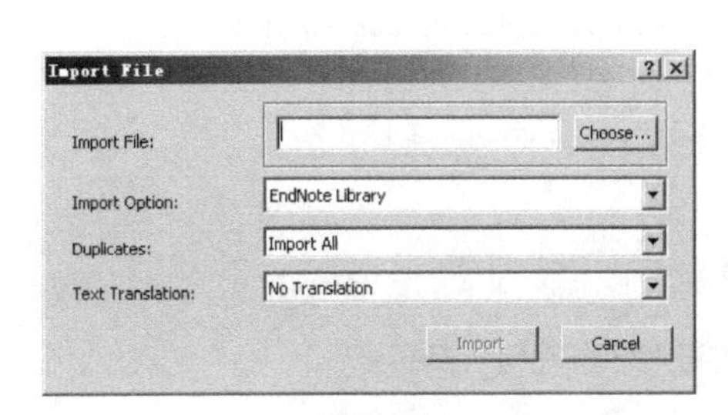

图 14-32

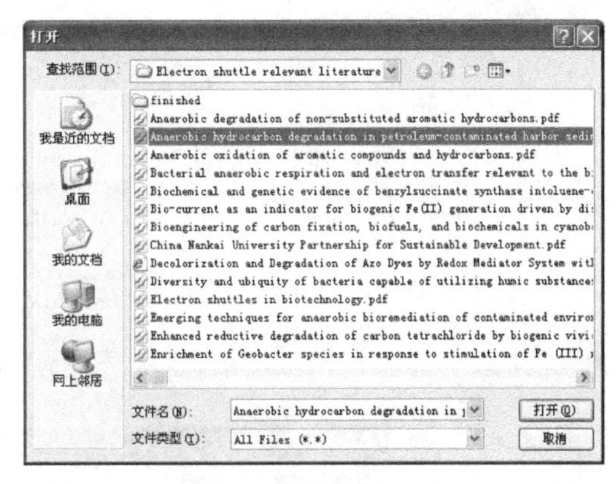

图 14-33

可利用谷歌学术搜索上述方法不能正常导入的文献，然后点击“导入 EndNote”即可（图 14-34）。

另外，中英文数据库在搜索文献时一般也有导出到 EndNote 的链接，如 ScinceDirect 数据库（图 14-35）。

在没有网络或网络导入是乱码时，可手工导入。唯一需要注意的是所导入文献的作者必须一行一个（图 14-36）。

图 14-34

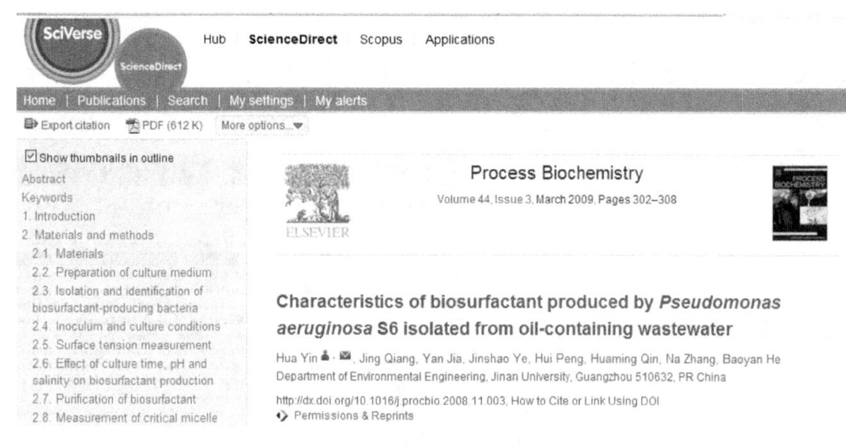

图 14-35

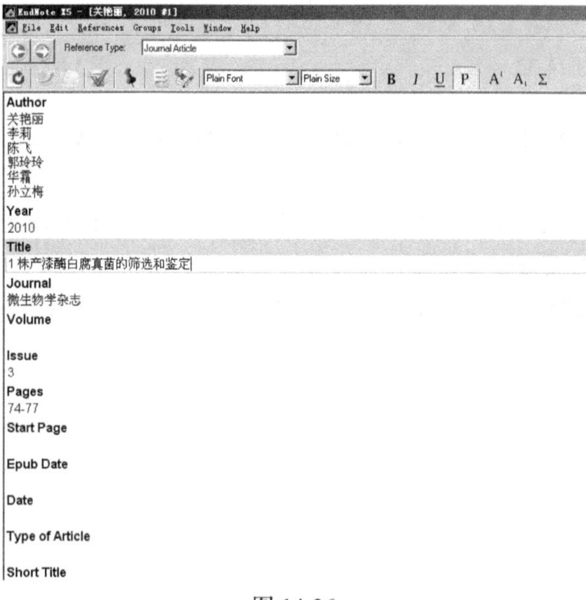

图 14-36

2.2 文献删重

在 EndNote 窗口中，点击 “References” → “Find Duplicates”，可发现重复文献，之后即可删除（图 14-37）。其他操作，如复制、排序、统计、分组等，不再赘述。

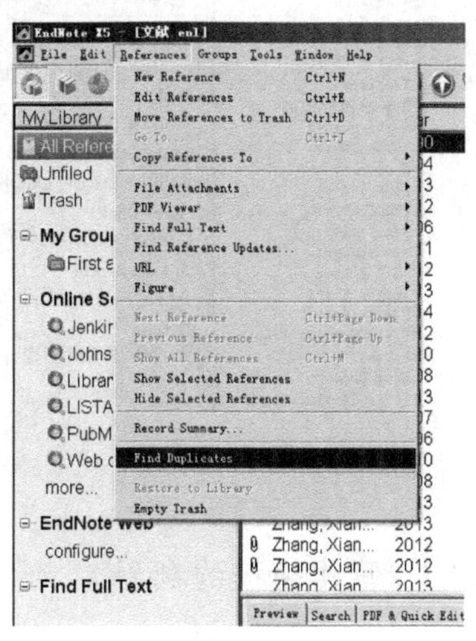

图 14-37

2.3 下载和编辑文献输出格式

EndNote 软件自带数千种杂志的格式文件。对于 EndNote 没有的文献格式，可由欲投杂志的编辑部网站或其他专业网站下载 ens 文件；如无，则从现有的 ens 文件中选出与目标 ens 文件较相近的，然后进行编辑。

可从 THOMSON 网站上下载需要的文献格式文件（图 14-38）。

也可选择与目标期刊文献格式较为相近的格式，如 Water Research，然后点击菜单 “Edit” → “Output Styles”，再选择 “Edit “Water Research” ”（图 14-39）。

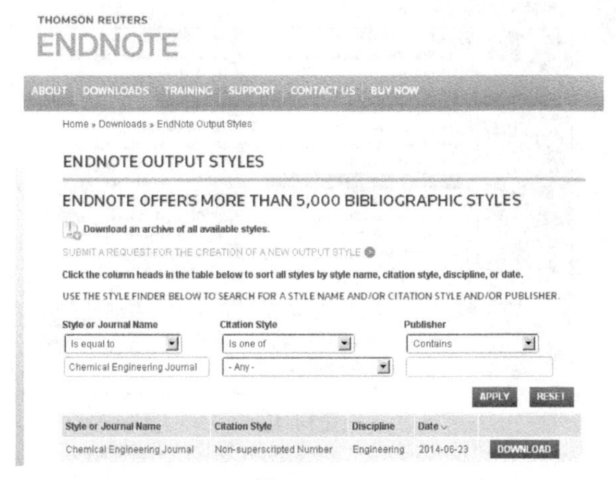

图 14-38

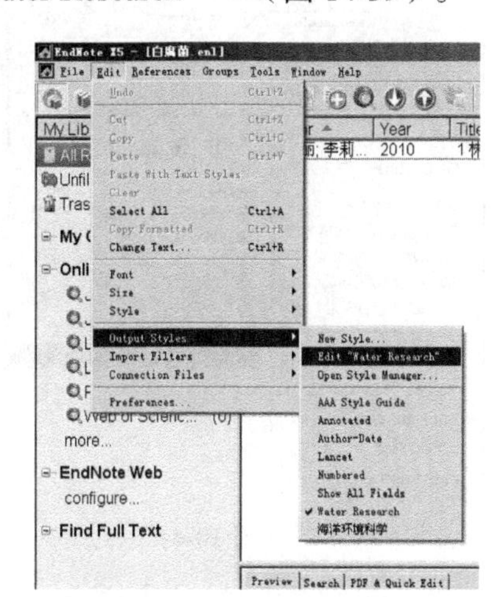

图 14-39

进入格式编辑窗口，按照目标期刊样板论文的文献格式编辑即可，主要编辑 “Citations” → “Templates” 和 “Bibliography” → “Templates”，在后者最重要的是 Journal Article 的格式（图 14-40）。

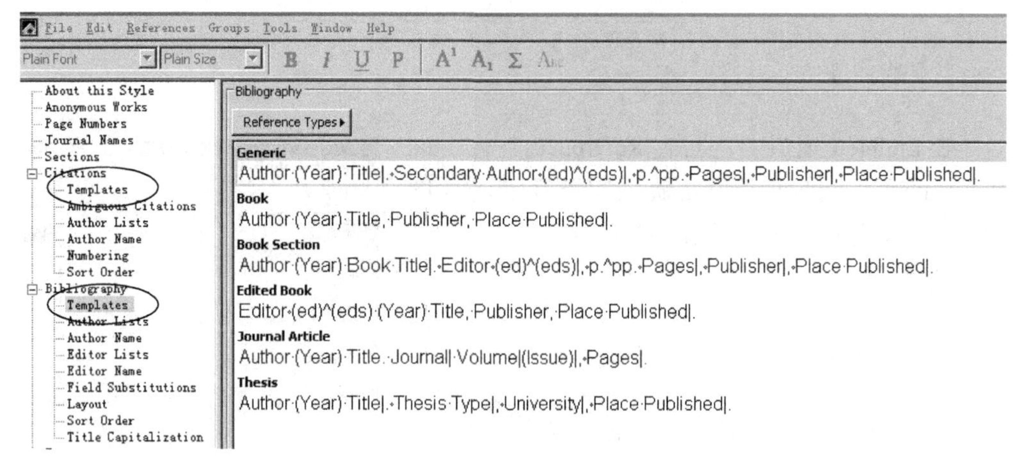

图 14-40

2.4 写作模板的利用

点击“Tools”→“Manuscript Templates”，如图 14-41 所示。

打开如图 14-42 所示窗口，从中选择要投稿的杂志，再点击“打开”。

图 14-41　　　　图 14-42

打开写作模板，如图 14-43 所示。

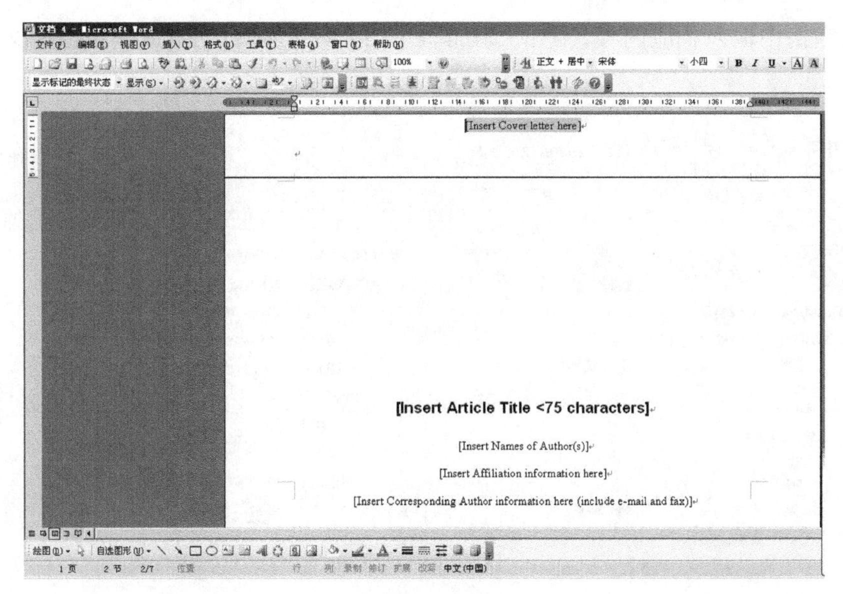

图 14-43

2.5 写作中插入文献

写作时，将光标移至要插入文献的位置，选定 EndNote 数据库中要插入的文献（可以按“Ctrl”键选择多个），点击 Word 中 EndNote 插件上的插入文献按钮（图 14-44 画圈处），或者 EndNote 窗口中的“”，即可完成。

图 14-44

2.6 移去 EndNote 格式

写作定稿后，可点击 EndNote 中的“”（图 14-45 画圈处），移去 EndNote 格式，便于保持版面整洁，并便于做细节上的修改。

图 14-45

2.7 文献在线生成

除 EndNote 外，文献还可以在线生成。现在百度应用中有自动生成参考文献的格式，在百度网页搜索中，输入“参考文献”，就出现该应用，如图 14-46 所示。

在空格中输入相应内容，点击“添加”（图 14-47）。则自动生成一条参考文献（图 14-48）。

Bai百度 新闻 网页 贴吧 知道 音乐 图片 视频 地图 文库 更多»
参考文献

百度网页应用 我的应用 添加至百度首页
学术论文参考文献格式 格式生成器 格式说明
添加参考文献（* 为必填项）
文献类型： 期刊文献
作者* 形如“张三,李四”
题目*
期刊名*
出版年份*
卷号
期数*
起止页码 形如“32-42”
添加
已添加 0 篇参考文献 [清空]

图 14-46

百度网页应用 我的应用 添加至百度首页
学术论文参考文献格式 格式生成器 格式说明
添加参考文献（* 为必填项）
文献类型： 期刊文献
作者* 张祥胜, 许德军 形如“张三,李四”
题目* 地方院校发酵工程实验课改革
期刊名* 实验室研究与探索
出版年份* 2013
卷号 32
期数* 4
起止页码 124-127 形如“32-42”
添加
已添加 0 篇参考文献 [清空]

图 14-47

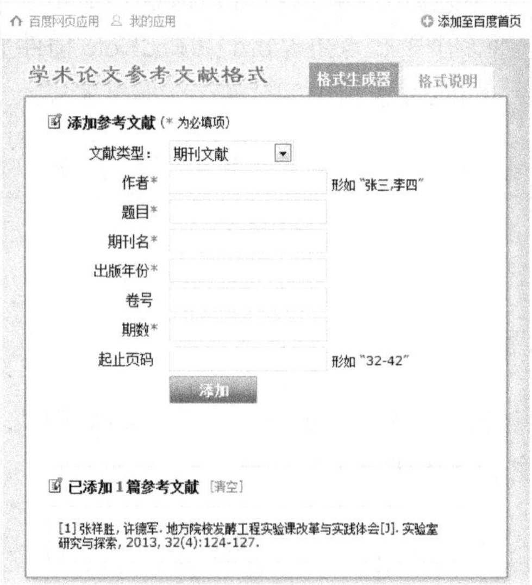

百度网页应用 我的应用 添加至百度首页
学术论文参考文献格式 格式生成器 格式说明
添加参考文献（* 为必填项）
文献类型： 期刊文献
作者* 形如“张三,李四”
题目*
期刊名*
出版年份*
卷号
期数*
起止页码 形如“32-42”
添加
已添加 1 篇参考文献 [清空]
[1] 张祥胜, 许德军. 地方院校发酵工程实验课改革与实践体会[J]. 实验室研究与探索, 2013, 32(4):124-127.

图 14-48

将生成的参考文献选定，拷贝到论文中即可。

3. 文本整理器

通过 360 软件管家，可搜索到两种共享版的相关软件，如图 14-49 所示。

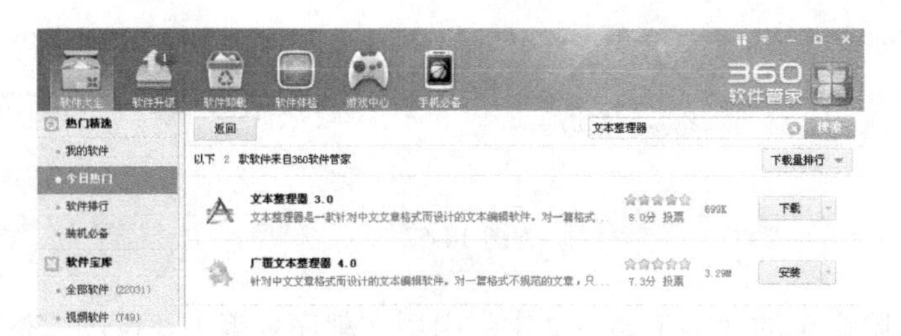

图 14-49

阅读 PDF 格式的文献时，对要点除了直接在文献上做标记外，还可直接拷贝到 Word 中，如图 14-50 所示。

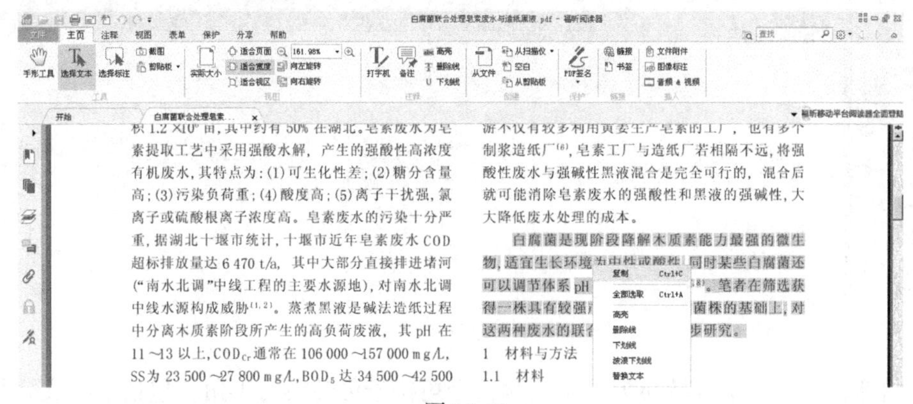

图 14-50

在阅读器窗口选择后右单击，点击"复制"，打开文本整理器，右单击后选择"粘贴"，或者用键盘操作"Ctrl"+"V"，将所选文本拷贝至文本整理器窗口中，如图 14-51 所示。

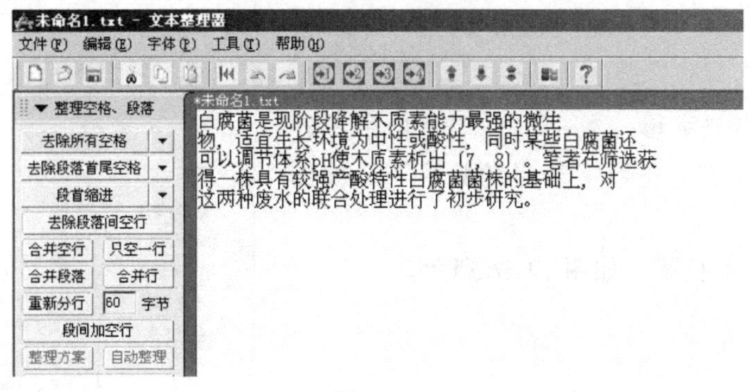

图 14-51

点击"去除所有空格"、"合并段落"，可将全部文本合为一段，并去除文本中所有空格，如图 14-52 所示。

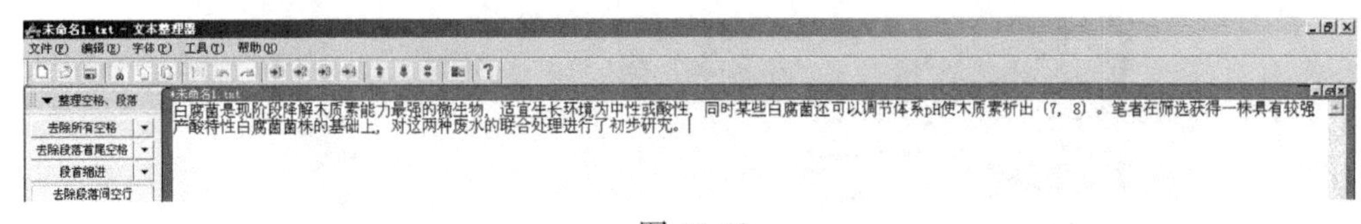

图 14-52

此时可去除多余的文字（如原文中的引用文献序号等）。点击“整理标点符号”中的“同时整理以上五种”，勾选“半角转换为全角”，则将中文文本中的 5 种半角符号转换为全角符号，如图 14-53 所示。

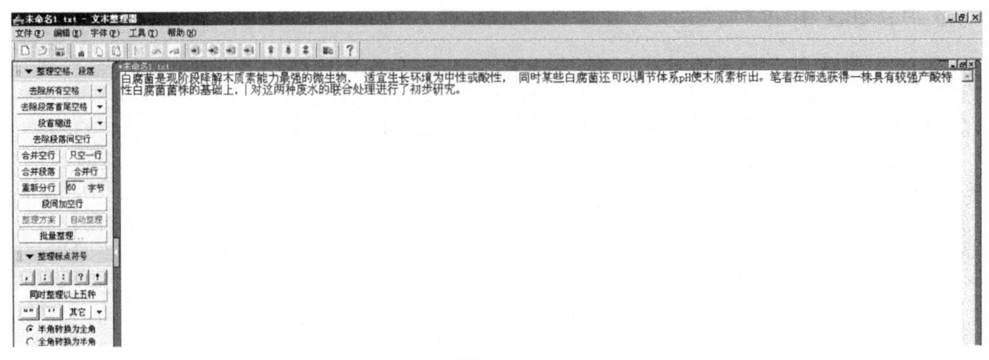

图 14-53

同理，勾选“全角转换为半角”时，全角符号可转换为半角，包括中英文句号、全半角括号等。

图 14-54 窗口中的字母和数字全部为全角，需要改为半角，操作如下。

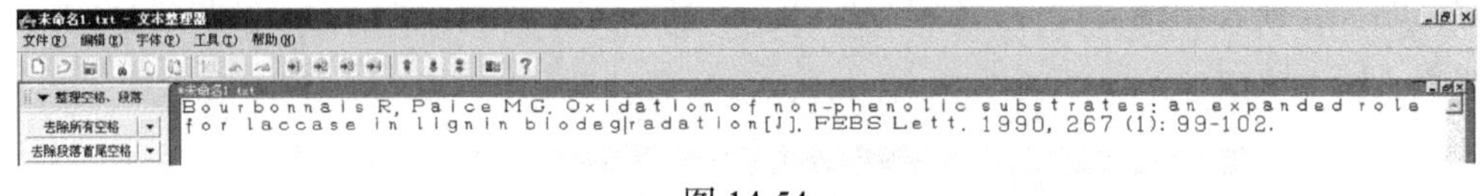

图 14-54

分别点击“字母、数字”→“全角字母转半角字母”和“全角数字转半角数字”，如图 14-55 所示。

得到需要的格式，如图 14-56 所示。

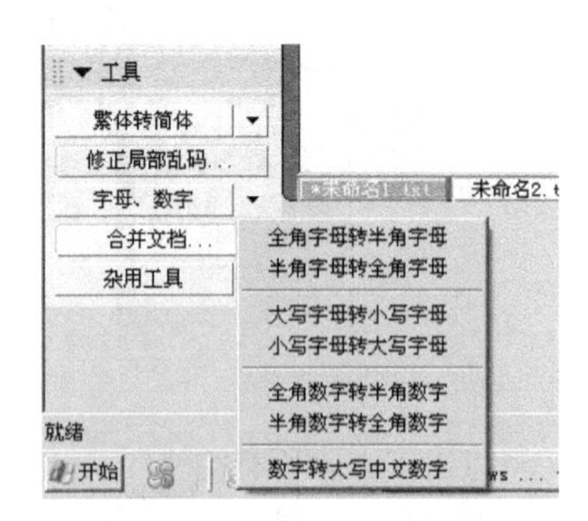

图 14-55

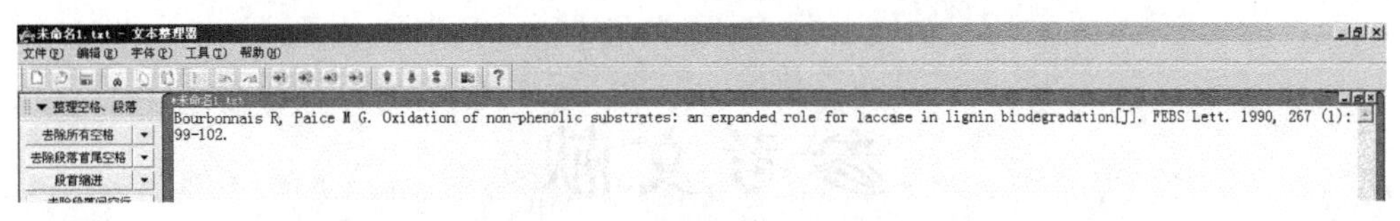

图 14-56

Word 中点击菜单命令“格式”→“更改大小写”，打开如图 14-57 所示对话框，也可以进行字母和数字的大小写、全半角转换，但应用文本整理器更便捷。

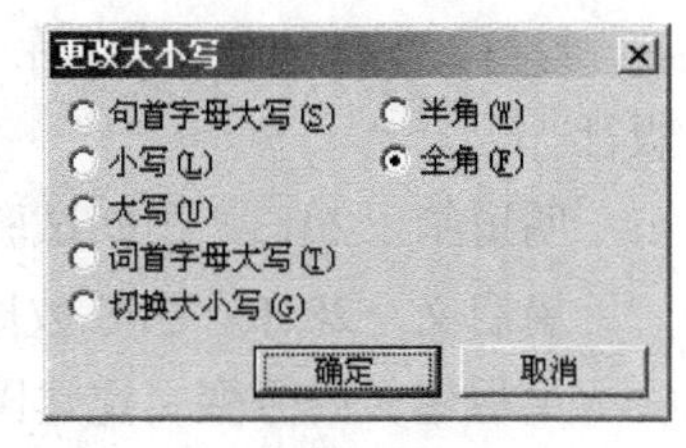

图 14-57

文本整理器功能很多，操作简便，有兴趣者可自己尝试体会。

广覆文本整理器 4.0 为另一种有用的文本整理器，部分功能与上述的文本整理器互补，可有选择地使用。操作简便，不再赘述。

（张祥胜）

参考文献

陈铭. 2012. 生物信息学. 北京：科学出版社

顾志峰，叶乃好，石耀华. 2012. 实用生物统计学. 北京：科学出版社

李军，张莉娜，温珍昌. 2008. 生物软件选择与使用指南. 北京：化学工业出版社

明道绪. 2013. 田间试验与统计分析. 3 版. 北京：科学出版社

唐启义. 2010. DPS 数据处理系统. 北京：科学出版社

吴祖建，高芳銮，沈建国. 2010. 生物信息学分析实践. 北京：科学出版社

张勤. 2008. 生物统计学. 北京：中国农业出版社

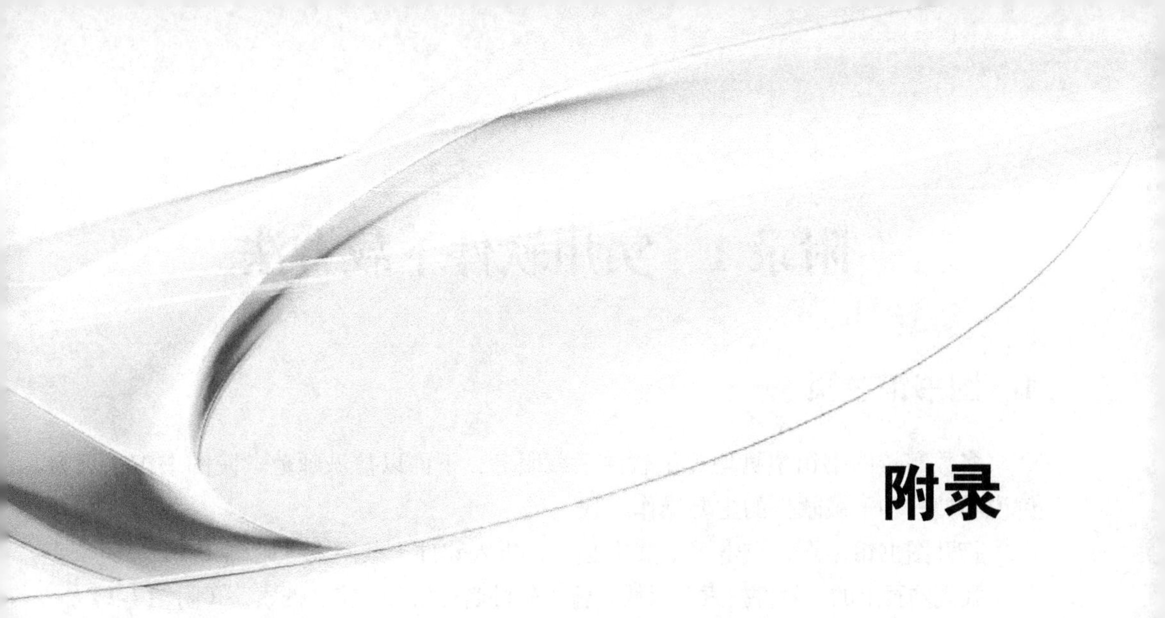

附录

附录1　实用软件下载方法

1. 图书馆主页

多数高校图书馆主页均提供软件下载服务，下面以盐城师范学院图书馆主页为例说明搜索和下载软件的主要操作过程。

打开图书馆主页，点击“下载中心”，进入软件下载网页（附图1-1）。

找到网页上的“软件搜索”版块，输入软件名称后，点击“搜索”（附图1-2）。

附图1-1

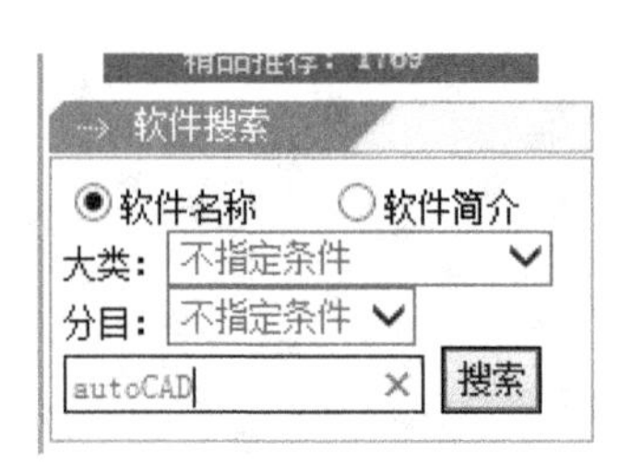

附图1-2

搜索如附图1-3所示，找到合适的软件，下载安装即可。由于多数软件是绿色免费软件，或者是高校已经付费购买，下载、安装和使用过程中不必担心侵权问题。

附图1-3

2. 利用网络引擎

对不熟悉的软件，可以用网络引擎搜索一下，即出现下载地址（附图 1-4）。

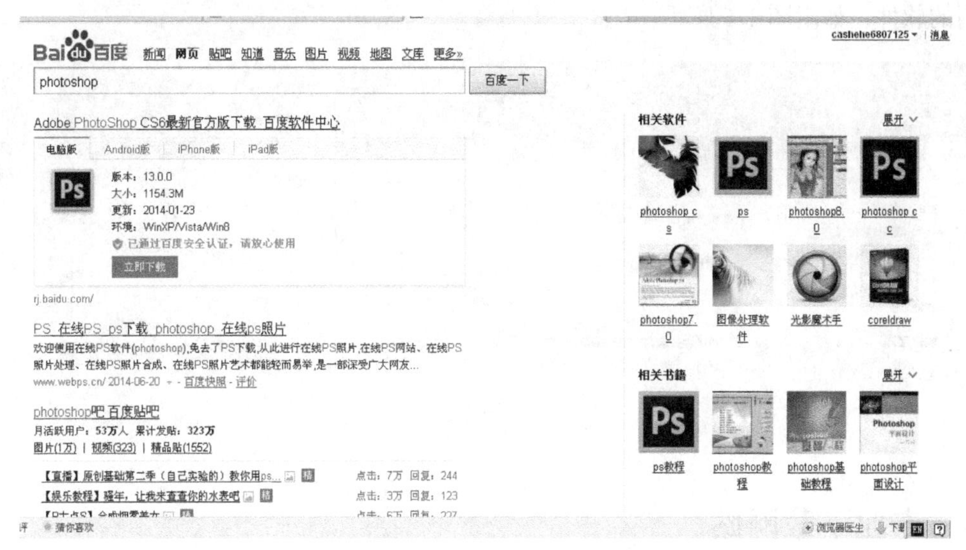

附图 1-4

用 360 搜索时，结果与百度搜索类似，对于非专业人员来说，绿色精简版就可以了（附图 1-5 第 4 条搜索结果）。

附图 1-5

3. 360 软件管家

打开 360 软件管家，输入要找的软件的功能，如“PDF 合并”，就会列出一系列的软件，如附图 1-6 所示。

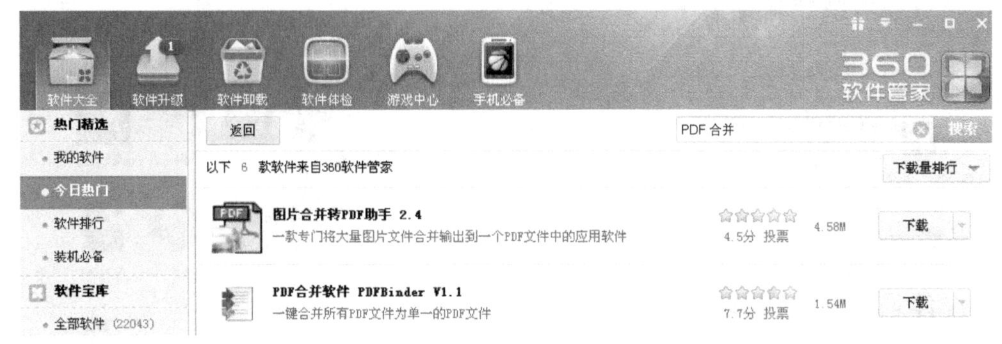

附图 1-6

4. 专业下载网站

有很多软件网站，可下载绿色版本软件，这些软件的特点是可免费下载、功能简单实用，可满足一般的学习和工作需要，如绿色软件联盟（http://www.xdowns.com）（附图 1-7）。

附图 1-7

再如，生物软件网（http://www.bio-soft.net）有大量的生物专业相关的科研软件可供免费下载（附图 1-8）。

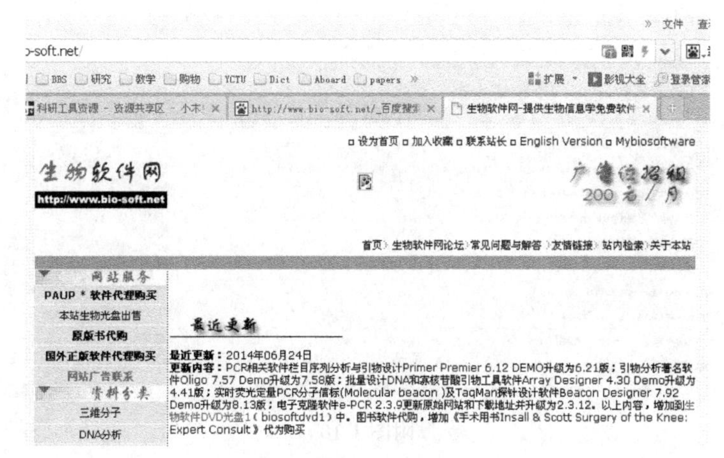

附图 1-8

5. 文档共享网站

进入新浪共享网站，登录（如无帐号，应先注册）后，输入相应的关键词，即可获得相关软件的下载地址（附图 1-9）。

附图 1-9

6. 论坛相关版块

很多学术网站一般有科研软件的版块，如小木虫论坛的“科研工具资源”版块（附图 1-10）。

⊙	文献管理	[资源] 文献的检索、整理和阅读——帮你读文献 (1 2 3 4 5 6) (+30.4) (评阅+5)	tjpugyb 2012-03-21	50	144	2012-03-21 22:38:27 by 366193254
⊙	默认分类	[资源] 精华III: Origin8 终极教程 (1 2 3 4 5 6 .. 101) (TEPI+10) (+200.2) (评阅+46) HOT	lhongyan424 2012-03-07	1008	3663	2012-03-21 22:36:12 by candery
⊙	数据处理	[资源] 精华II: Orgin 8.6 SR2 破解版_ OriginLab.OriginPro.v8.6.SR2 Cracked-EAT __ 首发! 求加精~ (1 2 3 4 5 6 .. 33) (TEPI+3) (+200.201) (评阅+17) HOT	jetxie 2012-03-14	328	1927	2012-03-21 22:31:15 by chiefscholar
⊙	文献管理	[资源] 精华III: 【教程】如何高效选择、阅读、分析、整理、应用外文文献 (1 2 3 4 5 6 .. 134) (TEPI+10) (+200.6) (评阅+41) HOT	果断悉尼 2012-02-15	1334	4484	2012-03-21 22:30:55 by cuixiuwei
⊙	统计分析	[资源] 精华II: 北大SPSS教程 (1 2 3 4 5 6 .. 45) (TEPI+3) (+200.2) (评阅+15) HOT	321wangke321 2012-03-12	448	1698	2012-03-21 22:27:13 by jzd78
⊙	其他工具	[资源] 精华III: 有效利用科研分析工具向国际期刊投稿 (1 2 3 4 5 6 .. 58) (TEPI+6) (+200.2) (评阅+25) HOT	God_Thinking 2012-02-23	578	2626	2012-03-21 22:25:59 by ct-152
⊙	办公软件	[资源] 精华II: 【教程】高级Word排版(对外经贸大学) (1 2 3 4 5 6 .. 48) (TEPI+3) (+200.6) (评阅+19) HOT	shaojiyeah 2012-03-14	479	1736	2012-03-21 22:20:21 by zhurenguo
⊙	办公软件	[资源] 精华II: EXCEL使用大全(侧重点函数上). (1 2 3 4 5 6 .. 37) (TEPI+3) (+200.6) (评阅+16) HOT	muerjun 2012-03-06	366	1257	2012-03-21 22:18:51 by stan01
⊙	其他工具	[资源] 精华III: 国外学位论文的获取(清华大学) (1 2 3 4 5 6 .. 65) (TEPI+6) (+200.4) (评阅+29) HOT	hls85915 2012-02-27	640	2700	2012-03-21 22:17:26 by wwpwwp
⊙	文献管理	[资源] 《医学文献王》使用教程 (+0.8) (评阅+5)	hls85915 2012-03-21	1	5	2012-03-21 22:13:17 by shaojiyeah
⊙	图表图像	[资源] 精华III: word绘制流程图图解 (1 2 3 4 5 6 .. 90) (TEPI+6) (+200.4) (评阅+29) HOT	hls85915 2012-03-06	898	3258	2012-03-21 22:11:42 by stan01
⊙	其他工具	[资源] 质粒作图winplas绿色汉化版 (+0.8) (评阅+4)	hls85915 2012-03-21	1	7	2012-03-21 22:04:19 by rena6816
⊙	文献管理	[资源] 科研工具必备RSS (1 2 3 4 5) (+24.2) (评阅+6)	God_Thinking 2012-02-23	43	468	2012-03-21 22:01:44 by lanxidejia
⊙	默认分类	[资源] 精华II: word自动生成目录教程 (1 2 3 4 5 6 .. 44) (TEPI+3) (+200.4) (评阅+14) HOT	午夜的箫声 2012-03-15	431	1439	2012-03-21 21:53:51 by lhsyaas
⊙	图表图像	[资源] 【教程】sigmaplot优质绘图教程 (1 2 3 4 5 6 .. 9) (+49.4) (评阅+5) HOT	iloveplmm 2012-02-17	81	683	2012-03-21 21:42:54 by hbqianbi
⊙	文献管理	[资源] 精华III: google工具各种用途的综合，对科研用途非常之大! (1 2 3 4 5 6 .. 77) (TEPI+6) (+200.4) (评阅+29) HOT	841790061 2012-03-04	760	4238	2012-03-21 21:41:11 by scaufatbird

附图 1-10

在下载、安装和使用软件的过程中，要注意知识产权问题。

（张祥胜）

附录 2　实用小软件

以下介绍一些在学习和生活中常用的小软件，多数有共享版本或试用版本，必要时可付费注册。

1. PDF 合并

PDF 合并可简便快速地将多个 PDF 文件合并成一个 PDF 文件。具有该功能的小软件有多种，PDF Builder 是其中一种。在 360 软件管家中有免费共享版下载。界面如附图 2-1 所示。

点击“Add file”，将要合并的 PDF 文件添加到文件列表中，并点击“Bind!”（附图 2-2）。

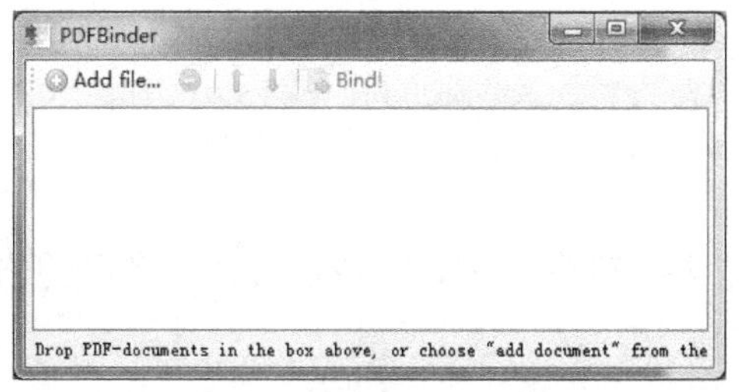

附图 2-1

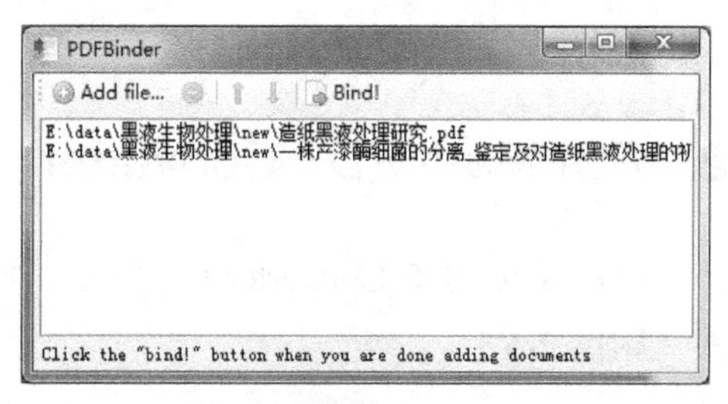

附图 2-2

在弹出的对话框中输入合并后的名称，点击“保存”（附图 2-3）。

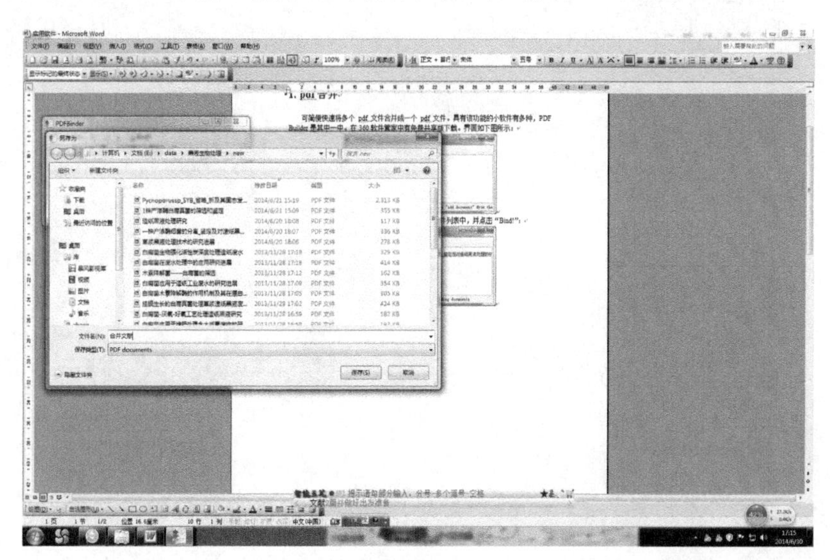

附图 2-3

此时，自动打开合并后的文档（附图 2-4）。

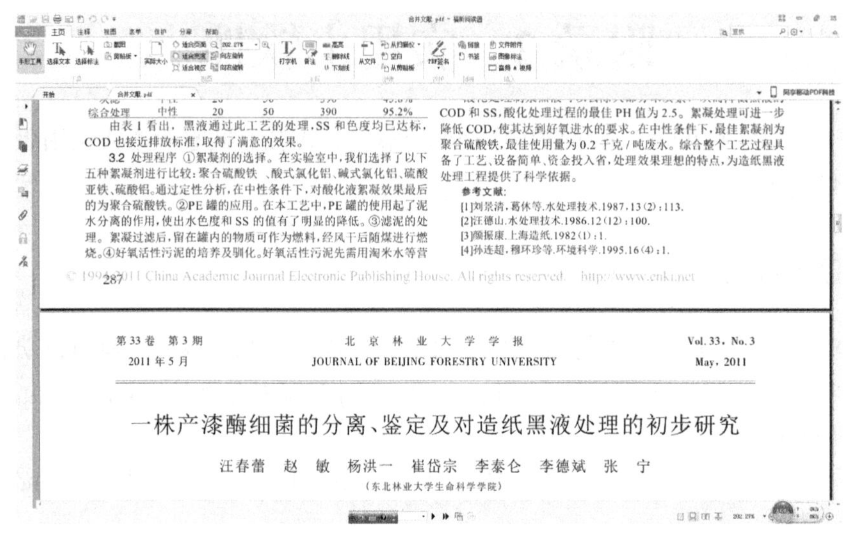
综合处理 中性 20 50 390 95.2%

由表 1 看出，黑液通过此工艺的处理，SS 和色度均已达标，COD 也接近排放标准，取得了满意的效果。

3.2 处理程序 ①絮凝剂的选择。在实验室中，我们选择了以下五种絮凝剂进行比较：聚合硫酸铁、酸式氯化铝、碱式氯化铝、硫酸亚铁、硫酸铝。通过定性分析，在中性条件下，对酸化液絮凝效果最后的为聚合硫酸铁。②PE 罐的应用。在本工艺中，PE 罐的使用起了泥水分离的作用，使出水色度和 SS 的值有了明显的降低。③滤泥的处理。絮凝过滤后，留在罐内的物质可作为燃料，经风干后随煤进行燃烧。④好氧活性污泥的培养及驯化。好氧活性污泥先需用淘米水等营

COD 和 SS，酸化处理过程的最佳 PH 值为 2.5。絮凝处理可进一步降低 COD，使其达到好氧进水的要求。在中性条件下，最佳絮凝剂为聚合硫酸铁，最佳使用量为 0.2 千克 / 吨废水。综合整个工艺过程具备了工艺、设备简单、资金投入省，处理效果理想的特点，为造纸黑液处理工程提供了科学依据。

参考文献：
[1]刘景清，葛怀等.水处理技术.1987.13(2)：113.
[2]汪德山.水处理技术.1986.12(12)：100.
[3]颜振康.上海造纸.1982(1)：1.
[4]孙连超，穆环珍等.环境科学.1995.16(4)：1.

287

第 33 卷 第 3 期 北 京 林 业 大 学 学 报 Vol. 33，No. 3
2011 年 5 月 JOURNAL OF BEIJING FORESTRY UNIVERSITY May，2011

一株产漆酶细菌的分离、鉴定及对造纸黑液处理的初步研究

汪春蕾 赵 敏 杨洪一 崔岱宗 李泰仑 李德斌 张 宁
（东北林业大学生命科学学院）

附图 2-4

2. PDFMate PDF Converter

PDFMate PDF Converter 可将 PDF 格式文件转换为 SWF、doc、txt 等需要的格式（附图 2-5）。

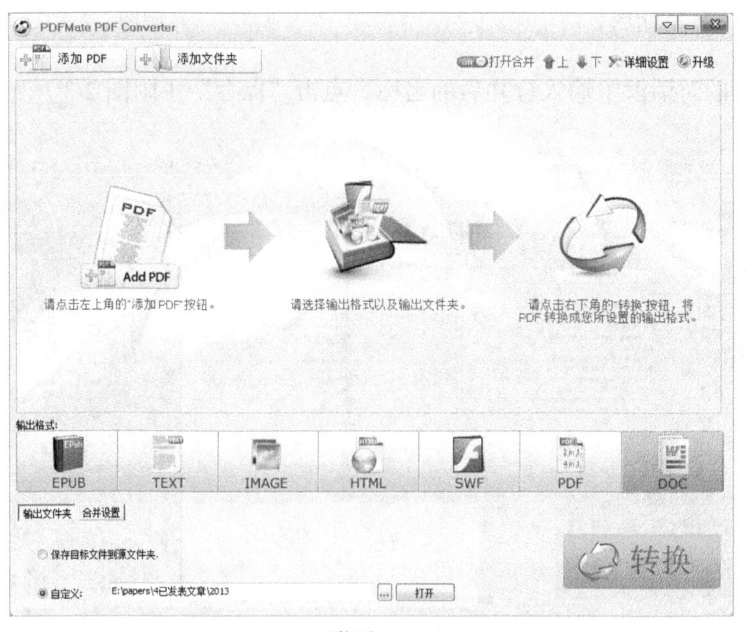

附图 2-5

点击“添加 PDF”，可将要添加的 PDF 文件添加至文件列表中，如附图 2-6 所示。

附图 2-6

点击“SWF”，选择“保存目标文件到源文件夹”，再点击“转换”，则可将该 PDF 文件转换为 SWF 文件，并且保存于原来的文件夹中，如附图 2-7 所示。

环境科学与技术 - 三氯乙烯好氧共代谢降解菌鉴定和降解特性研究	2013/11/5 9:50	Foxit Reader PD...	642 KB
教育教学论坛	2013/11/30 20:42	Microsoft Word ...	68 KB
论文成果信息一览表	2014/1/2 20:01	Microsoft Excel ...	37 KB
生物加工过程	2013/10/17 15:31	Foxit Reader PD...	710 KB
实验室研究与探索 - 发酵实验课	2013/11/5 9:39	Foxit Reader PD...	822 KB
实验室研究与探索 - 发酵实验课	2014/6/30 17:23	SWF 文件	1,119 KB
应用化工 - 原位厌氧修复化工园区地下水有机污染物的研究进展	2013/12/26 11:06	Foxit Reader PD...	178 KB
中华纸业12期	2013/12/26 11:21	Foxit Reader PD...	580 KB

附图 2-7

有些课题（包括大学生创新训练项目）在结题在线提交论文成果时，往往需要进行这种转换。

3. 备忘软件和工具

为了提高工作效率，往往要对重要的事情进行备忘。除传统的备忘本和台历外，还可以使用电脑软件。在线工具有电子信箱附加的日程管理、定时邮件、飞信定时短信等，离线工具有电子日历等。

电子日历软件多数较小，但功能强大，使用方便，如定时提醒、自动黑屏（强制休息），附图 2-8 为一种电子日历的工作界面。

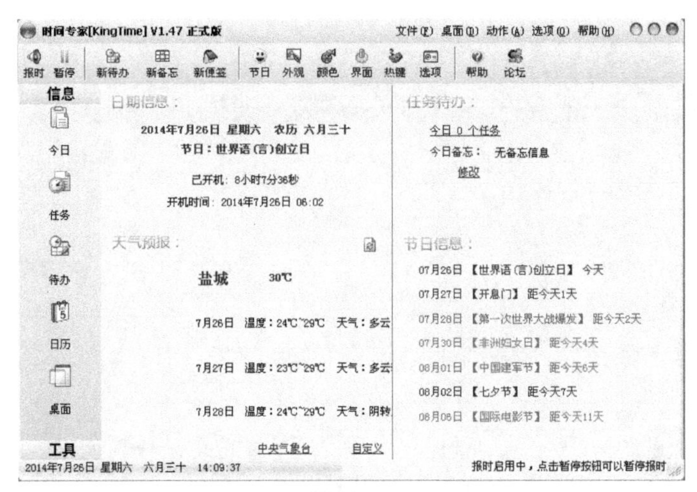

附图 2-8

4. 分子质量计算器

生物实验中配制培养基或溶液时，需要经常计算化学药品的分子质量，或者将配方中不含结晶水的药品换算成实验室现有的含结晶水的药品的量，计算比较繁琐，采用分子质量计算器则非常方便。

分子质量计算器有很多种，附图 2-9 为其中之一的工作界面。

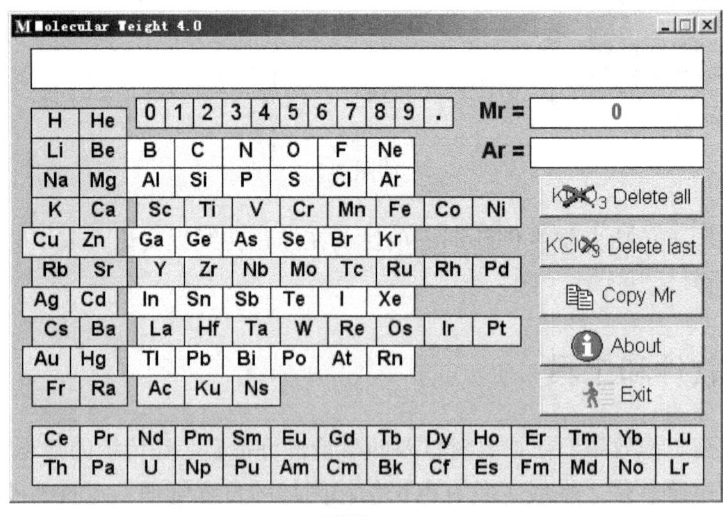

附图 2-9

5. 抽签软件

抽签软件可用于考核、晚会等学习或生活中。抽签软件有多个版本，附图 2-10 为其中之一的工作界面。

附图 2-10

6. 专业词典

电子词典可离线进行查阅和翻译，附图 2-11 为其中一种词典的工作界面。

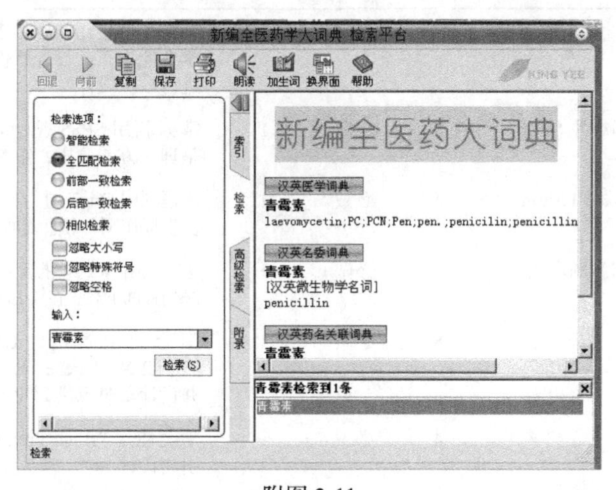

附图 2-11

（张祥胜）

附录 3　生物统计学及生物信息学软件参考大纲

课程名称：生物统计学及生物信息学软件使用

面向专业：生物工程

实验时数：48

实验类别：综合

考核方式：考查（上机操作）

实验总的目的与要求：要求学生了解生物统计学和信息学的基本原理。掌握生物工程试验设计、数据分析相关的概念和相关软件的使用。内容包括常用试验设计软件、常规统计软件、常用作图软件、NCBI 数据库的利用、引物设计软件和 DNA 分析软件等，逐步提高学生在实验中的观察能力、分析能力、独立思考与解决问题的能力（附表 3-1）。

附表 3-1

序号	实验项目名称	时数	必做 / 选做	每套仪器人数	实验目的要求
1	常用试验设计方法及软件	12	必做	1	掌握几种常用的生物工程试验设计方法，学会使用正交设计软件和响应面设计软件进行试验设计
2	统计学软件 SPSS、Minitab	8	选做	1	掌握利用 SPSS 或 Minitab 进行常规数据整理、方差分析、作图的操作
3	科学作图软件 Origin	4	必做	1	掌握利用 Origin 进行数据统计、作图（包括多坐标作图）和直线回归的操作
4	NCBI 数据库的利用	8	必做	1	学会利用 NCBI 数据库进行文献检索、核苷酸序列查询下载、在线 Blast 等操作
5	DNA 序列分析	8	必做	1	学会使用常用的 DNA 分析软件，如 Clustal X、Ugene 等，学会查找保守序列并设计实时定量 PCR 引物
6	引物设计	4	必做	1	学会使用 Primer Premier 等软件进行 PCR 引物设计
7	Mega 软件使用	4	必做	1	掌握 Mega 软件使用、系统进化树的绘制和编辑等

（张祥胜）

附录 4　期末考核参考题目

（1）在某次培养基优化实验中，根据单因素试验结果，设置如附表 4-1 所示的水平和因素。

附表 4-1

因素水平	A 蔗糖 /(g/L)	B 玉米浆 /(g/L)	C KH_2PO_4/(g/L)	D NH_4NO_3/(g/L)
1	80	3	1	0.3
2	100	4	2	0.4
3	120	5	3	0.5

将这 4 个因素 3 个水平按 $L_9(3^4)$ 安排实验计划（用正交设计助手操作），按正交试验方案做试验后得到的数据（多糖产量）结果如附表 4-2 所示。

附表 4-2

实验序号	1	2	3	4	5	6	7	8	9
多糖产量 /（g/L）	18.02	7.45	13.45	21.82	18.29	20.52	15.78	15.89	16.60

试对上述试验数据利用极差分析法和方差分析法进行分析并求出各因素的最佳组合（显著性水平 α=0.05），分析 AB 因素之间有无交互作用，并导出相关图表。

（2）根据附表 4-3 的因素和水平，设计一个响应面试验［响应值：总黄酮提取率（%）］。

附表 4-3

试验因素	水平		
	−1	0	1
A(提取时间)/h	1	2	3
B(乙醇浓度)/%	45	60	75
C(料液比)/(g/mL)	20	30	40

（3）附表 4-4 为某次响应面实验的结果。

附表 4-4

试验号	因素			发酵产量
	A	B	C	
1	5.00	1.50	2.00	4.83
2	5.00	3.50	2.00	5.04
3	3.00	2.50	1.00	4.99
4	7.00	3.50	1.50	5.03

续表

试验号	因素			发酵产量
	A	B	C	
5	5.00	2.50	1.50	6.25
6	3.00	1.50	1.50	5.23
7	5.00	2.50	1.50	6.00
8	7.00	2.50	1.00	5.11
9	7.00	2.50	2.00	4.81
10	7.00	1.50	1.50	4.95
11	5.00	2.50	1.50	5.90
12	3.00	3.50	1.50	4.84
13	5.00	2.50	1.50	5.89
14	5.00	2.50	1.50	5.87
15	5.00	3.50	1.00	5.41
16	3.00	2.50	2.00	4.57
17	5.00	1.50	1.00	5.47

试求出回归方程，求出各参数最佳条件，以及响应值最大估计值，并导出主要的等高线图和影响面图。

（4）将附表 4-5 中数据进行差异性比较，并在 Origin 中自动运算，绘制柱状图，并加误差线，对差异性加字母标示（P=0.01 水平）。

附表 4-5

菌种编号	发酵产量 /(g/L)		
	1	2	3
1	13.5	11.1	13.8
2	12.8	12.6	12.5
50	23.9	23.5	26.1
23	15.3	14.7	15.9

（5）3 个学生小组测定的某液体的表面张力见附表 4-6，每个小组测定 8 次（单位：mN/m，该液体在 20℃的表面张力标准值约为 73mN/m）。

附表 4-6

组别	1	2	3	4	5	6	7	8
1	75	71	74	76	73	72	76	75
2	80	73	72	75	75	74	89	71
3	69	70	68	69	67	70	73	72

试检验各组测定值的平均值之间是否与标准值之间有显著差异。

（6）有两个菌株，测定 3 次的发酵产量如附表 4-7 所示，用 t 检验检测是否有显著性差异（P=0.05 水平）。

附表 4-7

	1	2	3	均值	均方差
菌株 1	4.5	3.4	4.3	4.1	0.59
菌株 2	5.2	6.2	6.4	5.9	0.64

（7）将下列数据在 Origin 中作散点图，并进行直线回归，给出回归方程（回归直线过原点）（附表 4-8）。

附表 4-8

浓度 /(g/L)	OD 值
5	0.125
10	0.254
15	0.378
20	0.523
25	0.634

（8）某次试验结果如附表 4-9 所示，在一定浓度范围内响应值随自变量增大而增大，且成正比，达到一定浓度后，响应值保持在 238。

附表 4-9

自变量	响应值	方差
0	0	2.2
5	24	2.4
10	51	4.1
20	105	10.1
50	238	20.3
100	238	19.1
500	238	19.8

对前 5 个数据和后 3 个数据进行直线回归，并在折线图上标出两条直线的交点（横坐标为达到最大响应值时的最低浓度）。

（9）登录 NCBI 网站，下载发酵工程方面的学术论文一篇，将操作步骤截图。

（10）登录NCBI网站，搜索大肠杆菌的16S rRNA基因，按菌种的名称顺序显示，显示格式为“FASTA”，将显示结果的一页截图，并下载其中一个基因。

（11）下面为 S 菌株 16S rRNA 基因扩增产物测序结果，将此结果用 Blast 软件与 GenBank 中 16S rDNA 序列进行同源性比较，初步得出该菌株的种属，并选一些代表性菌株的序列，绘制系统发育树。

>S

CGAATCGAGCTGGTACCGGGGATCCTCTAGAGATTAGAGTTTGATCCTGGC
TCAGGACGAACGCTGGCGGCGTGCCTAATACATGCAAATCGAGCGGACAGATG

GGAGCTTGCTCCCTGATGTTAGCGGCGGACGGGTGAGTAACACGTGGGTAACC
TGCCTGTAAGACTGGGATAACTCCGGGAAACCGGGGCTAATACCGGATGCTTGT
TTGAACCGCATGGTTCAGACATAAAAGGTGGCTTCGGCTACCACTTACAGATGG
ACCCGCGGCGCATTAGCTAGTTGGTGAGGTAACGGCTCACCAAGGCAACGATG
CGTAGCCGACCTGAGAGGGTGATCGGCCACACTGGGACTGAGACACGGCCCA
GACTCCTACGGGAGGCAGCAGTAGGGAATCTTCCGCAATGGACGAAAGTCTGA
CGGAGCAACGCCGCGTGAGTGATGAAGGTTTTCGGATCGTAAAGCTCTGTTGT
TAGGGAAGAACAAGTGCCGTTCAAATAGGGCGGCACCTTGACGGTACCTAACC
AGAAAGCCACGGCTAACTACGTGCCAGCAGCCGCGGTAATACGTAGGTGGCAA
GCGTTGTCCGGAATTATTGGGCGTAAAGGGCTCGCAGGCGGTTTCTTAAGTCTG
ATGTGAAAGCCCCCGGCTCAACCGGGGAGGGTCATTGGAAACTGGGGAACTTG
AGTGCAGAAGAGGAGAGTGGAATTCCACGTGTAGCGGTGAAATGCGTAGAGAT
GTGGAGGAACACCAGTGGCGAAGGCGACTCTCTGGTCTGTAACTGACGCTGAG
GAGCGAAAGCGTGGGGAGCGAACAGGATTAGATACCCTGGTAGTCCACGCCGT
AAACGATGAGTGCTAAGTGTTAGGGGGTTTCCGCCCCTTAGTGCTGCAGCTAAC
GCATTAAGCACTCCGCCTGGGGAGTACGGTCGCAAGACTGAAACTCAAAGGAA
TTGACGGGGGCCCGCACAAGCGGTGGAGCATGTGGTTTAATTCGAAGCAACGC
GAAGAACCTTACCAGGTCTTGACATCCTCTGACAATCCTAGAGATAGGACGTCC
CCTTCGGGGGCAGAGTGACAGGTGGTGCATGGTTGTCGTCAGCTCGTGTCGTG
AGATGTTGGGTTAAGTCCCGCAACGAGCGCAACCCTTGATCTTAGTTGCCAGCA
TTCAGTTGGGCACTCTAAGGTGACTGCCGGTGACAAACCGGAGGAAGGTGGG
GATGACGTCAAATCATCATGCCCCTTATGACCTGGGCTACACACGTGCTACAAT
GGGCAGAACAAAGGGCAGCGAAACCGCGAGGTTAAGCCAATCCCACAAATCT
GTTCTCAGTTCGGATCGCAGTCTGCAACTCGACTGCGTGAAGCTGGAATCGCTA
GTAATCGCGGATCAGCATGCCGCGGTGAATACGTTCCCGGGCCTTGTACACACC
GCCCGTCACACCACGAGAGTTTGTAACACCCGAAGTCGGTGAGGTAACCTTTT
AGGAGCCAGCCGCCGAAGGTGGGACAGATGATTGGGGTGAAGTCGTAACAAG
GTAGCCGTATCGGAAGGTGCGGCTGGATCACCTCCTTAAT

（12）下面为某个目标基因，运用 Primer Premier 设计相应的引物，片段长度为 100 ～ 500bp，将得分最高的一对引物求出来，并将主要步骤截图。

>gi|210811|gb|M62738.1|BPMCOAT:1-3662 Bean pod mottle virus coat protein gene, complete cds, complete middle component (M) RNA

TATTAAAATTTTCATAAGATTTGAAAATTTTGATAAACCGCGATCACAGGTT
GCCGCACCTTAAAACCGGAAACAAAAGCAATCGTTACTTGATTTTAAAGACTTC

TCAATTTCTCTCTACATTTCCTGTATACGGCTTTCAAAGTGAAAGAAAATCACTC
TCTGTGCTGGTCACAGACTTCGTGAATCATTTTCTTTCCATTCTCAGTTCATTTG
CTGAACACTCTCCTATTTGACATAGGACTTCGTGTCAGATTTGAACTTCTCCTAT
CTCTCTTTCTCGGTTCTTCATTTGTTGGTGAAATCTTCTGGGCTAGTGCTCTCAC
TCTCCTATCTGGCATAGGACTTCGTGAGTAGACTTTCCCATTTCTTTTCTCTTCTC
CCCCTTTCTTCTCGTCTTATACACTGCTGTTCAAAGTGGCCTTATTTGAAAAACA
CTTGGGCATTGGTGCAAATGTTTGCTTCATTCATCTTTTCTGGTGACAATAAGCT
TACTGAGAAAACAATTTTTAACTGTGGGGATTTAGATATTTTGGTTGTTTATTATA
CAATAGCCACTCAATTTAGGAAGTTTCTTCCTCATTATATTAGGTGGCATTTGTAT
ACGCTGTTGATTTATATTCTTCCGTCTTTTCTCACTACTGAAATCAAGTACAAGC
GAAATTTGAGCAACATTCATATTTCTGGCTTGTTCTACGATAATAGGTTTAAATTC
TGGACTAAGCACGATAAAAATCTTGCCCTAACAGAAGAAGAGAAGATGGAAGT
GATTAGAAACAGAGGTATCCCTGCTGATGTTCTTGCAAAGCGCGCTCATGAATT
TGAAAAACATGTCGCTCATGAAAGTCTCAAGGATCAAATTCCTGCTGTTGATAA
GTTGTACTCCACTAAGGTTAATAAATTTGCAAAAATTATGAATCTTAGACAGAGT
GTTGTTGGTGATCTTAAACTTCTTACTGATGGGAAGTTGTATGAGGGTAAGCAC
ATTCCTGTATCTAATATTAGTGCGGGAGAAAATCATGTGGTGCAGATACCCTTGA
TGGCACAGGAGGAAATTCTGTCTTCTAGTGCAAGTGATTTCAAGACTGCTATGG
TAAGCAAAAGTAGCAAACCTCAAGCTACAGCAATGCATGTAGGGGCTATAGAA
ATTATCATTGATAGTTTCGCTAGCCCTGATTGCAACATAGTTGGTGCTATGCTTCT
AGTTGATACATATCACACTAATCCTGAAAATGCAGTCCGTAGTATTTTTGTCGCA
CCTTTCAGAGGTGGTAGACCCATTCGGGTTGTCACTTTCCCAAACACCATTGTG
CAGATTGAACCAGATATGAACTCAAGGTTTCAACTTTTGAGTACAACCACCAAT
GGTGACTTTGTCCAAGGGAAAGATCTCGCAATGGTCAAGGTTAATGTAGCATGT
GCTGCTGTAGGCTTAACATCAAGTTACACTCCAACTCCATTGTTAGAATCTGGTC
TGCAGAAAGACAGGGGTCTTATTGTTGAATATTTGGAAGAATGTCTTATGTTGC
TCATAACATCAATCAACCTCAAGAGAAAGATTTGTTGGAGGGAAATTTTTCCTT
TGATATTAAGTCTCGCTCCAGGTTAGAGAAAGTTTCTTCTACGAAGGCACAATT
TGTCAGTGGAAGAACTTTTAAATATGATATAATTGGTGCTGGTTCACAATCTTCT
GAGGAACTTTCTGAGGAAAAGATTCAGGGAAAAGCAAAGCAGGTTGATGCTA
GGTTGAGGCAAAGAATAGATCCACAATACAATGAAGTTCAAGCTCAAATGGAA
ACAAATCTATTCAAATTGTCTCTTGATGATGTTGAGACTCCAAAAGGTTCCATGT
TAGACCTCAAGATTTCCCAATCTAAGATTGCACTTCCCAAAAATACAGTTGGAG
GGACCATTTTGCGCAGTGATCTGCTGGCAAATTTCTTGACAGAAGGCAATTTA

GAGCAAGTGTTGATTTGCAACGTACCCACCGTATCAAAGGAATGATTAAAATGG
TGGCTACAGTTGGCATTCCTGAAAACACAGGTATAGCGCTGGCTTGTGCAATGA
ATAGTTCCATTAGAGGGCGTGCCAGTTCTGATATCTATACTATTTGTTCGCAAGA
TTGTGAACTATGGAATCCTGCTTGTACAAAAGCAATGACTATGTCATTTAATCCA
AACCCATGTTCTGATGCGTGGAGTTTGGAATTTCTTAAACGTACTGGATTCCAC
TGTGATATTATTTGTGTTACTGGATGGACTGCAACTCCAATGCAAGATGTTCAAG
TTACAATTGATTGGTTCATTTCCTCTCAAGAGTGCGTTCCCAGAACCTACTGTGT
TTTGAATCCACAAAATCCTTTTGTGTTGAATAGATGGATGGGAAAGTTGACTTT
TCCTCAAGGCACTTCTCGGAGTGTTAAAAGGATGCCTCTCTCTATAGGAGGAGG
AGCTGGTGCTAAAAGTGCTATTCTCATGAATATGCCAAATGCAGTTCTTTCAATG
TGGAGGTACTTTGTAGGAGATCTTGTTTTTGAAGTTTCAAAGATGACCTCTCCTT
ACATTAAATGTACAGTATCTTTTTTCATAGCATTTGGAAATTTGGCTGATGATACC
ATCAATTTTGAAGCTTTTCCTCACAAATTGGTGCAGTTTGGAGAAATTCAGGAA
AAAGTTGTGCTGAAATTTTCACAAGAGGAGTTTCTCACAGCATGGTCCACTCA
GGTGCGTCCTGCAACAACCTTGCTGGCTGATGGGTGCCCATATTTGTATGCTATG
GTGCATGATAGTTCAGTGTCCACAATACCAGGTGATTTTGTTATTGGTGTCAAGT
TGACGATCATAGAAAATATGTGCGCATATGGACTTAATCCTGGTATTTCAGGCTC
CCGTCTTCTTGGCACCATTCCTCAATCTATCTCTCAGCAGACCGTTTGGAATCAA
ATGGCAACAGTGAGAACACCATTGAACTTTGATTCAAGCAAACAAAGCTTTTG
CCAATTTTCTGTAGATCTCCTTGGTGGAGGCATCTCAGTAGACAAAACTGGAGA
TTGGATCACACTTGTGCAAAATTCTCCAATTAGTAATCTATTGAGAGTTGCTGCC
TGGAAGAAGGGTTGTCTGATGGTTAAAGTTGTAATGTCTGGAAACGCAGCAGT
TAAGAGGAGTGATTGGGCATCATTAGTGCAAGTGTTCCTAACAAATAGTAATAG
TACAGAGCACTTTGATGCATGCAGGTGGACTAAATCAGAACCACATTCGTGGG
AATTGATTTTTCCAATAGAAGTGTGTGGTCCCAATAATGGTTTCGAAATGTGGA
GTTCTGAGTGGGCTAATCAAACTTCGTGGCATTTAAGTTTTCTTGTTGATAATCC
AAAACAATCCACGACTTTTGATGTTCTTTTAGGGATTTCACAAAACTTTGAAAT
TGCTGGAAACACTCTAATGCCAGCTTTCTCTGTTCCACAGGCCAATGCCAGATC
TTCTGAAAATGCAGAATCTTCTGCATGATCTGGTAGTAGTGTTTTCTTTTCATTT
GTTTTTGTTTTCAATCAAATAAAGGAAGTTAGGCATGACCCTCGTTTGAGAATG
GCTCTGCCTATTTGAAAATTTCCACACCTCTTTTAAGTATTGTAATAGTATGTGAA
GTGTGTGTTATTTT

（13）附加题。

在自己的电脑上完成如下操作：① 安装 EndNote；② 建立一个数据库，命名为

班级 - 考核时的序号 - 自己的姓名；③ 将文件夹中的 PDF 格式文件全部导入该数据库中，将未正常导入的文献删除；④ 打开“论文 .doc”文件，将“Marchant R., Banat I. M. Biosurfactants: a sustainable replacement for chemical surfactants?[J]. Biotechnology letters. 2012, 34(9): 1597-1605”插入到第一段段尾，并按 BMC Microbiology 杂志的格式显示；⑤ 去除 EndNote 编码，定稿。

（辅助材料略）

（张祥胜）

附录 5　本科毕业论文问题

1. 论文提纲

一般提纲如下（以微生物学发酵课题为例）。

1. 材料与方法

1.1　材料

1.1.1　仪器设备

烧杯、量筒、移液器等均不是仪器设备，应列入耗材中。

1.1.2　试剂耗材

1.1.3　培养基

1.1.4　菌株（如果有）

1.1.5　样品

1.2　方法（大体顺序）

1.2.1　菌种活化

1.2.2　发酵

1.2.3　测试

2. 结果与分析

2.1　×× 结果

2.2　×× 结果

……

最好与材料方法一一对应，不允许材料方法中出现的试剂或方法在试验结果中没有体现。

3. 讨论

这是最能体现论文水平的部分，切实反映一个人分析问题的能力和文献调研的程度，是评分的主要依据之一。

4. 结论

2. 参考文献

（1）提倡使用 EndNote 编辑和引用文献。

（2）引用时不能出现以下情况：①在摘要中引用文献；②在小标题后面大量引

用文献；③参考文献列表中的文献不完整（论文参考文献应包括：作者、标题、刊物名称、年代、卷、期、始终页）；④参考文献列表中的文献格式混乱，有乱码；⑤参考文献列表中大量直接拷贝他人的二次文献；⑥在正文中大量拷贝文献的原话（属不当引用，学生易犯但应绝对禁止）。

3. 英文字母和数字格式

3.1 统一设置为罗马体

所有的英文、数字一律设为 Times New Roman，按“Ctrl” + “A” 将文档全部选定后，设置字体即可。但文中全角符号较多时，不宜这样操作，否则会引起符号混乱。可点击菜单“格式” → “字体”打开对话框后进行设置，如附图 5-1 所示。

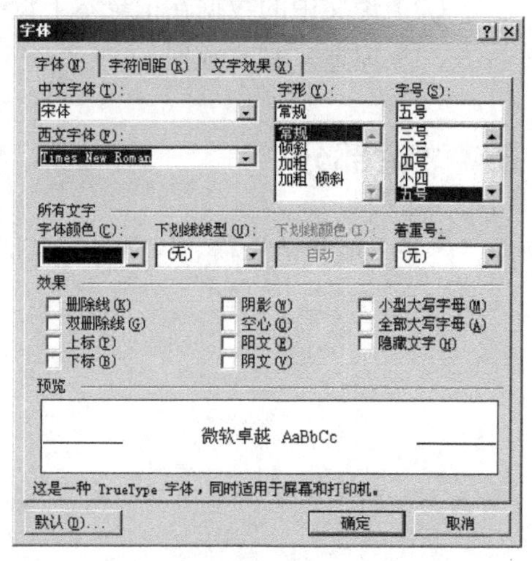

附图 5-1

3.2 英文标题可采用实词首字母大写的方式

例如，White rot fungi on black liquor treatment 应改为 White Rot Fungi on Black Liquor Treatment，由于 on 是虚词（介词、冠词等），因此 on 首字母不大写。

操作方法是选定要修改的文字，点击菜单“格式” → “更改大小写”即可。

3.3 注意术语的规范书写

例如，PH 应为 pH、物种拉丁学名中的斜体与正体等。

4. 标题编号

（1）一律使用多级编号的格式。

（2）不允许使用中文数字编号（一、二、三……）。

（3）一般不允许出现字母编号（a、b、c……）。

（4）四级编号可以用（1）、（2）、（3）……，缩进 2 个字符。

（5）除四级标题外，一般不缩进。

5. 结果部分

严禁出现以下问题。

（1）测量方法长篇大论，试验结果没有多少。

（2）论文中的数据在记录本上没有相应的原始数据。

（3）捏造、篡改数据。

6. 讨论部分

严禁空话套话连篇，没有实质性的思考；严禁简单重复结果部分的结论。

（张祥胜）